GNSS 相对定位数据处理及其时间序列分析应用

邓连生　陈华　肖玉钢　王锴华　赵海　著

地震出版社
Seismological Press

图书在版编目（CIP）数据

GNSS相对定位数据处理及其时间序列分析应用 / 邓连生等著. —北京：地震出版社，2024.3

ISBN 978-7-5028-5642-7

Ⅰ. ①G… Ⅱ.①邓… Ⅲ.①卫星导航—全球定位系统—数据处理 Ⅳ. ①P228.4

中国国家版本馆CIP数据核字（2024）第041697号

地震版　XM5501/P（6470）

GNSS相对定位数据处理及其时间序列分析应用

邓连生　陈华　肖玉钢　王锴华　赵海　著

责任编辑：范静泊

责任校对：凌　樱

出版发行：地震出版社

北京市海淀区民族大学南路 9 号　　　　　邮编：100081

发行部：68423031　68467991　　　　　传真：68467991

总编室：68462709　68423029

编辑四部：68467963

http://seismologicalpress.com

E-mail: zqbj68426052@163.com

经销：全国各地新华书店

印刷：河北文盛印刷有限公司

版（印）次：2024 年 3 月第一版　　2024 年 3 月第一次印刷

开本：787×1092　1/16

字数：289 千字

印张：12.5

书号：ISBN 978-7-5028-5642-7

定价：68.00 元

前　言

全球导航卫星系统（GNSS，Global Navigation Satellite System）为地球表面和近地空间的广大用户提供全天时、全天候的定位、导航和授时服务，是拓展人类活动和促进社会发展的重要空间基础设施。GNSS 相对定位技术能够为用户提供精确的三维坐标、速度和时间等信息，已经广泛应用于精密测量、航空摄影、精细农业、气候变化监测和地质灾害预警等诸多领域。随着 BDS、GPS、GLONASS、Galileo 四大全球卫星导航系统，以及 QZSS、IRNSS 等区域导航系统的发展与建设，卫星导航定位技术已进入多系统融合的 GNSS 导航定位时代。作为高精度 GNSS 相对定位解算的重要产品，基准站坐标时间序列在参考框架建立与维持、地壳形变监测、冰后回弹等高精度大地测量和地球动力学研究领域的应用越来越受到关注，基准站时间序列变化特征的研究对于提高坐标时间序列的信噪比以及更合理地解释测站所反映的实际运动、提升 GNSS 观测成果应用价值有着重要的实际意义。

本书在全面总结 GNSS 相对定位算法原理的基础上，充分分析已有多模 GNSS 数据解算方法的缺陷，提出多模 GNSS 数据高精度解算的新方法，并改进传统模糊度固定策略，提高高维模糊度固定效率和成功率，同时发展多模 GNSS 数据质量控制方法，搭建了一套完整的多模 GNSS 精密数据处理系统。在此基础上，系统阐述了基于 GNSS 相对定位解算结果的时间序列分析方法与应用，深入研究 GNSS 数据处理未模型化误差、热膨胀效应等对 GNSS 基准站坐标时间序列非线性变化的影响，为实现全球／区域坐标参考框架的精密建立和维持提供参考和借鉴。

本书第 1 章由邓连生、陈华、肖玉钢撰写；第 2 章由陈华、肖玉钢撰写；第 3 章由肖玉钢、陈华、赵海撰写；第 4 章由肖玉钢、陈华、邓连生撰写；第 5 章由邓连生、王锴华、陈华撰写；第 6 章由邓连生、王锴华撰写；第 7 章由王锴华、邓连生、赵海撰写；第 8 章由王锴华、邓连生、肖玉钢撰写；第 9 章由王锴华、邓连生撰写。

本书得到了国家自然科学基金项目（42104028，42174030）的资助，还得到了湖北省教育厅重点项目和湖北珞珈实验室开放基金资助项目（230100021）的支持。

鉴于水平有限，书中不妥甚至错误之处恳请读者批评指正。

作者团队
2023 年 12 月

目　录

第 1 章　绪论

1.1　引言

1957 年苏联第一颗人造地球卫星的成功发射为人类认识和改变地球提供了一种全新的手段。20 世纪 90 年代美国全球定位系统（Global Positioning System，GPS）的出现更是颠覆性地改变了人们生产、生活方式中的诸多方面。鉴于其在军事和民用领域所具有的巨大优势，世界多个国家和组织出于自身战略安全和经济利益的考虑纷纷开始建设自主的全球导航卫星系统（Global Navigation Satellite System，GNSS）。目前已经建成或正在建设的 GNSS 包括美国的 GPS、俄罗斯的 GLONASS（GLObalnaya NAvigatsionnaya Sputnikovaya Sistema）、欧盟的 Galileo 和中国的 BDS（BeiDou Navigation Satellite System）。同时，为满足区域需求，部分国家也建设了区域导航卫星系统（Regional Navigation Satellite System，RNSS），如 QZSS（Quasi-Zenith Satellite System，QZSS）和 IRNSS（Indian Regional Navigation Satellite System，IRNSS）。此外，考虑到现有卫星导航系统在某些应用领域的缺陷以及行业的现实需求，星基增强系统（Satellite-Based Augmentation System，SBAS）的建设也方兴未艾。目前全球已建立多个 SBAS，如 WAAS（Wide Area Augmentation System）、EGNOS（European Geostationary Navigation Overlay Service）、MSAS（Multi-functional Satellite Augmentation System）、GAGAN（GPS Aided Geo Augmented Navigation）、SDCM（System for Differential Correction and Monitoring）、WAGE（Wide Area GPS Enhancement）等。

多卫星导航系统并存的局面为进一步优化系统的服务性能、拓展其应用空间提供了可能。相较于单一的 GPS，多系统不仅能够扩展 GNSS 应用的地域范围，增加可见卫星数量和观测值类型，而且可以优化卫星几何构型，缓解高山、城市峡谷等对 PNT（Positioning, Navigation and Timing）用户的影响，进一步提升服务的可用性、精度和可靠性（Dai, 2000；Yamada et al., 2010；Ge et al., 2012；Montenbruck et al., 2013；辜声峰，2013；He et al., 2014；Chen et al., 2014a, b；Li et al., 2015b）。此外，多系统服务也为采用射线追踪技术研究对流层和电离层增加了可用信号的数量与类型（Montenbruck et al., 2014）。总之，多 GNSS 服务可以实现不同系统间的优势互补，有望大幅提升 GNSS 多项性能指标（Yang et al., 2011）。但是，多模 GNSS 大幅增加了相对定位数据处理工作的难度和复杂程度。不同的时空基准、星座类型、载波频率、信号结构、信号调制方式等使得多系统数据的统一处理变得错综复杂，各 GNSS 之间的系统误差更进一步增加了参数估计过程的难度。而高精度相对定位是 GNSS 应用最为重要的领域之一，其在地壳形变监测、地质灾害预警、结构物形变监测、网络 RTK 等方面发挥着不可替代的重要作用。因此研究多模 GNSS 相对定位理论和方法对于充分综合多系统联合定位优势，提高定位结果的质量方面具有重要意义和实用价值。

1.2 GNSS 和 MGEX

MGEX（Multi-GNSS Experiment）是国际 GNSS 服务组织（International GNSS Service，IGS）为促进多模 GNSS（GPS、GLONASS、Galileo 和 BDS）应用的研究于 2012 年建立的，主要由全球分布的、可采集多模 GNSS 数据的数百个测站组成。下面对 GNSS 和 MGEX 进行简单介绍。

1.2.1 GNSS

1.2.1.1 GPS

GPS 由美国国防部于 1973 年开始设计，1993 年 12 月 8 日宣布具备初步工作能力（Initial Operational Capability，IOC）。GPS 由空间部分、地面监控部分和用户部分组成，目前其空间部分和地面监控部分的运行由美国空军负责。GPS 的空间部分由 24 颗均匀分布于 6 个轨道面的中轨卫星（Medium Earth Orbit，MEO）组成。轨道面倾角均为 55°，轨道高度约 20200km。此星座构型可保证用户在地球表面的任意地点任意时刻均能观测到 4 颗卫星以确定自身位置（http://www.gps.gov/systems/gps/space/）。为推广 GPS 服务，美国政府向全球用户承诺 GPS 提供满星座运营的时间将不低于 95%，因此近几年来 GPS 星座一般由 31 颗卫星构成，其中 7 颗为备份卫星。为进一步提升 GPS 的服务能力，美国空军于 2011 年 6 月对原有 GPS 星座进行了扩展。扩展之后的 GPS 核心星座由 27 颗卫星组成，称为 Expandable 24 星座。每颗 GPS 卫星均发射两种载波，频率分别为 1575.42MHz（L1）和 1227.60MHz（L2），对应波长分别为 19.03cm 和 24.42cm。GPS 卫星播发的测距码信号有三种，分别为 P 码、Y 码和 C/A 码，其中 Y 码实际为 AS（Anti-Spoofing）条件下的 P 码。由地面监控部分定期上传的导航信息会分别被调整在 P（Y）码和 C/A 码上，生成的码序列又会被调制在载波上。其中两个码序列均被调制在 L1 载波上，而 L2 载波仅调制 P（Y）码的码序列。

在全球 GNSS 系统快速发展的大背景下，为保证 GPS 在卫星导航定位领域的领导地位，美国政府于 1996 年决定启动 GPS 现代化进程。GPS 现代化包括地面监控部分现代化和空间部分现代化两方面，其中地面监控部分的现代化主要包括网络中心型架构的设计以及新一代操控系统的搭建。空间部分的现代化包括在 BLOCK IIR-M、BLOCK IIF 和后续卫星的 L1 和 L2 载波上调制 L1C、L2C 民用码以及在 BLOCK IIF 及后续卫星上增加第三个载波 L5。

1.2.1.2 GLONASS

GLONASS 由苏联于 1972 年开始设计，1982 年 10 月发射第一颗卫星，1995 年实现满星座运行。GLONASS 同样由卫星星座、控制和管理子系统以及用户导航终端 3 部分组成，其中 GLONASS 星座包括 24 颗均匀分布于 3 个轨道面的 MEO 卫星。轨道面倾角均为 64.8°，轨道高度约 19100km（http://www.nis-glonass.ru/en/glonass/technical_descript/）。与 GPS 的码分多址技术（Code Division Multiple Access，CDMA）不同，GLONASS 的信号调制采用频分多址技术（Frequency Division Multiple Access，FDMA），以提高其抗干扰能力，但同时也增加了高精度数据处理的难度（郭靖，2014）。由于早期的 GLONASS 卫星寿命较短，且联邦政府由于经济原因缩减了对航天工业的资金支持，系统得不到有效维护，在轨卫星数目逐渐减少，甚至到 2000 年底工作卫星仅剩 6 颗。随着俄罗斯经济形势的好转，GLONASS 系统逐步得到完善，至 2011 年 12 月 8 日，系统重新恢复满星座运行（Al-Shaery et al., 2013；陈华，2015）。GLONASS 卫星同样发射两种载波信号，频率分别为 L1=1602+0.5625k (MHz) 和 L2=1246+0.4375k (MHz)，其中 k=1~24，为每颗卫星的频率编号。GLONASS 的测距码也分为标准精度信号（C/A 码）和高精度信号（P 码），其中 C/A 码只调制在 L1 载波上，而 P 码调制在 L1 和 L2 上。

为提高竞争力，GLONASS 同样展开了现代化进程，其中卫星端的现代化主要包括在 GLONASS-M 和后续卫星的 L2 载波上调制 L2OF 开放信号以及在 GLONASS-K1 及后续卫星上增加第三个载波 L3，并在保持播发原有 FDMA 信号的同时逐步在 3 个频率上加载 CDMA 信号。

1.2.1.3 Galileo

考虑到卫星导航定位系统在军事和民用领域所展现出来的巨大优势，欧盟于 1996 年即提出要建立欧洲自主的卫星定位和导航系统。2002 年 3 月 26 日经欧盟首脑会议批准，Galileo 卫星导航定位系统的建设正式展开。Galileo 计划由欧盟（European Union，EU）和欧洲航天局（European Space Agency，ESA）联合实施。Galileo 系统空间部分由 30 颗 MEO 卫星组成，其中 27 颗工作卫星，3 颗备份卫星，采用 Walker 27/3/1 星座构型。轨道面倾角 56°。轨道高度约 23222km（http://www.gsa.europa.eu/galileo/programme）。与 GPS 相比，Galileo 的星座构型在两极地区可提供更优的服务性能。Galileo 卫星的信号调制同样采用 CDMA 技术，每颗卫星均播发 E1、E5a、E5b 和 E6 4 类载波信号，频率分别为 1575.420 MHz、1176.450 MHz、1207.140 MHz 和 1278.750 MHz。此外，E5a 和 E5b 还能合成一种噪声更小的复合信号 E5ab（或称 E5），频率为 1191.795 MHz。此处需注意的是，Galileo 系统 E1、E5a 的频率与 GPS 的 L1、L5 分别重合；Galileo 的 E5b 与 BDS 的 B2 频率重合。Galileo 系统原计划 2008 年投入使用，但由于经济、技术等原因，一直进展缓慢。截至 2015 年 12 月 1 日，Galileo 系统在轨卫星共计 10 颗。

1.2.1.4 BDS

为打破垄断，实现在卫星导航领域的独立自主，我国自 20 世纪 80 年代即开始研制自主的卫星导航定位系统，并实施了北斗导航卫星系统（BeiDou Navigation Satellite System，BDS）建设的"三步走"规划，以实现北斗系统从区域有源到区域无源再到全球无源的进阶式建设。按照规划，我国于 2000 年先后发射两颗"北斗一号"卫星，标志着北斗有源区域卫星导航系统的正式建成。此后又分别于 2003 年和 2007 年发射了两颗备份卫星。2007 年首颗北斗 MEO 卫星的成功发射标志着"北斗二代"系统建设的正式展开。截至 2012 年底，"北斗二代"共计发射卫星 16 颗。2012 年 12 月 27 日北斗卫星导航系统空间信号接口控制文件的公布标志着北斗区域导航定位系统的正式建成。整个北斗系统已于 2020 年建成，空间部分由 35 颗卫星组成，其中 5 颗静止轨道卫星

（Geostationary Earth Orbit，GEO），3 颗倾斜同步轨道卫星（Inclined Geo-Synchronous Orbit，IGSO）和 27 颗中地球轨道卫星（MEO）。北斗系统的 5 颗 GEO 卫星轨道高度 35786km，均匀分布于我国经度范围内的赤道上空。3 颗 IGSO 卫星的轨道高度同样为 35786km，轨道倾角 55°，分布在 3 个轨道面内，升交点赤经分别相差 120°。27 颗 MEO 卫星均匀分布在 3 个轨道面内，轨道面倾角 55°，轨道高度约 21528km。BDS 特殊的星座设计可以降低系统对地面监控站空间分布的依赖，但同时也增加了高精度轨道确定的难度。每颗北斗卫星均播发 3 种载波，频率分别为 1561.098 MHz（B1）、1207.140 MHz（B2）和 1268.520 MHz（B3）。北斗系统是全球第一个全星座具备 3 频能力的 GNSS。截至 2023 年 11 月 1 日，北斗系统在轨服务卫星 56 颗，已具备全球导航、定位和授时服务能力。

1.2.2　MGEX

随着 GPS、GLONASS 的现代化以及其他卫星导航系统的快速发展，人们可利用的卫星导航信号资源急剧增加。为探索各 GNSS 系统的特点，使人们尽快熟悉多模 GNSS 的优势，并为利用和推广多模 GNSS 积累经验，IGS 于 2003 年成立了多模 GNSS 工作组（Multi-GNSS Working Group），并于 2012 年启动了 MGEX 计划，以收集原始观测资料进行初步的数据分析（Montenbruck et al.，2014）。MGEX 主要由分布于全球且能够接收多模 GNSS 数据的跟踪站组成。截至 2015 年 12 月 1 日，MGEX 跟踪站共有 129 个（如图 1-1），其中 7 个测站为并置站。每个并置站均有两台或两台以上不同类型的接收机通过功分器连接同一接收天线，以研究与接收机类型相关的系统偏差。目前所有跟踪站均可接收 GPS 数据；126 个跟踪站能够接收 GLONASS 数据；具有 Galileo 和 BDS 信号接

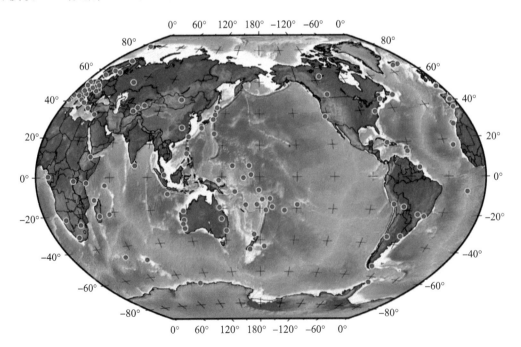

图 1-1　MGEX 跟踪站分布（2015 年 12 月 1 日）

收能力的跟踪站数量分别为 121 个和 85 个。部分站点还能够跟踪 QZSS 或 SBAS 信号。MGEX 跟踪站所配备的接收机基本以 Trimble、Leica、Javad 和 Septentrio 为主，接收天线大部分为 Choke Ring 型。

　　基于 MGEX 现有观测数据，世界多个研究机构，如 CODE（Center for Orbit Determination in Europe）、GFZ（Deutsches GeoForschungsZentrum Potsdam）、TUM（Technische Universitaet Muenchen）、JAXA（Japan Aerospace Exploration Agency）、武汉大学等，相继计算并公布了多模 GNSS 星历和钟差产品以及各机构产品之间的对比分析结果。各机构所提供的产品时间如图 1-2 所示。

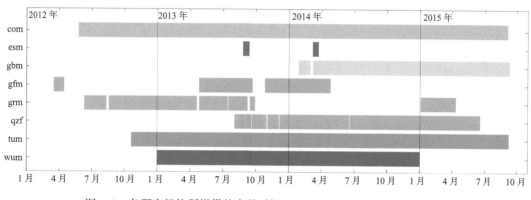

图 1-2　各研究机构所提供的产品时间（http://igs.org/mgex/comparisons）

1.3　国内外研究现状及存在的问题

　　GNSS 数据处理是基于 GNSS 物理观测量，通过构建数学模型反演 GNSS 信号收发装置以及信号传播路径的多种特征。GNSS 数据处理涉及到数据质量控制方法、观测模型构建、各类误差改正策略、参数估计方法、精度评定方法等多个方面，是一个较为复杂的问题。尤其对于多模 GNSS 数据处理而言，不同 GNSS 之间时间系统、坐标系统、载波频率、信号调制方式等的不同以及系统间误差的存在更增加了数据处理的难度。本节主要对多模 GNSS 数据处理、GNSS 数据双差解算方法以及 GNSS 数据质量控制方法的国内外研究现状和存在的问题进行简单介绍。

1.3.1　国内外研究现状

1.3.1.1　多模 GNSS 数据处理方法

　　早在 GPS 和 GLONASS 尚未构成完整星座之前，Kleusberg 等就对利用多模 GNSS 观测数据进行导航定位的可行性进行了探讨（Kleusberg，1990），并分析了多模的优势以及在数据处理过程中可能存在的问题。近几年来，随着多个全球导航卫星系统的逐步建立，多模 GNSS 数据处理理论与方法的研究逐渐成为国内外专家学者的研究重点。早期的多模算法主要基于差分观测值实现多系统之间的融合。伴随着各系统卫星星历和钟差产品质量的逐步提升，利用非差观测值甚至原始观测值进行多模 GNSS 数据处理已经逐渐成为发展趋势。

　　早期在多模 GNSS 融合精密定轨方面的研究主要针对 GPS 和 GLONASS 系统进行。BKG 根据 IGEX-98 的跟踪站数据实现了 GPS/GLONASS 的联合精密定轨（Habrich，2004）。其首先利用 GPS 数据得到 GPS 轨道、钟差以及 EOP（Earth Orientation Parameter）参数信息，然后基于 Bernese 软件实现了 GLONASS 轨道和地面测站信息的联合估计。近几年来随着多模卫星导航系统的快速发展，GNSS 融合精密定轨技术的研究也扩展到了其他 GNSS 系统。为保护 Galileo 的频率资源，探测 Galileo 设计轨道的环境参数，确认和验证 Galileo 卫星有效载荷关键技术，ESA 于 2005 年 12 月 28 日和 2008 年 4 月 27 日成功发射了 GIOVE-A 和 GIOVE-B 两颗实验卫星。Ricardo 教授根据全球分布的 Galileo 实验跟踪网 GESS（Galileo Experimental Sensor Stations）数据和 7 个站的 SLR 数据联合估计了 GPS 和 GIOVE-A 卫星轨道，3D 重复精度达到 0.5m（Ricardo，2006；李敏，2011）。为进一步提高 Galileo 定轨精度，Hackel 综合利用 GPS、Galileo 和 SLR 数据进行参数估计，在剔除 GNSS 数据与 SLR 数据的系统偏差之后 Galileo 卫星的定轨精度可达 0.1m（Hackel et al.，2015）。武汉大学在精密定轨方面也做了较多研究工作并取得了显著成绩，其自主研制的卫星导航数据处理软件 PANDA（Positioning And Navigation Data Analysist）定位定轨精度已接近国际领先水平（Liu and Ge，2003；Shi et al.，2008）。基于 PANDA 软件，武汉大学李敏博士采用 IGS 全球 GPS/GLONASS、GPS/Galileo 跟踪网观测数据解算获得了高精度多模 GNSS 卫星轨道产品，其中 GPS 和 GLONASS 轨道三维精度分别达到 2.5cm 和 6cm，GIOVE 轨道三维精度优于 0.3m，径向精度优于 0.1m（李敏等，2011）。此外，Urschl（2008）等其他学者也在 GPS/Galileo 融合精密定轨方面取得了丰硕的研究成果。随着 BDS 星座的逐步完善，基于多源数据实现 BDS 卫星的精密轨道确定也逐渐成为国内外研究热点。BDS 系统特殊的星座设计，尤其是 GEO 卫星的静地特性增加了精密定轨的难度，也凸显了融合其他数据联合定轨的重要性。为突破监测网几何条件对 BDS 轨道确定的限制，武汉大学于 2011 年开始在全球布设了由 15 个站点组成的 BETS（BeiDou Experimental Tracking Stations）观测站网络（图 1-3）。基于 BETS 的 BDS/GPS 观测数据，最终实现了重复弧段 GEO 三维 RMS（Root Mean Square）1-2m，IGSO/MEO 三维 RMS 优于 0.5m 的北斗卫星轨道确定，而且径向精度均优于 0.1m（Shi et al.，2012；Ge et al.，2012；Zhao et al.，2013；Lou et al.，2014）。

　　国内外专家学者在多模 GNSS 基线解算方法也做了较多的研究工作。Kozlov and Tkachenko 在 1998 年提出基于 GPS/GLONASS 差分相位和伪距观测值实现多模 GNSS RTK，以提高单 GPS RTK 在恶劣环境中的精度和可靠性。结果表明在观测环境较好的条件下，GPS/GLONASS RTK 可显著提高模糊度固定速度，实现厘米级的基线解算。即使在遮挡的环境下，GPS/GLONASS RTK 通常也有优异的表现（Kozlov and Tkachenko，1998）。为避免由于 GNSS 系统之间频率不同而导致的双差模糊度不具有整周特性的问题，Keong（1999）提出利用站间单差观测值实现 GPS/GLONASS RTK 解算，并将其应用于载体姿态确定问题中。动、静态试验结果表明，与单 GPS 相比，GPS/GLONASS RTK 结果在精度方面并无明显提升，但多模解算大幅提高了结果的可用性和可靠性。

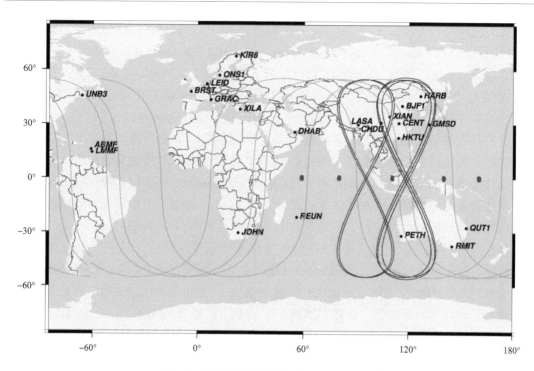

图 1-3　BETS 跟踪站分布（Lou et al., 2014）

为消除 GLONASS 伪距和相位 IFB（Inter-Frequency Bias）对模糊度固定的影响，Al-Shaery 等首先估计了不同接收机对的 IFB，对 GLONASS 伪距和相位观测值进行了改正，然后基于双差观测值实现了 GPS/GLONASS RTK 解算。计算结果表明 IFB 的标定显著提升了 GPS/GLONASS RTK 模糊度固定的成功率，基线解算精度也有了明显提高（Al-Shaery et al., 2013）。此外，Calgary 大学的 Ong、东京大学的 Yamada 等也在 GPS/GLONASS RTK 方面做了较多的研究工作（Ong et al., 2009；Yamada, 2010）。随着 Galielo、BDS 星座的逐步完善，越来越多的科研人员投入到 GPS/Galileo、GPS/BDS RTK 的研究中，并取得了与 GPS/GLONASS 类似的成果（Verhagen et al., 2012；Odijk et al., 2012；Odijk and Teunissen, 2013；Odolinski et al., 2014；He et al., 2014；Teunissen et al., 2014）。为进一步发挥多模 GNSS 的优势，Odolinski et al. 提出并实现了 GPS+Galileo+BDS+QZSS RTK，并认为可见卫星数量的增加会进一步提高 RTK 模糊度固定的速度和基线结果的精度，尤其是在截至高度角较高的条件下，多模的优势会更加明显（Odolinski et al., 2015；Odolinski and Densy, 2015）。

受轨道和卫星钟差产品质量所限，早期的多模 GNSS 算法主要基于差分观测值进行。观测值差分可以消除或削弱大部分定位误差，因此即使采用广播星历在基线较短的情况下也可得到高精度结果。近年来，随着各 GNSS 系统产品质量的逐步提升（Zhao et al., 2013；Hackel et al., 2013；Steigenberger et al., 2013, 2015），利用非差观测值进行数据处理已经逐渐成为多模 GNSS 解算的趋势。非差数据处理主要包括非差网解和非差精密单点定位（Precise Point Positioning，PPP）两种模式。在一定意义上可将非差 PPP 认为是非差网解的单站特例。由于 PPP 技术仅需精密星历和钟差即可在全球任意位置实现单站精确定位（Kouba and Heroux，2001），目前已被广泛应用于地壳形变监测（Márquez-Azúa and DeMets，2003；Hammond and Thatcher，2005）、定轨（Yunck，1996；Ijssel et al.，2003；Kang et al.，2003）、授时（Roosbeek et al.，2001；Dach et al.，2006）、区域地震活动监测（Kouba，2003；Langbein and Bock，2003；Gordon et al.，2007）等领域。PPP 技术最早由 Zumberge 提出（Zumberge et al.，1997）。由于无法将接收机和卫星端的初始相位偏差与相位硬件延迟从模糊度中分离，在技术发展的最初 PPP 模糊度无法固定。后来有学者通过研究 PPP 宽、窄巷浮点模糊度的性质发现宽巷模糊度比较稳定，而窄巷模糊度波动严重（Gabor and Nerem，1999）。随着 GNSS 轨道和钟差产品质量的提高以及接收机性能的改善，Ge et al.（2008）发现即使窄巷模糊度在短时间内也表现出较好的稳定性，并将其小数部分称为 UPD（Uncalibrated Phase Delay）。通过非差网解等技术事先标定出 UPD 即可实现 PPP 模糊度固定，从而大幅提高 PPP 结果的精度。基于前人的研究成果，Cai and Gao（2007）提出了 GPS/GLONASS PPP 算法，但由于当时 GLONASS 在轨卫星较少，实验结果显示 GPS/GLONASS PPP 在收敛速度和定位精度方面并无明显提升。伴随 GLONASS 在轨卫星数量的增多，Cai and Gao 基于改进的 GPS/GLONASS PPP 模型在 2013 年再次进行了实验，发现与单 GPS PPP 相比多模 PPP 可显著加快收敛速度（Cai and Gao，2013）。随着 BDS 星座的逐步完善，有学者也对 GPS/BDS PPP 进行了深入研究，并得到了与 GPS/GLONASS PPP 相似的结论（Li et al.，2014；Pan et al.，2015）。上述研究均基于无电离层延迟组合观测值 LC 进行，以削弱电离层误差的影响。为提高算法的普适性，有学者提出利用原始观测值建立观测方程（Schönemann et al.，2011；Tu et al.，2013；辜声峰，2013；Monge et al.，2014；Lou et al.，2015；陈华，2015；Li et al.，2015a）。基于原始观测值进行数据处理需估计所有未知参数，算法结构复杂。但在函数模型中可利用先验信息对电离层参数施加时空约束，以期提高定位结果精度（Shi et al.，2012；Gu et al.，2015）。相关实验结果表明，基于原始观测值的 PPP 解算收敛速度明显快于 LC PPP 算法，但定位结果的精度并无明显提升（Lou et al.，2015）。

1.3.1.2　GNSS 数据双差解算方法

根据所采用观测量的不同，GNSS 数据处理一般可分为基于非差的方法和基于双差的方法（葛茂荣，1995）。已有研究表明，当采用最小二乘法进行参数估计时二者是等价的（Schaffrin and Grafarend，1986；韩绍伟，1991；孙效功，1992）。非差方法直接采用单站单星观测值作为观测量进行参数估计。根据是否将电离层延迟作为待估参数可将非差方法分为基于 LC 观测值的方法和基于原始观测值的方法。考虑到卫星钟差、接收机钟差以及电离层影响的不稳定性，为保证参数估计精度，非差方法通常需要每历元估计卫星、接收机钟差以及电离层参数。若采用法方程叠加的方法进行参数估计，这会导致待估参数数量非常庞大，而且部分参数之间还可能相互耦合。因此，通常利用参数消去-恢复法在法方程叠加过程中去除过期参数并记录相关信息，以便在参数估计结束后恢复被消去的参数估值。滤波算法比较适合非差模型中状态参数的处理，但需要花费较多的计算时间。此外，由于 UPD 等的影响，非差模糊度并不直接具有整周特性，因此需要通过构造双差模糊度或标定的方法去除 UPD 影响，实现模糊度固定。双差方法采用站间、星间差分观测值作为观测量进行参数估计（Schaffrin and Bock，1988；Blewitt，1989；Dong and Bock，1989；Rothacher et al.，1993）。一般而言，接收机端对不同卫星的采样时刻是一致的。由于不同接收机的钟面时之差较小，同一卫星信号到达不同接收机的时延差通常小于 20ms（葛茂荣，1995）。考虑到良好的卫星钟性能，20ms 不足以引起较大的卫星钟差之差。因此，通过站间、星间对观测值作差可以消去卫星、接收机钟差，同时轨道、对流层、电离层、相对论、相位缠绕等误差也可得到较大程度的削弱。一般基线长度小于 20km 可以忽略大气误差（对流层误差和电离层误差）影响；基线长度小于 100km 可以忽略轨道误差影响，认为其已经在双差过程中得到消除（Al-Shaery et al.，2015）。若基线较长则可利用 LC 观测值消除电离层一阶影响，并对轨道以及对流层参数进行估计。因此，双差可大幅减少待估参数个数，降低估计器设计的复杂程度。但是，双差在处理状态参数时较为复杂，而且由于双差观测值的协方差阵通常不为对角阵导致在构造权矩阵时需不断进行求逆运算，耗费较多计算时间。但即使双差算法具有上述缺陷，在早期的 GNSS 定位定轨数据处理时其依旧是首选策略（魏子卿和葛茂荣，1997）。

　　构建双差观测值是进行双差解算的首要问题。双差观测值的构建需满足两个基本原则：首先，形成的双差观测值是函数独立的；其次，要尽可能多地形成双差观测值（魏子卿和葛茂荣，1997）。有多位学者针对双差观测值的构建方法进行了研究（Paradis，1985；Melbourne，1985；Lindlohr and Wells，1985）。早期的双差观测值一般经两步形成：首先形成站间或星间单差观测值。然后再在星间或站间作差形成最终的双差观测值。此方法过程清晰，实现简单，但某些情况下不能定义出所有函数独立的双差观测值。为克服上述缺陷，Bock et al.（1986）提出基于参考站或参考星进行双差观测值定义。参考站指某历元对所有卫星均有有效观测的测站。参考星指某历元对所有测站均有有效观测的卫星。采用参考站 – 参考星法可构建出所有函数独立的双差观测值，但若某历元的观测由于遮挡或基线较长不存在参考站或参考星则此方法的搜索过程较为复杂。此外，由于在 GNSS 观测过程中经常会发生观测值丢失或星座变化的情况，导致在形成双差观测值的权矩阵时需不断进行求逆运算，耗费大量资源。因此，Beutler et al.（1986）提出了双差定义的改进方法，以将双差观测值权矩阵的求逆运算转变为一低阶矩阵的求逆运算，一定程度上缓解了上述矛盾，但仍需要进行多次线性变换。为此，刘经南和葛茂荣（1996）用附加虚拟观测值的方法导出了一种新的多测站相对定位双差算子，克服了上述方法的不足。

　　模糊度固定是 GNSS 数据处理的关键问题。正确可靠的模糊度固定可显著提高参数估计精度（Bock et al.，1985，1986；Abbot and Counselman，1987）。在 GNSS 数据双差解算模式下，对于短基线（<20km）而言，一般可认为双差过程完全消除了大气延迟误差的影响。因此，短基线解算通常利用原始双差相位观测值形成观测方程。形成的双差模糊度参数具备整周特性，可直接根据多种模糊度固定策略进行模糊度解算。对于长基线而言，由于测站相距较远，基线两端测站所受电离层误差空间相关性变弱，差分处理不能很好地消除其影响，因此一般采用 LC 观测值作为观测量形成双差观测方程。LC 模糊度即使在双差之后也不具备整周特性，不能直接进行模糊度固定。因此有学者提出将 LC 模糊度分解为具有整周特性的宽巷模糊度（L2–L1）与窄巷模糊度（L1）之和的

形式（Bock et al., 1986）。但在法方程中二者是完全相关的，法方程矩阵奇异。为解决上述问题，Bock 等提出了附加虚拟电离层约束的方法以去除二者之间的耦合关系。此后，为减小计算量，Schafferin and Bock（1988）对这种算法进一步地发展，提出了基于 LC 观测值和平均观测值的新算法，但两种方法事实上是等价的。上述策略可有效解决上百公里长基线的模糊度固定问题。但有学者提出该方法的有效性与测站处电离层总电子含量的水平梯度相关（Bender and Larden, 1985）。在电离层活动较活跃的时间（电离层活动周期为 11 年，每年春分、每天下午地方时 2 时电离层最活跃）与地点（低纬地区），该方法失效。为此，Blewitt（1989）提出了利用双差 MW 组合观测值（Melbourne, 1985；Wübbena, 1985）固定宽巷模糊度，之后回代固定后的宽巷模糊度至 LC 观测方程中以固定窄巷模糊度的方法实现 LC 模糊度的固定。双差 MW 组合观测值与基线长度无关，因此此方法理论上不受测站间距影响，可实现 2000km 以上基线模糊度的有效固定（Blewitt, 1989）。但此方法仅能用于可提供双频 P 码观测值的接收机，而且由于 MW 组合用到了伪距观测值，因此所求出的宽巷模糊度精度严重依赖于伪距观测值的质量。模糊度成功分离后即可采用常规的模糊度固定算法，如 LAMBDA（Least-square AMBiguity Decorrelation Adjustment；Teunissen, 1993, 1995）、Decision Function（Dong and Bock, 1989）等实现对模糊度的固定。

1.3.1.3 GNSS 数据质量控制方法

质量控制（Quality Control, QC）是质量管理领域的一个重要术语。GNSS 数据质量控制是指为满足较高的应用质量需求、确保服务的可用性、连续性和完好性而采取的对 GNSS 原始观测数据实施全面探测、诊断和改进的一系列算法与操作（郭斐，2013）。粗差和周跳的探测是 GNSS 数据质量控制的重要内容。

双频接收机是高精度 GNSS 应用的首选，因此常用的粗差和周跳探测方法多基于双频观测值进行（辜声峰，2013）。传统的粗差和周跳探测方法有 TurboEdit 法（Blewitt, 1990）、卡尔曼滤波法（Lu, 1991）、小波分析法（Collin and Warnant, 1995）、多普勒法（陈小明，1997）、DIA 法（Kim and Langley, 2001）等，其中以 TurboEdit 方法应用较为普遍。Turboedit 方法利用多历元平滑的 MW 组合观测值探测宽巷模糊度的粗差与周跳，之后结合无几何关系组合观测值 LG 探测 L2 载波上的粗差和周跳。该方法与载体运动状态无关，应用范围广泛。但其受伪距质量、电离层活跃程度等限制，在小周跳探测中表现不佳。为此，有学者对 TurboEdit 方法进行了改进，在原有两种组合观测值基础上加入了星间单差 LC 观测值（吴继忠等，2011），以消除电离层影响以及伪距质量限制，较好解决了上述问题。部分学者对此方法继续改进，提出采用站星双差 LC 观测值结合 MW 和 LG 组合探测粗差与周跳。与星间单差 LC 方法相比，此策略进一步消除了卫星钟差影响，在小周跳探测中表现优异。此方法在 GAMIT 中得到应用，效果较好。但在根据探测结果确定存在问题的单程观测值时此方法较为复杂，需要经过多次搜索。此外，为消除电离层延迟在周跳和粗差探测中的影响，Banville and Langley（2013）提出利用历元间差分观测值进行周跳和粗差定位，并对电离层参数进行估计。实验结果表明，在电离层活跃情况下该方法有较好表现。

随着 GPS、GLONASS 的现代化以及其他多频 GNSS 系统的快速发展，国内外学者在多频 GNSS 数据质量控制方法方面开展了较多的研究工作，取得了丰富的研究成果。Odijk（2003）从减弱电离层和几何关系的影响出发，提出了一系列三频观测值的线性组合以实现周跳和粗差的定位。Simsky（2006）提出了一种无电离层、无几何关系的三频载波相位组合观测值。基于 GIOVE-A 卫星三频观测值的实验结果表明，与双频方法相比，该方法大幅降低了组合观测值的噪声水平，可实现小周跳的正确、可靠、高效探测（Lonchay et al.，2011）。为进一步提高三频观测值周跳和粗差探测的成功率，Huang et al.（2015）提出综合利用两个无几何关系载波相位组合观测值以及一个与前两个组合线性无关的三频伪距、相位组合观测值进行周跳和粗差的探测。基于 BDS 三频观测值的实验结果表明，该方法中两个三频相位组合观测值较低的噪声特性可有效实现小周跳的探测。与第三个三频伪距、载波相位组合观测值结合可实现所有周跳的可靠定位。此外，Zhang and Li（2015）基于三频观测值对 Banville and Langley（2013）的算法进行了发展，并认为第三频率观测值的加入对于提高模型强度效果显著。即使在电离层延迟未能较好模型化的情况下，采用该方法仍可达到 99.9% 的理论成功率。

1.3.2　存在的问题

目前多模 GNSS 数据处理多基于非差模式（采用 LC 组合观测值或原始观测值）进行。非差模式的观测方程直接建立在单程观测值上，结构清晰，容易扩展，具有较高普适性，并且可以提供测站坐标、卫星轨道、接收机钟差、卫星钟差、地球自转参数（Earth Rotation Parameter，ERP）、电离层延迟、对流层延迟、ISB（Inter-System Bias）、DCB（Differential Code Bias）等大量参数的估值结果，满足各类 GNSS 应用需求。正因为非差模式的上述优势，其目前成为 GNSS 数据处理的主流，并已成功应用于 GIPSY、EPOS、PANDA 等国内外知名高精度 GNSS 数据处理系统中。然而，高精度的卫星轨道和钟差信息是采用非差模式进行数据处理的前提条件。目前 IGS 所提供的 GPS 和 GLONASS 轨道三维精度为厘米级，Galileo、BDS 等由于尚未完成的系统构建或特殊的星座构型轨道精度仅能达到分米级甚至米级（辜声峰，2013），目前卫星钟差精度普遍为 ns 级。这导致非差定位很难在短时间达到毫米甚至亚毫米级别的精度，限制了非差模式在地质灾害预警、结构体形变监测等对精度和时效性要求高的领域中的应用。

双差解算通过在站间、星间作差可以消除或削弱绝大部分误差。尤其是在短基线数据处理中，由于基线两端测站观测值中各类误差的空间相关性较强，双差解算的优势更加明显。但在多模 GNSS 条件下，系统间不同的时空基准、载波频率、信号调制方式使双差模型变得异常复杂。特别是各系统载波频率的不同导致系统间双差模糊度不具有整数特性，无法直接进行模糊度固定。虽然在多模 RTK 算法中较多学者采用了双差模型，但基本上仅为各系统内部单独进行双差处理（Pratt et al.，1998；Al-Shaery et al.，2013），或者是在法方程形成后利用映射算子将参数估计列表中的非差模糊度转变为具有整数特性的双差模糊度（Takasu and Yasuda，2009；Al-Shaery et al.，2013）。前者在构建双差观测值时未顾及系统间双差，浪费了大量观测资源，不能充分发挥多模 GNSS 的优势。后者虽然在数学模型上与非差方法等价，但其实现较为复杂，而且不能很好处理以 FDMA 模式调制信号系统（如 GLONASS）的模糊度参数。因此，发展一套模型简单、易于实现、扩展性强、精度较高、可靠性强、既能充分发挥多模 GNSS 优势，又能解决已有算法缺陷的多模 GNSS 相对定位方法对于提高 GNSS 数据处理理论水平，进一步拓展 GNSS 技术应用空间，满足生产生活中对于高精度位置信息的迫切需求具有重要意义。

1.4 本章小结

本章介绍了 GPS、GLONASS、Galileo 和 BDS 的基本情况与发展趋势，论述了 IGS 部署的多模 GNSS 全球跟踪站网络 MGEX 的发展历史与建设进程，分析了目前国内、外在多模 GNSS 数据处理、GNSS 数据双差解算、GNSS 数据质量控制方法等方面的研究现状，在此基础上，探讨了现有多模 GNSS 数据处理策略的缺陷与不足。

第 2 章　多模 GNSS 相对定位解算方法

2.1　多模 GNSS 数据双差解算基本理论与方法

在 GNSS 技术发展的初期，误差改正模型、数据处理方法、地面观测网分布、接收设备性能等方面的不足使得 GNSS 产品（轨道、卫星钟差等）质量一直不够理想。GNSS 数据双差算法通过在同步观测的测站、卫星间作差可以直接消除接收机、卫星钟差等参数，同时大幅削弱卫星轨道、大气延迟等具有空间相关性误差的影响，即使采用较差的卫星轨道产品也可以得到高精度的定位定轨结果。此外，双差还可以消除卫星、接收机端的相位硬件延迟（Phase Instrumental Bias）和初始相位偏差（Initial Phase Bias），使双差模糊度具有整周特性，能够直接进行模糊度固定。因此该算法在当时得到了蓬勃发展，针对 GNSS 双差数据处理模型的研究层出不穷，成果被广泛应用于地壳形变监测（Dong and Bock，1989；Feigl et al.，1993；Bennett，1995；Dong et al.，1998）、EOP 参数确定（Herring et al.，1991；Herring and Dong，1994）、地面控制网布设（Bock et al.，1985）、结构物形变监测（Hudnut and Behr，1998；Behr et al.，1998；姜卫平和刘经南，1998）等领域，产生了深远的影响。随着 GNSS 产品质量以及计算设备性能的逐步提升，基于组合观测值甚至原始观测值的非差算法由于可以提供更丰富的参数估值结果逐渐成为国内外专家学者研究的重点。但由于 IGS 等机构发布高精度 GNSS 产品的滞后性，双差算法在某些对实时性和精度要求较高的领域，如地质灾害监测、结构物形变监测（姜卫平等，2012；肖玉钢等，2016）等，仍具有不可替代的作用。近年来，随着多模 GNSS 的快速发展，众多专家学者也展开了多系统 GNSS 数据双差解算方法的研究，并取得了一系列的研究成果（Pratt et al.，1998；Al-Shaery et al.，2013）。

本章首先介绍了双差数据处理基本理论与方法，主要讨论了双差数学模型、参数估计方法、模糊度固定策略等问题，并概述了双差数据处理流程，以此为基础，给出了两种多模 GNSS 数据双差算法，即基于法方程叠加的方法与基于混合双差的方法，阐述了两种算法的数学模型，并分析了各方法的缺陷与不足。

与非差方法相比，双差算法虽然对应较少的待估参数，但由于需要形成双差观测值，并要求对模糊度进行双差映射处理，因此其数学模型较为复杂，尤其在网解的情况下。本节主要介绍双差算法所涉及的特殊问题，对于其他如数据预处理方法、误差改正模型等一般性问题由于篇幅所限不予介绍。

2.1.1　双差数学模型

由于观测量的随机性，测量数据处理中的数学模型均由函数模型和随机模型两部分组成。函数模型描述了观测量与待估参数之间的数学函数关系。随机模型主要指观测量

的先验方差 – 协方差矩阵。本节主要介绍 GNSS 数据双差解算的函数模型与随机模型。

2.1.1.1 函数模型

GNSS 伪距和相位观测方程一般可表示为：

$$P_i^{ks} = \rho_i^s + cdt_i - cdt^s + m_i^s T_i + n_i^s I_i + u_i^{ks} + h_i^{ks} + \xi_i^{ks}$$
$$\lambda^{ks}\varphi_i^{ks} = \rho_i^s + cdt_i - cdt^s + m_i^s T_i - n_i^s I_i + \lambda^{ks}b_i^{ks} + \gamma_i^{ks} + \delta_i^{ks} + \varepsilon_i^{ks} \tag{2-1}$$

式中，P、φ 分别为伪距、相位观测值；λ 为载波波长；i、k、s 分别为接收机、载波和卫星标识；ρ 为信号发射时刻和信号接收时刻卫星、接收机天线瞬时相位中心之间的几何距离；c 为真空中的光速；dt_i、dt^s 分别为接收机、卫星钟差参数；m、n 分别为对流层、电离层延迟映射函数；T、I 分别为对流层和电离层延迟；b 为以周为单位表示的单程模糊度参数；u、h 分别为接收机端和卫星端的伪距硬件延迟；γ、δ 分别为接收机端和卫星端的相位硬件延迟与初始相位偏差之和；ξ、ε 分别为伪距、载波相位观测值中其他未顾及误差与观测噪声的综合影响。因为相位观测值中的初始相位偏差与硬件延迟不可分离，因此一般将二者合并，称为未校正相位延迟（Uncalibrated Phase Delay，UPD）。

双差可以完全消除接收机钟差影响。卫星钟差受基线两端接收机钟面时较差以及测站与两卫星间距离差异的影响，一般情况下双差后也不再考虑。同时，在短基线（20km以内）情况下，可认为对流层、电离层延迟误差经过双差也完全消除。因此，由式（2-1）可得短基线情况下的双差观测方程为：

$$P_{ij}^{ksq} = \rho_{ij}^{sq} + \xi_{ij}^{ksq}$$
$$\lambda^k\varphi_{ij}^{ksq} = \rho_{ij}^{sq} + \lambda^k b_{ij}^{ksq} + \varepsilon_{ij}^{ksq} \tag{2-2}$$

式中，P_{ij}^{ksq}、φ_{ij}^{ksq} 分别为双差伪距、载波相位观测值；ρ_{ij}^{sq} 为双差几何距离；b_{ij}^{ksq} 为双差模糊度参数；ξ_{ij}^{ksq}、ε_{ij}^{ksq} 分别为双差伪距、载波相位观测值的观测噪声。此处 b_{ij}^{ksq} 具有整周特性，可直接进行模糊度固定。

中长基线（20~100km）两端测站所受大气延迟误差空间相关性减弱，为得到高精度的基线结果必须考虑对流层和电离层延迟的影响。电离层延迟在天顶方向约十几米，5°高度角处可达 50m，其中电离层的一阶改正量约占总改正量的 99%。由于 GNSS 信号所受电离层影响具有色散效应，因此可通过 LC 组合观测值消除其一阶项影响，从而满足大部分应用需求。但残余电离层影响在电离层活动高峰期仍可达到 2~3cm。为满足高精度数据处理的需求，可根据全球地磁场模型以及 CODE 等机构提供的电离层信息消除其 2、3 阶项的影响。剩余电离层延迟误差非常微弱，可以忽略不计。对流层延迟是指 GNSS 信号通过 50km 高度以下的中性大气时由于信号折射而引起的误差。对流层误差在天顶方向约 2~3m，在 5° 高度角向约 25m，其中 80% 产生于对流层，其余来源于平流层。与电离层延迟相似，对流层延迟误差同样存在色散效应。但由于其色散效应不明显，因此不能采用观测值组合消除其影响。对流层延迟误差可分为干、湿延迟两部分，其中前者约占延迟总量的 80%，目前可用模型改正至优于 1cm。湿延迟部分约占延迟总量的20%，但其中只有 80% 左右可以根据先验模型准确计算，残余误差需要对其参数化并在数据处理过程中一并估计。常用的对流层模型有 Hopfield、Saastamoinen、Black 等。利用先验模型计算对流层干、湿延迟需由外部提供测站附近的气象信息，主要包括气温、气压和湿气压。一般情况下可利用气象设备在测站附近测得，或者根据全球气温和气压模型（Global Pressure and Temperature，GPT）或者其改进模型 GPT2 得到。利用先验模型和气象元素计算的对流层延迟仅是天顶方向的延迟，为得到信号传播路径上的对流层延迟误差需根据一与高度角相关的映射函数将天顶延迟投影至斜路径上。常用的投影函数有 NMF（Niell，1996）、IMF（Niell，2000）、VMF（Boehm and Schuh，2004）、VMF1（Boehm et al.，2006a）、GMF（Boehm et al.，2006b）等。由于对流层湿延迟部分具有显著的随机性，通常采用随机过程来模拟其变化。实验表明，采用一阶高斯 – 马尔科夫过程以及随机游走过程可以明显改善基线垂直分量的重复性和模糊度解算成功率。为方便平差处理，在实际数据解算中常用分段线性或分段常数模型模拟对流层变化，其中分段线性模型可以看作随机过程方法的近似。根据上述讨论，中长基线双差观测方程可表示为：

$$P_{LC} = \rho + mT + \xi_{LC}$$
$$\lambda_{LC}\varphi_{LC} = \rho + mT + \lambda_{LC}b_{LC} + \varepsilon_{LC} \qquad （2-3）$$

其中，P_{LC}、φ_{LC} 为双差 LC 伪距、载波相位观测值；m 为双差对流层映射函数；T 为双差对流层湿延迟；λ_{LC} 为 LC 组合观测值波长；b_{LC} 为双差 LC 模糊度参数；ξ_{LC}、ε_{LC} 分别为双差伪距、载波 LC 观测值的观测噪声。为表达清晰，式（2-3）中省略了测站、卫星和频率标识。对于中长基线，若采用 IGS 精密星历一般忽略轨道误差的影响。因此双差几何距离 ρ 中仅包含基线两端测站的位置参数。同样，T 中包含基线两端测站天顶方向对流层湿延迟先验模型的残余影响。相位观测值的 LC 组合不能保持模糊度的整周特性，因此 b_{LC} 不能直接进行模糊度解算，其具体固定方法请参考第 2.1.4 节。

双差数据处理中轨道误差对基线结果的影响可表示为：

$$\frac{\Delta b}{b} = （\frac{1}{4} \sim \frac{1}{10}） \times \frac{\Delta S}{\rho} \qquad （2-4）$$

式中，Δb 为卫星星历误差所引起的基线偏差；b 为基线长度；ΔS 为轨道误差；ρ 为卫星离地面距离。$（\frac{1}{4} \sim \frac{1}{10}）$ 的取值取决于基线向量的位置和方向、观测时段的长短、观测卫星的数量及其几何分布等（李征航和黄劲松，2010）。目前 IGS 所发布的 GPS 轨道三维精度达到 2.5cm。GPS 轨道高度约 20200km，因此目前对于 100km 的基线，轨道误差对基线结果的影响小于 1mm，可以忽略不计。但对于数千公里的长基线，为得到高精度的解算结果，必须考虑轨道误差的影响。常用的方法为在参数估计时对轨道进行调整。因此在长基线条件下式（2-3）的双差几何距离 ρ 中还需要包含卫星初轨和力模型参数，具体参数类型及数量取决于所采用的光压模型。

2.1.1.2　随机模型

随机模型即平差过程中的方差 – 协方差矩阵，一般根据观测值的先验精度及相关性确定。不同卫星发射的信号，传播路径不同，信号的精度也不相同。对流层误差是 GNSS 双差参数估计中主要的误差源，其与信号传播路径的高度角强相关。因此可以根据 GNSS 信号高度角对观测值定权。单程观测值的精度可表示为：

$$\sigma^2 = a^2 + b^2 / \sin^2 E \qquad （2-5）$$

其中 σ 为单程观测值的标准差；a、b 为常系数；E 为此观测值对应的高度角。在实际应用中，a、b 一般取 3~5mm。

GNSS 观测值的精度与接收机端伪距和载波的信号强度相关，因此 GNSS 数据处理的随机模型也可以基于信号强度确定。GNSS 信号的强度既可以用信噪比表示（Signal-to-Noise Ratio，SNR），也可以用载噪比（Carrier-to-Noise Power-Density Ratio，C/N_0）量化。GNSS 单程观测值方差与载噪比的关系可以表示为（Brunner et al.，1999；Wieser and Brunner，2000；Kaplan and Hegarty，2006）：

$$\sigma^2 = V + C \cdot 10^{\frac{-C/N_0}{10}} \tag{2-6}$$

式中，σ^2 为单程观测值方差；V、C 为常数；C/N_0 为对应观测值的载噪比。V、C 的取值与接收机、接收天线、观测值类型、信号频率等相关，在数据处理前需要对其标定（Willi and Skaloud，2015）。

一般认为不同历元观测值之间不相关，同一历元的单程观测值之间也不相关，因此某历元单程观测值的权矩阵可表示为：

$$\sigma_0^2 P^{-1} = \begin{bmatrix} \sigma_{11}^2 & 0 & \cdots & 0 \\ 0 & \sigma_{12}^2 & \cdots & 0 \\ \vdots & \vdots & \vdots & \vdots \\ 0 & 0 & \cdots & \sigma_{mj}^2 \end{bmatrix} \tag{2-7}$$

其中 σ_0 为单位权中误差；P 为权矩阵；σ_{mj} 为 m 卫星与 j 测站形成的单程观测值精度。

双差观测值可利用双差映射矩阵与单程观测值作用得到，即：

$$L_D = DL \tag{2-8}$$

其中 L_D 为双差观测值；D 为双差映射矩阵；L 为单程观测值。根据式（2-8）以及误差传播定律可得参数估计中的双差权阵为：

$$P_D = DPD^T \tag{2-9}$$

其中 P_D 为双差观测值的权矩阵；D^T 为双差映射矩阵 D 的转置。

双差观测值中的误差主要为大气延迟和轨道误差的残余影响，随基线长度的增大而增大。因此对于双差观测值而言，根据站间距离定权是比较合理的选择（魏子卿和葛茂荣，1997）。双差载波观测值的方差可以表示为：

$$\sigma^2 = 4\left[a^2 + b^2 L_{ij}^2\right] \tag{2-10}$$

其中 σ^2 为双差观测值方差；a、b 分别为误差常数项与比例项；L_{ij} 为基线长度。常数 4 根据误差传播定律得到。基于此误差模型，Bock et al.（1986）给出了单程观测值的方差－协方差矩阵（魏子卿和葛茂荣，1997；陈华，2015）：

$$E = \begin{bmatrix} \beta^2 & 0 & \alpha\beta^2 \sec h\left[c^2\lambda\right] & 0 & \cdots \\ 0 & \beta^2 & 0 & \alpha\beta^2 \sec h\left[c^2\lambda\right] & \cdots \\ \alpha\beta^2 \sec h\left[c^2\lambda\right] & 0 & \beta^2 & 0 & \cdots \\ 0 & \alpha\beta^2 \sec h\left[c^2\lambda\right] & 0 & \beta^2 & \cdots \\ \vdots & \vdots & \vdots & \vdots & \vdots \end{bmatrix} \tag{2-11}$$

其中，α、β 为待定常数；c 为已知常数；λ 是以地球表面弧长为单位表示的基线长度。λ 的最大值为 1.57，相当于 10000km 长的基线。由式（2-11）经误差传播得双差观测值的方差为：

$$\sigma^2 = 4\beta^2\left[1 - a\sec h\left(c^2\lambda_{ij}\right)\right] \tag{2-12}$$

式（2-10）与（2-12）是一个问题的两种表达形式，二者应该相等。由此可得：

$$c^2 = \ln(1+\sqrt{2})/1.57$$
$$\beta^2 = a^2 + 0.3b^2 \tag{2-13}$$
$$\alpha = 1 - a^2/\beta^2$$

其中 a、b 的具体取值一般根据经验确定。多项实验的验后单位权方差统计结果表明，a、b 分别取 3mm、0.7mm/km 时比较合理（Counselman et al.，1983；Bock et al.，1985）。

2.1.2　双差观测值构建

为进行双差解算，每历元的 GNSS 单程观测值均需经双差映射转化为双差观测值，进而采用滤波或法方程叠加的方式处理每历元观测，得到待估参数估值。双差映射的过程需满足两个条件：一是生成的双差观测值之间函数独立；二是尽可能多地形成双差观测值，以保证原始观测资料的充分利用。基于以上两个原则，多位学者提出了一系列行之有效的双差观测值构建方法（Paradis，1985；Melbourne，1985；Lindlohr and Wells，1985；Bock et al.，1986；Beutler et al.，1986；刘经南和葛茂荣，1996）。

2.1.2.1　传统方法及其不足

传统的双差观测值组成方法有单差 – 双差法、参考站 – 参考星法等，其中以参考站 – 参考星法应用最为普遍。

单差 – 双差法首先在站间差分形成单差观测值，再利用单差观测值在卫星间差分，生成双差观测值。设某历元 m 个测站对 n 颗卫星观测，则原始单程观测值可表示为：

$$\phi = \left[\varphi_{11},\varphi_{12},\cdots,\varphi_{1n},\varphi_{21},\varphi_{22},\cdots,\varphi_{2n},\cdots,\varphi_{m1},\varphi_{m2},\cdots,\varphi_{mn}\right]^T \tag{2-14}$$

m 个测站可形成 $(m-1)$ 条独立基线。基线用其对应的两个测站表示为 $(F_k,T_k)_{K=1,2,\cdots,m-1}$，其中 F_k、T_k 表示第 k 条基线所对应两个测站的编号。则站间差分形成的单差观测值可表示为：

$$\Delta\phi = S\phi \tag{2-15}$$

其中 S 为 $\left[(m-1)\cdot n\right]\times\left[m\cdot n\right]$ 矩阵。

$$S_{ij} = \begin{cases} 1 & j = \left(F_k-1\right)\cdot n + mod(i,n) \\ -1 & j = \left(T_k-1\right)\cdot n + mod(i,n) \\ 0 & \text{其他} \end{cases} \tag{2-16}$$

$$k = \frac{i - mod(i,n)}{n} - 1 \tag{2-17}$$

星间单差在卫星间进行。对站间单差观测值再进行星间单差即得双差观测值。

$$D\phi = \nabla\Delta\phi = S'S\phi \tag{2-18}$$

其中 D 为双差映射矩阵；S' 为 $\left[(m-1)\cdot(n-1)\right]\times\left[(m-1)\cdot n\right]$ 矩阵。$\lfloor\cdot\rfloor$ 表示向下取整。

$$S'_{ij} = \begin{cases} 1 & j = \left\lfloor\dfrac{i-1}{n-1}\right\rfloor\cdot n + 1 \\ -1 & j = \left\lfloor\dfrac{i-1}{n-1}\right\rfloor\cdot n + mod\left(\dfrac{i-1}{n-1}\right) + 2 \\ 0 & 其他 \end{cases} \tag{2-19}$$

单差－双差法形成的双差观测值之间线性无关，且可用于所有观测历元，具有良好的适用性。但由于在构成双差映射矩阵 D 的过程中需首先进行站间单差，若某站星之间不存在观测值则可导致形成的双差观测值组不是最大线性无关组，即丢失了部分线性无关的双差观测值。

为解决单差－双差法容易丢失线性无关双差观测值的问题，Bock et al.（1986）提出了参考站－参考星法。某历元对所有卫星均有观测的测站称为参考站。对所有测站均有观测的卫星称为参考星。参考站法与参考星法类似，下面仅针对参考站的情况简要介绍该方法。

设某历元 m 个测站对 n 颗卫星观测，若测站 i 对所有 n 颗卫星均有观测值，则 i 为参考站。测站 i 与其余 $(m-1)$ 个测站可形成 $(m-1)$ 条独立基线。针对每条独立基线，假设存在 n' 颗对此独立基线中非参考测站存在观测的卫星，则可形成 $(n'-1)$ 个线性无关的双差观测值。将 $(m-1)$ 条基线各自形成的双差观测值相加即得此历元所有线性无关的双差观测值组。若 m 个测站对 n 颗卫星均有观测，则此历元双差观测值共 $(m-1)\times(n-1)$ 个。如果相邻两历元之间观测几何图形发生变化，则可通过观测值搜索重新定义参考站或参考星。但当测站间相距较远或测站遮挡严重导致某历元观测不存在参考站和参考星时，此方法失效。

2.1.2.2　全局搜索法

针对一般双差映射方法存在的不足，提出基于全局搜索进行双差观测值构建的方法，下面简述其实施步骤。

设某历元 m 个测站对 n 颗卫星观测，则首先在任意两个测站之间组合构成 C_m^2 个测站对。对每个测站对，在所有 n 颗卫星中搜索对两个测站均有观测的卫星。若存在 n' 颗此类卫星，则与此测站对相关的双差观测值可能有 $(n'-1)$ 个。每形成一个双差观测值的同时，记录组成此观测值的 4 个单程相位观测值，并在之前已记录的单程相位观测值中搜索这 4 个观测值。若其全部已被使用，则认为此双差观测值与已构成的观测值线性相关。故每个测站对的线性无关双差观测值少于或等于 $(n'-1)$ 个。所有测站对线性无关的双差观测值相加即得此历元全部的双差观测值。

设某历元 3 个测站对 3 颗卫星观测，其中第一个测站对第二颗卫星没有观测值，则此历元的原始单程相位观测向量为：

$$\phi = \left[\varphi_{11}, \varphi_{13}, \varphi_{21}, \varphi_{22}, \varphi_{23}, \varphi_{31}, \varphi_{32}, \varphi_{33}\right]^T \tag{2-20}$$

若基线按 1-2、1-3 定义，则根据单差 - 双差法组成的双差观测值向量为：

$$D\phi = \left[\varphi_{11} - \varphi_{21} - \varphi_{13} + \varphi_{23}, \varphi_{11} - \varphi_{31} - \varphi_{13} + \varphi_{33} \right]^T \qquad （2-21）$$

对同样的观测，利用参考站 - 参考星法形成的双差观测值向量为（以测站 2 为参考站）：

$$D\phi = \left[\varphi_{11} - \varphi_{21} - \varphi_{13} + \varphi_{23}, \varphi_{21} - \varphi_{31} - \varphi_{22} + \varphi_{32}, \varphi_{21} - \varphi_{31} - \varphi_{23} + \varphi_{33} \right]^T \qquad （2-22）$$

针对式（2-20）所示的实例，采用全局搜索法得到的双差观测值向量为：

$$D\phi = \left[\varphi_{11} - \varphi_{21} - \varphi_{13} + \varphi_{23}, \varphi_{11} - \varphi_{31} - \varphi_{13} + \varphi_{33}, \varphi_{22} - \varphi_{32} - \varphi_{23} + \varphi_{33} \right]^T \qquad （2-23）$$

比较式（2-21）、（2-22）、（2-23）可知，采用单差 - 双差法进行双差观测值映射可能会丢失部分双差观测值，而参考站 - 参考星法很好地解决了此问题，且由式（2-22）可知参考站 - 参考星法所得双差观测值组是最大线性无关组。但参考站 - 参考星法受观测环境等的限制，若某历元不存在参考站和参考星，此方法失效。在式（2-20）所示实例中，全局搜索法得到的线性无关双差观测值个数与参考站 - 参考星法相同，且不受参考站和参考星是否存在等限制，适用于所有情况的双差观测值映射，是一种通用方法。当观测条件较为复杂时，全局搜索法同样可能丢失部分线性无关双差观测值，但其概率和数量均远小于单差 - 双差法。

2.1.2.3　实验设计及结果分析

为分析全局搜索双差映射方法的可用性和有效性，本节设计了实验，利用实测数据从多个角度出发对各双差组成方法进行了比较分析。

实验采用的数据为中国北部某省部分 CORS 网点及其周边 IGS 站共 40 个点 2013 年8 月 9 日（年积日 221）全天的 GPS 原始观测值。截止高度角 10°。采样间隔 30 秒，共计 2880 历元。

表 2-1　各双差映射方法可用性

双差方法	可用历元	可用性（%）
单差 - 双差法	2880	100
参考站 - 参考星法	2846	98.82
全局搜索法	2880	100

表 2-1 为三种双差映射方法的可用性统计结果。由表可知，在本书所采用的实验环境下，单差 - 双差法以及全局搜索法在所有观测历元均适用，而参考站 - 参考星法在绝大部分观测历元同样适用，但有 34 个历元因不存在参考站和参考星导致方法失效，说明与其余两方法相比，参考站 - 参考星法的可用性略差。

图 2-1 为三种双差方法在各历元所得双差观测值的数量。表 2-2 为各双差方法在实验时段内所得双差观测值的总量及其比例关系。由于参考站 - 参考星法在实验时段内的 34 个历元失效，因此对双差观测值数量的统计仅针对剩余的 2846 个历元进行。由图2-1 可知，在三种双差方法均有效的观测历元上，参考站 - 参考星法和全局搜索法所得

双差观测值数量差别不大，而单差 – 双差法明显小于其余两方法。此结论在表 2-2 中也得到证实。由表 2-2 可知，全局搜索法所得双差观测值数量与参考站 – 参考星法差别很小，仅有 424 个。与实验时段内约 80 万的观测值总量相比，此差别对解算结果的影响可忽略。但单差 – 双差法所得观测值数量只是参考站 – 参考星法的 95% 左右，差别较为明显。结合表 2-1 对各双差方法的可用性统计可知，全局搜索法既保证了在所有观测历元的可用性，同时又可获得较多的线性无关双差观测值，因此是一种理想的双差观测值映射方法。

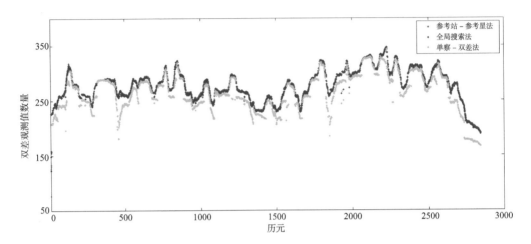

图 2-1　不同双差方法在各历元所得双差观测值数量

表 2-2　不同双差方法所得双差观测值总量及比例关系

双差方法	双差观测值数量	比例关系（%）
参考站 – 参考星法	788237	100
全局搜索法	787813	99.95
单差 – 双差法	748549	94.96

注：比例关系以参考站 – 参考星法所得双差观测值数量为基准计算

在实际的数据处理中，可根据每历元的观测情况选取不同的双差映射策略。若某历元观测存在参考站或参考星，则可采用参考站 – 参考星法；若某历元不存在任何参考站和参考星，则可采用全局搜索法，从而既最大程度地充分利用原始观测值，同时也保证了算法的稳定性和可靠性，有望得到更高精度的解算结果。

2.1.3　双差网解参数估计

GNSS 双差网解参数估计是指利用 GNSS 原始观测值，通过双差解算数学模型，基于各种参数估计算法对 GNSS 网中的未知参数序列进行推断的方法。常见的参数估计方法包括矩估计法、极大似然法、最小二乘法、极小化极大熵法等。在高精度 GNSS 数据处理中以最小二乘法应用最为普遍。观测方程形成、双差模糊度映射以及法方程解算是双差网解参数估计过程中的三个主要内容。

2.1.3.1 观测方程形成

观测方程是联系原始观测量与待估参数的"桥梁"。GNSS 直接测量的是电磁波信号由卫星频标产生到被接收机捕获、解码的时间延迟。信号由卫星产生后经过卫星内部通道延迟从卫星天线瞬时相位中心发出，穿过约 20000km 的大气到达接收天线瞬时相位中心，最后经过接收设备的放大器、相关器等后被接收机解调。因此，GNSS 原始观测量中包含了复杂的几何与物理过程，在实际数据处理过程中应用准确的数学语言描述上述过程。在高精度 GNSS 数据处理过程中观测方程的构建主要包括以下步骤：

①获取测站近似位置。测站近似位置是计算 GNSS 信号传播过程中所受多项误差改正的基础。测站近似位置既可由外部直接提供（如根据前期观测确定），也可利用该测站观测值计算。常用的测站近似位置计算方法包括伪距单点定位、精密单点定位、伪距双差相对定位、相位三差相对定位等；

②计算信号发射时刻卫星位置。获取信号发射时刻卫星的精密坐标是构建观测方程的基础，而计算准确的信号发射时刻是获取卫星精确坐标的前提。计算信号发射时刻需要已知卫星坐标，而卫星坐标的计算又需要信号发射时刻作为内插函数的参数，因此计算需要反复迭代。在计算过程中又涉及到接收机钟差和卫星钟差的影响，过程较为复杂；

③在原始观测值中施加各项误差改正，同时计算待估参数偏导数。在双差数据处理中需要改正的误差项主要包括卫星端 DCB 改正、PCO（Phase Center Offset）改正、PCV（Phase Center Variation）改正、固体潮改正、海潮改正、大气负荷改正、极潮改正、卫星偏航姿态对 PCO 的影响改正、电离层改正、对流层改正、相位缠绕改正、广义相对论效应改正等。

测站近似位置的算法比较简单，同时已有较多论著详细讨论了 GNSS 数据处理中各项误差改正的性质与计算方法（葛茂荣，1995；魏子卿和葛茂荣，1997；李征航和黄劲松，2010；辜声峰，2013），因此本书对上述两个问题不再展开论述，而重点研究信号发射准确时刻的计算。

卫星信号发射时刻可表示为：

$$T_{send} = T_{obs} - Rclock - Delay \qquad (2-24)$$

其中，T_{send} 为信号发射时刻；T_{obs} 为接收机记录的信号接收时间，即信号接收时刻的接收机钟面时；$Rclock$ 为接收机钟差；$Delay$ 为信号实际延迟。

接收机钟差可利用式（2-25）计算。

$$Rclock = \frac{P_r}{c} - SVdt - \frac{|X^s - X_r|}{c} \qquad (2-25)$$

式中，P_r 为伪距观测值；c 为真空中光速；$SVdt$ 为信号发射时刻接收机钟差；$|X^s - X_r|$ 为测站与卫星间几何距离，其中 X_r、X^s 分别表示测站、卫星位置向量。在实际数据处理中 $SVdt$ 可由根据广播星历钟差参数求得的卫星在 T_{obs} 的钟差近似表示；X_r 用测站近似位置代替；X^s 可用根据广播星历求得的卫星在（T_{obs}-0.067s）时的位置表示。此处以 0.067s 近似信号传播时间。利用式（2-25）求得的接收机钟差精度一般优于 $10^{-7}s$。导航卫星多数处于中地球轨道（Medium Earth Orbit，MEO），轨道高度 20000km 左右，卫星运行速度约 4km/s。$10^{-7}s$ 所产生的卫星位置误差小于 4mm，能够满足高精度导航定位需求。在

基于式（2-25）求得某接收机对应多个历元、多颗卫星的钟差之后，可利用一高阶多项式（一般采用二阶多项式）对其拟合，求得钟差多项式系数。

由式（2-24）可知，在已知接收机钟差 $Rclock$ 的前提下还需确定信号延迟 $Delay$ 以求得准确的信号发射时间。而 $Delay$ 的计算又需要信号发射时间作为参数进行内插。因此式（2-24）的解算是一个迭代的过程。可以利用前后两次求得的 $Delay$ 之差作为阈值控制迭代次数。即：

$$\left| Delay - Delay_{last} \right| \leq 10^{-9} s \qquad (2-26)$$

式中，$10^{-9}s$ 为迭代阈值。$10^{-9}s$ 能够满足信号发射时间计算的精度需求。

在实际的数据处理中确定信号发射时刻时接收机钟差的计算方法需要根据接收机钟的性能确定。对于原子钟或性能较好的石英钟（如 TI4100 型接收机），钟差变化平缓，可直接根据钟差多项式计算；对于一般的石英钟（如大多数 Trimble 接收机），钟差不稳定，需要每历元计算，而且在计算的过程中需考虑 T_{send} 和 $Delay$ 变化而引起的接收机钟差变化，因此通常需要迭代进行，过程比较复杂。

2.1.3.2 模糊度双差映射

双差数据处理中在构建观测方程时一般以单程观测值的模糊度参数为未知数。一方面是为数据处理的方便，另一方面是可以定义一组最优的双差模糊度参数，以提高整周模糊度固定的成功率（葛茂荣，1995）。原始单程模糊度参数与双差模糊度之间存在线性变换关系，即：

$$B = Gb \qquad (2-27)$$

其中，B、b 分别为双差模糊度和原始非差模糊度参数；G 为双差模糊度映射矩阵。G 一般不为方阵，故利用 G 矩阵的最小范数广义逆可得：

$$b = G^T \left(GG^T \right)^{-1} B = \bar{G}B \qquad (2-28)$$

其中，$\bar{G} = G^T \left(GG^T \right)^{-1}$，为 G 矩阵的最小范数广义逆。利用 $\bar{G}$ 对单程模糊度参数进行映射即可实现双差模糊度变换。此操作既可以在形成法方程之后进行，也可以在法方程解算完毕得到单程模糊度浮点解之后进行，两者等价。

为提高双差模糊度固定的成功率，G 矩阵的构建应按照 GNSS 网中的基线长度由小到大确定（Blewitt，1989）。根据是否存在基准星，其构建方法分为两种：

①存在基准星的情况下，首先计算基准星的数量。若只存在一颗基准星，则以此星为基准；若存在多颗基准星，则计算双差观测值映射时各单程观测值对基准星的使用次数，并从所有基准星中选取使用最多的卫星为基准星。假设观测到 n 颗卫星，则其余卫星与基准星共可构成 $(n-1)$ 个卫星对。同时对所有测站（m 个测站）构成的基线（C_m^2 条基线）按照基线长度由小到大排序。在每个卫星对内部若有 m_1 个测站对两颗卫星均有观测，则可以从排序后的基线中选出 (m_1-1) 条独立基线与两颗卫星构成 (m_1-1) 个双差模糊度参数。对所有卫星对均进行上述处理即可得到所有线性无关的双差模糊度参数；

②若不存在基准星，则首先计算双差观测值映射时各单程观测值对各卫星的使用次数，并从中选取使用最多的卫星为基准星。其余步骤与存在基准星的情况类似，遍历所有卫星对定义每个线性无关的双差模糊度。之后需要定义由于不存在基准星而遗漏的双

差模糊度。首先选取对参考星无观测的测站（m_2 个测站），每个测站均可与其余（$m-1$）个测站构成（$m-1$）条基线。基线的定义依然按照站间距由小到大进行。针对每条基线选择对两个测站均有观测的两颗卫星组成一个双差模糊度。遍历所有基线与卫星对即可定义出所有线性无关的双差模糊度参数。在此过程中需注意避免由于基线两端测站对参考星均无观测导致的双差模糊度重复定义的情况。

在 GNSS 数据处理中，初始模糊度参数数值本身并无实际意义，只要将其正确固定为整数即可实现参数的高精度估计。模糊度参数的数值大小通常与接收机类型相关，不同生产厂商对初始模糊度具有不同的处理策略。但在实际的数据解算过程中，数值过大会引起舍入误差，进而影响参数估值结果。因此在形成观测方程时需对模糊度进行归算，如在以周为单位表达的 OMC（Observed Minus Computed）值中直接减去与其最接近的整数。若在形成观测方程时各项改正均正确实施且待估参数先验值比较准确，采用此方法得到的模糊度参数应该为 0 左右。双差数据处理中对模糊度归算的目标应是先验双差模糊度及其改正量均较小，所采用方法与非差法类似。

2.1.3.3　顾及确定参数的法方程解算

在根据 GNSS 双差数学模型构建观测方程时一般同时求取所有待估参数的偏导数。但在实际的数据处理过程中，待估参数的数量与种类要根据基线长度、应用需求等确定。因此在参数估计时需将部分参数根据外部所提供的先验信息固定。此即顾及确定参数的法方程解算问题。

设某 GNSS 解算的法方程可表示为：

$$\begin{bmatrix} A_{11} & A_{12} \\ A_{21} & A_{22} \end{bmatrix}\begin{bmatrix} X_1 \\ X_2 \end{bmatrix} = \begin{bmatrix} B_1 \\ B_2 \end{bmatrix} \tag{2-29}$$

式中，X_1 为待估参数；X_2 为需要被固定为已知值的参数。经过推导可得将 X_2 固定后 X_1 的估值为：

$$X_1 = A_{11}^{-1} B_1 - A_{11}^{-1} A_{12} X_2 \tag{2-30}$$

在最小二乘估计中常用卡方值 χ^2 来评价估值参数的形式误差（Formal Error）。χ^2 可利用下式计算：

$$V^T P V = L^T P L - X^T B \tag{2-31}$$

其中，$V^T P V$ 为验后残差加权平方和；$L^T P L$ 为验前残差加权平方和；X 为参数估值；B 为法方程的右侧列向量。在顾及确定参数时式（2-31）转化为：

$$\begin{aligned} V^T P V &= L^T P L - 2 X_2^T B_2 + X_2^T A_{22} X_2 - X_1^T A_{11} X_1 \\ &= L^T P L - 2 X^T B + X^T A X \end{aligned} \tag{2-32}$$

其中，$L^T P L$ 为初始验前残差加权平方和，另外：

$$A = \begin{bmatrix} A_{11} & A_{12} \\ A_{21} & A_{22} \end{bmatrix}; \quad B = \begin{bmatrix} B_1 \\ B_2 \end{bmatrix}; \quad X = \begin{bmatrix} X_1 \\ X_2 \end{bmatrix} \tag{2-33}$$

若仅评价参数估值精度而不需要参数估值结果，则由式（2-32）可得：

$$V^T P V = L^T P L - 2 X_2^T B_2 + X_2^T A_{22} X_2 - B_1^{\prime T} A_{11}^{-1} B_1^{\prime} \tag{2-34}$$

其中，$B_1^{\prime} = B_1 - A_{12} X_2$。

在实际应用中，X_2 先验值一般为 0，即在形成观测方程时已经考虑了全部待估参数先验值。在这种情况下，（2-30）、（2-32）和（2-34）式可简化为：

$$X_1 = A_{11}^{-1}B_1$$
$$V^TPV = L^TPL - X_1^T A_{11} X_1 \tag{2-35}$$
$$= L^TPL - B_1^T A_{11}^{-1} B_1$$

基于上述方法进行参数估计可以提高算法的灵活性和普适性，增强代码的可移植性，因此该方法在高精度 GNSS 数据处理系统中应用广泛。

2.1.4　双差模糊度固定策略

双差模糊度理论上为整数，但由于未模型化误差以及观测值噪声等的影响，直接从参数估计阶段得到的模糊度为浮点数，称为浮点模糊度。基于数理统计等理论将浮点模糊度参数确定为正确的整数值称为模糊度固定。已有研究表明，正确可靠的模糊度固定可以显著提高 GNSS 参数估计结果的精度（Bock et al.，1985，1986；Abbot and Counselman，1987；Dong and Bock，1989）。因此模糊度固定多年来一直是 GNSS 研究领域的热点问题。

2.1.4.1　常用模糊度解算方法

国内外众多学者针对 GNSS 模糊度固定问题均进行了深入的研究，并产生了一系列丰硕的成果，先后提出了置信区间法、模糊函数法（Counselman and Gourevitch，1981；Remondi，1984；Mader，1992）、P 码伪距法（Blewitt，1989）、最小二乘搜索法（Hatch，1990）、快速模糊度解算法（Fast Ambiguity Resolution Approach，FARA；Frei and Beutler，1990）、最小二乘模糊度降相关平差法（Least-square AMBiguity Decorrelation Adjustment，LAMBDA；Teunissen，1993，1995）、决策函数法（Decision Function；Dong and Bock，1989）等，其中在高精度 GNSS 数据处理中以 LAMBDA 与 Decision Function 方法应用最为普遍。

LAMBDA 方法由 Teunissen 提出（Teunissen，1993）。它基于整数高斯降相关理论，采用整数变换降低模糊度参数之间的相关性，从而减少备选模糊度组合，提高模糊度固定效率。在降相关之后最优模糊度组合仍然需要通过搜索的方法确定。在搜索的过程中通常利用 Ratio 值作为检验量以确定模糊度最优组合。Ratio 值定义为次小残差平方和与最小残差平方和的比值。在 GNSS 动态定位中，LAMBDA 方法表现优异。Ratio 并不为常量，而与数据解算的函数模型、待估模糊度参数维数等相关。在模糊度维数较高的情况下（如静态测量），仅根据 Ratio 值并不能很好地确定最优模糊度组合。

决策函数法（Decision Function）由 Dong and Bock 于 1989 年提出（Dong and Bock，1989）。它基于浮点模糊度与最接近整数的偏差及其形式误差，利用决策函数与显著性水平来判断模糊度是否可以固定。实验表明，在模糊度浮点解精度较高的情况下，结合决策函数与序贯模糊度解算方法（Bootstrap）可实现模糊度参数的准确可靠固定。Decision Function + Bootstrap 方法的模糊度固定流程如图 2-2 所示。

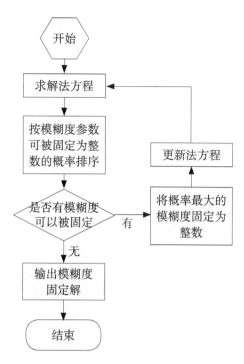

图 2-2　序贯决策函数法模糊度固定流程

2.1.4.2　短基线模糊度固定

如式（2-2）所示，在短基线（20km 以内）条件下，一般认为双差观测值中消除了大气误差（对流层延迟和电离层延迟）的影响。因此短基线数据处理的法方程可表示为：

$$\begin{bmatrix} N_{11} & N_{12} & N_{13} \\ N_{21} & N_{22} & N_{23} \\ N_{31} & N_{32} & N_{33} \end{bmatrix} \begin{bmatrix} X \\ B_1 \\ B_2 \end{bmatrix} = \begin{bmatrix} U_1 \\ U_2 \\ U_3 \end{bmatrix} \tag{2-36}$$

其中，X 为非模糊度参数向量，一般为测站坐标或基线向量，也可包括对流层湿延迟参数；为 L_1 模糊度向量；B_1B_2 为 L_2 模糊度向量。由于观测值双差能够消除初始相位偏差与相位硬件延迟的影响，因此式中 B_1、B_2 具有整周特性，可以直接利用第 2.1.4.1 节中所述方法进行模糊度固定。

2.1.4.3　长基线模糊度固定

当基线较长时（大于 20km），两端测站所受大气延迟空间相关性减弱，观测值双差不能完全消除大气延迟误差影响。这种情况下，一般采用无电离层组合观测值 LC 消除电离层影响，并对模型化后残余的对流层湿延迟部分参数化，与其他待估参数一起估计。无电离层延迟组合观测值定义为（李征航和黄劲松，2010）：

$$\varphi_c = \frac{f_1^2}{f_1^2 - f_2^2} \varphi_1 - \frac{f_1 f_2}{f_1^2 - f_2^2} \varphi_2 \tag{2-37}$$

其中，f_1、f_2 分别为 L_1、L_2 载波的频率；φ_1、φ_2 分别为以周为单位的 L_1、L_2 载波相位观测值。系数 $\dfrac{f_1^2}{f_1^2 - f_2^2}$、$\dfrac{f_1 f_2}{f_1^2 - f_2^2}$ 一般不为整数，因此 LC 组合观测值 φ_c 的模糊度不具备

整周特性，不能直接进行模糊度固定。为解决上述问题，Bock et al.（1986）提出了电离层约束的方法，在消除电离层影响的同时保留了模糊度的整周特性。为简化数据处理流程，Schaffrin and Bock（1988）改进了电离层约束方法，提出基于 LC 观测值以及平均观测值 LA 进行参数估计。其观测方程可表示为（葛茂荣，1995）：

$$\begin{bmatrix} \varphi_c \\ \varphi_a \end{bmatrix} = \begin{bmatrix} \dfrac{1}{1-g^2}I & -\dfrac{g}{1-g^2}I & 0 \\ \dfrac{1}{2}I & \dfrac{1}{2g}I & -\dfrac{1+g^2}{2g^2}I \end{bmatrix} \begin{bmatrix} \varphi_1 \\ \varphi_2 \\ \varphi_\kappa \end{bmatrix} = G\begin{bmatrix} \varphi_1^T & \varphi_2^T & \varphi_\kappa^T \end{bmatrix}^T \tag{2-38}$$

其中，φ_1、φ_2 分别为 L_1、L_2 载波相位观测值；φ_c 为 LC 组合观测值；φ_a 为 LA 组合观测值，其实质为将以距离为单位表示的 φ_2 以 φ_1 的周为单位表示；$g=\dfrac{f_2}{f_1}$；$\varphi_\kappa=\dfrac{x_\kappa}{f_1}$，其中 x_k 为待估电离层参数。$x_k = 40.3 TEC$，其中 TEC（Total Electron Contont）为总电子含量。

设观测值双差映射算子为 D，则双差观测方程为：

$$\begin{bmatrix} D\varphi_c \\ D\varphi_a \end{bmatrix} = G\begin{bmatrix} D\varphi_1 \\ D\varphi_2 \\ D\varphi_\kappa \end{bmatrix} = G\begin{bmatrix} DA_1 & DA_{\kappa 1} \\ DA_2 & DA_{\kappa 2} \\ 0 & DA_\kappa \end{bmatrix} \begin{bmatrix} X \\ X_\kappa \end{bmatrix}$$

$$= \begin{bmatrix} \dfrac{1}{1-g^2}(DA_1 - gDA_2) & \dfrac{1}{1-g^2}(DA_{\kappa 1} - gDA_{\kappa 2}) \\ \dfrac{1}{2g}(gDA_1 + DA_2) & \dfrac{1}{2g}\left(gDA_{\kappa 1} + DA_{\kappa 2} - \dfrac{1+g^2}{g}DA_\kappa\right) \end{bmatrix} \begin{bmatrix} X \\ X_\kappa \end{bmatrix} \tag{2-39}$$

其中，X 为非电离层参数；X_k 为电离层折射参数；A_1、A_2 由 L_1、L_2 载波相位观测值非电离层参数所对应的偏导数组成；

$$A_{\kappa 1} = A_\kappa = \dfrac{1}{f_1}I$$
$$A_{\kappa 2} = \dfrac{1}{f_2}I \tag{2-40}$$

综合式（2-40），观测方程（2-39）可转化为：

$$\begin{bmatrix} \dfrac{1}{1-g^2}D(A_1 - gA_2) \\ \dfrac{1}{2g}D(gA_1 + A_2) \end{bmatrix} X = \begin{bmatrix} D\varphi_c \\ D\varphi_a \end{bmatrix} \tag{2-41}$$

从而从观测方程中消去电离层参数 X_k。

式（2-41）中 A_1、A_2 和 X 参数可分解为：

$$X^T = \begin{bmatrix} X_n^T & B_1^T & (B_2 - B_1)^T \end{bmatrix}^T$$
$$A_1 = \begin{bmatrix} \tilde{A}_1 & I & 0 \end{bmatrix} \tag{2-42}$$
$$A_2 = \begin{bmatrix} \tilde{A}_2 & I & I \end{bmatrix}$$

其中，X_n 为非电离层非模糊度参数；B_1 为 L_1 模糊度；（B_2-B_1）为宽巷模糊度；$\tilde{A}_1$、$\tilde{A}_2$ 由 $L1$、$L2$ 载波相位观测值非电离层非模糊度参数所对应的偏导数组成，$g\tilde{A}_1=\tilde{A}_2$。

根据式（2–42），观测方程（2–41）可进一步转化为：

$$
\begin{bmatrix}
D\tilde{A}_1 & \dfrac{1}{(1+g)}D & -\dfrac{g}{1-g^2}D \\
D\tilde{A}_1 & \dfrac{1+g}{2g}D & \dfrac{1}{2g}D
\end{bmatrix}
\begin{bmatrix}
X_n \\
B_1 \\
B_2-B_1
\end{bmatrix}=
\begin{bmatrix}
D\varphi_c \\
D\varphi_a
\end{bmatrix}
\tag{2-43}
$$

式（2–43）中设计矩阵列满秩，因此以上式为观测方程进行参数估计即可实现宽巷模糊度的确定。式（2–37）中 LC 模糊度 B_c 与宽巷模糊度（B_2-B_1）具有以下关系：

$$
\begin{aligned}
B_c &= \frac{f_1^2}{f_1^2-f_2^2}B_1 - \frac{f_1 f_2}{f_1^2-f_2^2}B_2 \\
&= \frac{1}{1+g}B_1 - \frac{g}{1-g^2}(B_2-B_1)
\end{aligned}
\tag{2-44}
$$

将式（2–43）中所得宽巷模糊度回代式（2–44），从而将 LC 模糊度 B_c 用具有整周特性的模糊度参数 B_1 表示，实现式（2–37）中 LC 模糊度的固定，完成长基线参数估计流程。

基于上述方法进行长基线模糊度固定需要对电离层参数施加先验约束。在缺乏可靠信息的情况下，通常假设电离层影响的水平梯度为 0，因此双差之后的电离层误差为 0。由于宽巷模糊度较长的波长（86.2cm），在电离层活动平稳区域，上述假设足以保证 200km 以内基线宽巷模糊度的可靠固定。但实际情况并非如此，地球表面的 VTEC（Vertical Total Electron Contont）值分布与纬度相关，存在多个极值点，导致电离层影响的水平梯度不为 0。因此对于 200km 以上的基线，此方法可能失效（Bender and Larden，1985；Blewitt，1989）。为解决此问题，Blewitt 提出了 P 码伪距法，降低了基线长度对宽巷模糊度解算的影响，可实现超长基线的模糊度固定（Blewitt，1989）。

定义 GNSS 宽巷观测值为：

$$
\varphi_w = \varphi_1 - \varphi_2
\tag{2-45}
$$

其频率、波长分别为：

$$
\begin{aligned}
f_w &= f_1 - f_2 \\
\lambda_w &= \frac{c}{f_1 - f_2}
\end{aligned}
\tag{2-46}
$$

将双频 P 码伪距观测值按下列方式组合：

$$
P_w = \frac{f_1 P_1 + f_2 P_2}{f_1 + f_2}
\tag{2-47}
$$

则根据式（2–1），并综合式（2–45）～（2–47）可得：

$$
N_w = \frac{\lambda_w \varphi_w + P_w}{\lambda_w}
\tag{2-48}
$$

其中 N_w 即为宽巷模糊度，双差之后对应式（2–44）中的（B_2-B_1）。确定宽巷模糊度后可采用与电离层约束方法类似的策略固定 LC 模糊度，进而实现长基线参数估计。

式（2-48）不受电离层一阶项、对流层、钟差、轨道误差、测站位置误差等的影响，理论上适用于任何长度的基线，且仅根据一个历元的观测即可实现宽巷模糊度的固定。但在实际应用中，由于伪距观测值的噪声较大，同时受多路径误差的影响，需要基于多个历元的观测值进行平均以得到准确的宽巷模糊度估值。

2.1.5　双差数据处理流程

GNSS 数据双差解算的基本步骤与其他算法类似，同时具有特殊性。GNSS 数据双差解算的基本流程如图 2-3 所示，具体步骤为：

①数据准备。主要包括观测数据、卫星星历、气象信息的整理，此外还需提供卫星状态、接收设备类型、待估参数先验信息、负载改正信息、太阳表、月亮表、卫星端 DCB 改正等。若参数估计在惯性系进行还需提供章动、极移、日常变化等信息。接收设备信息主要用于接收天线相位中心改正和 DCB 改正等。太阳表和月亮表用于计算固体潮改正及"蚀卫星"引起的卫星姿态变化；

②观测数据预处理。主要包括粗差探测与剔除、周跳探测与修复等。随着计算机运算能力的提升以及接收设备制造技术的进步，目前对周跳一般采取只探测、标记而不修复的策略，对所有周跳引入模糊度参数进行估计（肖玉钢等，2016）；

③轨道积分。由外部提供的星历信息通常不能直接满足数据处理需求，尤其是在长基线条件下，需要调整轨道以获得最优的基线结果。因此一般采用轨道拟合和轨道积分的方法以获取任意时刻的卫星位置及对初轨和力模型参数的偏导信息。轨道积分通常采用单步法（Runge-Kutta 法）和多步法（Adams 法）结合的策略进行（葛茂荣，1995；赵齐乐，2004）。光压模型（Solar Radiation Pressure Model）是影响轨道积分结果的重要因素。目前国内外学者针对适用于动偏模式（GPS 等）光压模型的研究已经比较成熟（Fliegel et al.，1992；Beutler et al.，1994；Springer et al.，1999；Ziebart et al.，2004；Rodriguez-Solano et al.，2012），但针对零偏模式（BDS、QZSS 等）光压模型的研究还需进一步深入（Zhao et al.，2013；Guo et al.，2013；Lou et al.，2014；郭靖，2014）；

④观测方程形成。主要包括卫星、测站先验坐标计算以及各类误差改正，同时获取观测值对待估参数的偏导数。具体内容见第 2.1.3.1 节；

⑤双差观测值构建。基于步骤④得到的单程观测方程通过双差映射形成双差观测方程。具体内容见第 2.1.2 节；

⑥法方程解算，获得浮点解。主要包括法方程叠加、双差模糊度映射、待估参数先验约束添加、双差模糊度独立性检验、不活跃参数消去等内容；

⑦残差编辑。由于观测环境的复杂性，一般而言步骤②并不能探测出观测值中所有的粗差和周跳。为保证参数估值结果的可靠性，需要对验后残差进行分析以进一步标记未发现的粗差和周跳；

⑧重复步骤⑤～⑦，直至没有新的粗差和周跳被发现为止；

⑨模糊度固定；具体内容见第 2.1.4 节；

⑩精度评定。估值结果的精度评定可根据参数估计的单位权中误差和基线的重复性

进行。理论上若观测值的先验权阵给定较为合理，单位权中误差应为 1 左右。但在实际数据处理中为降低难度一般忽略历元之间观测值的相关性，导致单位权中误差为 0.3 左右。

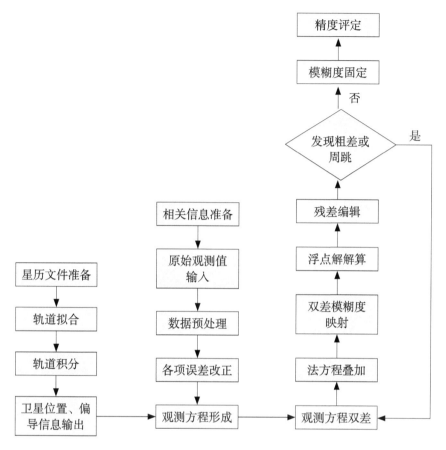

图 2-3　双差数据处理流程

2.2　基于法方程叠加的多模 GNSS 双差解算

多模 GNSS 的快速发展促使人们对 GNSS 双差算法展开进一步思考，以充分发挥多系统观测值的优势。通过在每个系统内部单独进行双差处理，并将残差编辑之后的各个法方程系统进行叠加以完成参数估计的方法既能充分利用多模与双差的优势，又可以避开系统间载波频率不同所带来的问题，是一种有效的多模 GNSS 数据双差解算方法。

2.2.1　先验初值统一

构成法方程时各系统所采用的先验初值一致是进行法方程叠加的前提，否则需对法方程系统处理以统一先验初值（姚宜斌，2004，2008）。

假设某系统在构建观测方程时以 X_1 为初值，为进行法方程叠加需要将其初值转换为 X_0，且 $X_0 = X_1 + \mathrm{d}x$。以 X_0 为初值的观测方程和法方程分别为：

$$v = Bx_0 - l_0$$
$$Nx_0 = b_0 \qquad (2\text{-}49)$$

以 X_1 为初值的观测方程和法方程分别为：

$$v = Bx_1 - l_1$$
$$Nx_1 = b_1 \qquad (2\text{-}50)$$

由于参数估值与初值无关，因此：

$$X = X_0 + x_0 = X_1 + x_1 \qquad (2\text{-}51)$$

故：

$$x_1 = x_0 + dx \qquad (2\text{-}52)$$

当两套初值相差不大时认为两个法方程系统的系数矩阵 N 及设计矩阵 B 均相同。将式（2-52）代入式（2-49）和式（2-50）得：

$$l_0 = l_1 - Bdx \qquad (2\text{-}53)$$

从而：

$$b_0 = B^T P l_0 = B^T P l_1 - B^T P B dx = b_1 - Ndx \qquad (2\text{-}54)$$

将式（2-54）代入式（2-50）得：

$$Nx_0 = b_1 - Ndx \qquad (2\text{-}55)$$

因此通过对法方程系统右侧常数项进行简单调整即可实现参数估计先验初值的统一。

2.2.2　先验约束消除与添加

GNSS 数据处理中经常出现法方程秩亏现象，主要是因为数据处理过程中待估参数较多且相互耦合，导致部分参数之间强相关。为获得准确可靠的平差结果，通常需要在法方程解算前根据外部信息对待估参数施加先验约束，并将约束信息转换为观测方程联系到法方程系统中（肖玉钢等，2012）。此外，在整体平差前需要将各系统的先验约束消除以避免约束不当对参数估计的影响。即使先验约束正确，为在法方程叠加之后施加新的先验约束也需要消除原有的约束信息（姚宜斌，2008）。

假设原始观测方程与法方程分别为：

$$v = Bx - l$$
$$Nx = b \qquad (2\text{-}56)$$

附加的先验约束以虚拟观测值的方式表示：

$$v = x_c - l_c \qquad (2\text{-}57)$$

则附加先验约束后的法方程系统为：

$$(N + P_c)x = b + P_c l_c \qquad (2\text{-}58)$$

其中 P_c 为待估参数先验权阵。

通常情况下观测方程中待估参数初值与先验约束一致，因此式（2-57）中 $l_c = 0$。式（2-58）可转化为：

$$(N + P_c)x = b \qquad (2\text{-}59)$$

先验约束消除是添加的逆过程。由上述推导可知，若施加先验约束后的法方程系统为：

$$N'x = b \tag{2-60}$$

则消除先验约束后的法方程为：

$$(N' - P_c)x = b \tag{2-61}$$

一般在法方程叠加之后对整体法方程重新施加先验约束以解决秩亏问题。这一过程可根据式（2-59）进行。

2.2.3　法方程叠加

在统一各法方程系统中待估参数的先验初值并消除先验约束后可进行法方程叠加。

在考虑轨道改进的情况下（其他情况类似），假设基于 GPS 双差观测值所构成的法方程为：

$$
\begin{bmatrix}
G11 & & & & \\
G21 & G22 & & & \\
G31 & G32 & G33 & & \\
G41 & G42 & G43 & G44 & \\
G51 & G52 & G53 & G54 & G55
\end{bmatrix}
\begin{bmatrix}
X \\
O_G \\
E \\
B_W^G \\
B_N^G
\end{bmatrix}
=
\begin{bmatrix}
U_1 \\
U_2 \\
U_3 \\
U_4 \\
U_5
\end{bmatrix}
\tag{2-62}
$$

基于 BDS 双差观测值所构成的法方程为：

$$
\begin{bmatrix}
C11 & & & & \\
C21 & C22 & & & \\
C31 & C32 & C33 & & \\
C41 & C42 & C43 & C44 & \\
C51 & C52 & C53 & C54 & C55
\end{bmatrix}
\begin{bmatrix}
X \\
O_C \\
E \\
B_W^C \\
B_N^C
\end{bmatrix}
=
\begin{bmatrix}
W_1 \\
W_2 \\
W_3 \\
W_4 \\
W_5
\end{bmatrix}
\tag{2-63}
$$

其中，X 表示测站坐标、对流层延迟等参数；O_i 为轨道参数；E 为 ERP 参数；B_W^i、B_N^i 分别为宽、窄巷模糊度参数。

不同法方程系统中通常含有相同的参数。如在式（2-62）和式（2-63）中测站坐标、对流层延迟和 ERP 参数是相同的。因此在叠加法方程时需进行参数合并。由式（2-62）和式（2-63）为例可得叠加后的法方程系统为：

$$
\begin{bmatrix}
G11+C11 & & & & & & & \\
G21 & G22 & & & & & & \\
C21 & 0 & C22 & & & & & \\
G31+C31 & G32 & C32 & G33+C33 & & & & \\
G41 & G42 & 0 & G43 & G44 & & & \\
C41 & 0 & C42 & C43 & 0 & C44 & & \\
G51 & G52 & 0 & G53 & G54 & 0 & G55 & \\
C51 & 0 & C52 & C53 & 0 & C54 & 0 & C55
\end{bmatrix}
\begin{bmatrix}
X \\
O_G \\
O_C \\
E \\
B_W^G \\
B_W^C \\
B_N^G \\
B_N^C
\end{bmatrix}
=
\begin{bmatrix}
U_1+W_1 \\
U_2 \\
W_2 \\
U_3+W_3 \\
U_4 \\
W_4 \\
U_5 \\
W_5
\end{bmatrix}
\tag{2-64}
$$

在参数估计结束后需评价参数估值结果的精度。单位权中误差是精度评定的重要指标，其无偏估计可表示为：

$$\sigma_0 = \frac{V^T P V}{n - t} \tag{2-65}$$

其中，σ_0 为单位权中误差；n 为观测值数量；t 为待估参数数量；V^TPV 为验后残差加权平方和，可表示为：

$$V^TPV = \sum_{i=1}^{m} l_i^T P l_i - X^T U \qquad (2\text{-}66)$$

其中，m 表示 GNSS 系统数量；$l_i^T P l_i$ 为系统 i 所对应的验前残差加权平方和；X 为估值结果；U 为式（2-64）的右侧常数项。

根据式（2-64）和式（2-65）即可实现基于法方程叠加的多模 GNSS 观测值双差解算。

2.3 基于混合双差的多模 GNSS 双差解算

根据法方程叠加进行多模 GNSS 双差数据处理虽然利用了多系统观测值，但在构建双差观测方程时每个 GNSS 系统均需选择一颗卫星作为参考星。假设有 n 个系统的观测值参与解算，则与单系统双差算法相比等价于每历元缺少 $(n-1)$ 颗卫星。为尽量多地形成双差观测值，有学者提出在不同系统观测值之间进行混合双差，之后在法方程中通过模糊度映射的方法仅在每个系统内部构建双差模糊度，从而完成多模 GNSS 双差数据处理的方法。

2.3.1 混合双差函数模型

为简单起见，本节在描述混合双差函数模型时认为基线较短（20km 以内），对流层、电离层延迟误差经过双差完全消除。因此，由式（2-1）可得混合双差函数模型为：

$$
\begin{aligned}
P_{ij}^{ksq} &= \rho_{ij}^{sq} + \left(u_i^{ks} - u_j^{ks} - u_i^{kq} + u_j^{kq}\right) + \xi_{ij}^{ksq} \\
\lambda^{ks}\varphi_{ij}^{ks} - \lambda^{kq}\varphi_{ij}^{kq} &= \rho_{ij}^{sq} + \left[\left(\lambda^{ks}b_i^{ks} - \lambda^{ks}b_j^{ks}\right) - \left(\lambda^{kq}b_i^{kq} - \lambda^{kq}b_j^{kq}\right)\right] \\
&\quad + \left(\gamma_i^{ks} - \gamma_j^{ks} - \gamma_i^{kq} + \gamma_j^{kq}\right) + \varepsilon_{ij}^{ksq}
\end{aligned}
\qquad (2\text{-}67)
$$

根据式（2-67），当卫星 s、q 属于同一系统时，$u_i^{ks} - u_j^{ks} - u_i^{kq} + u_j^{kq} = 0$、$\gamma_i^{ks} - \gamma_j^{ks} - \gamma_i^{kq} + \gamma_j^{kq} = 0$、$\lambda^{ks} = \lambda^{kq}$，此时混合双差与单系统双差等价；当卫星 s、q 分别属于不同系统时，上述三个等式不成立。其中 $\left(u_i^{ks} - u_j^{ks} - u_i^{kq} + u_j^{kq}\right)$ 需要作为参数估计；γ 将被吸收至对应的单程模糊度参数中。由于 $\gamma_i^{ks} - \gamma_j^{ks} - \gamma_i^{kq} + \gamma_j^{kq} \neq 0$ 且 $\lambda^{ks} \neq \lambda^{kq}$，式（2-67）中的双差模糊度不具备整周特性，不能直接进行模糊度固定。

2.3.2 模糊度映射方法

为实现混合双差情况下的模糊度固定，采用模糊度参数映射的方法将来自同一 GNSS 系统的单程模糊度映射为双差模糊度。即：

$$X_{map} = GX_{orig} \qquad (2\text{-}68)$$

其中，X_{orig} 为原始待估参数向量；X_{map} 为映射后的待估参数向量；G 为映射函数。X_{orig}、X_{map}、G 可分别表示为（为形式简单，下述说明均以单基线单频观测值为例）：

$$X_{orig} = \begin{bmatrix} x^T & B_1^1 & B_2^1 & B_1^2 & B_2^2 & \cdots & B_2^{m_1} & \cdots & B_2^{m_n} \end{bmatrix}^T$$

$$X_{map} = \begin{bmatrix} x^T & B_{12}^{12} & B_{12}^{13} & \cdots & B_{12}^{1(m_1-1)} & \cdots & B_{12}^{1(m_n-1)} \end{bmatrix}^T \qquad (2\text{-}69)$$

$$G = \begin{bmatrix} I & 0 \\ 0 & M \end{bmatrix}$$

其中，x 为非模糊度参数；B_i^s 为测站 i、卫星 s 对应的单程模糊度参数；B_{ij}^{sq} 为测站 i、j、卫星 s、q 对应的双差模糊度参数；m_i 为第 i 个系统在此历元所能观测到的卫星数；n 为参与计算的 GNSS 系统个数。M 为双差模糊度映射矩阵，可表示为：

$$M = \begin{bmatrix} M^1 & & & \\ & M^2 & & \\ & & \ddots & \\ & & & M^n \end{bmatrix} \qquad (2\text{-}70)$$

其中，M^k 为每个系统所对应的双差模糊度映射矩阵。假设每个系统均选择第一颗卫星为参考星，则：

$$M_{ij}^k = \begin{cases} 0 & j=1、2、2i+1、2i+2 \\ 1 & \text{其他} \end{cases} \qquad (2\text{-}71)$$

映射后的双差模糊度参数具有整周特性，可直接进行模糊度固定。

基于混合双差进行多模 GNSS 数据解算的方法有效利用了系统间的双差观测值，理论上而言与单系统双差算法是等价的。但该算法程序实现较为复杂，尤其是在 GLONASS 观测值参与解算的情况下。

2.4　多模 GNSS 数据单差算法及高维模糊度固定方法

GNSS 的精度、可靠性、可用性等指标与卫星可见性密切相关。在城市峡谷、山谷、露天矿区、河谷、林区等信号遮挡严重的地方，GNSS 服务的性能将大幅降低（Montenbruck et al.，2013；He et al.，2014）。通过增加可见卫星数量，多模 GNSS 能够极大削弱恶劣环境的影响，因此近年来针对多模 GNSS 算法和应用的研究层出不穷，并取得了丰硕的研究成果（Dai，2000；Yamada et al.，2010；Ge et al.，2012；Chen et al.，2014a，b；Li et al.，2015b）。尤其是 MGEX 的出现更是将多模 GNSS 的研究推向高潮（Lou et al.，2014，2015；Xu，2014；Li et al.，2015a，b）。

目前多模 GNSS 数据处理多基于非差观测值甚至原始观测值进行（Cai and Gao，2007，2013；Tu et al.，2013；Li et al.，2014；陈华，2015）。已有研究证明，当采用最小二乘法进行参数估计时非差算法与双差算法是等价的（Schaffrin and Grafarend，1986；韩绍伟，1991；孙效功，1992）。但非差算法的精度直接取决于 IGS 等组织发布的卫星轨道、精密钟差等产品的质量。目前 GNSS 轨道的三维精度仅为厘米甚至分米级（辜声峰，2013），再加上普遍为 ns 级别的卫星钟差，非差算法在区域网或局域网情况下精度一般。此外，IGS 等组织发布的轨道、钟差等产品存在最大约 2 周的时延。因此，在地质灾害预警、结构物形变监测、交通导航等对服务精度和时效性要求较高的领域，非差算法不能很好地满足需求。双差算法通过消除空间相关性误差，在基线较短时即使采用质量较低的广播星历也可以得到高精度的解算结果（Bock et al.，1986；Dong and Bock，1989；Blewitt，1989）。但在多模 GNSS 情况下，由于各系统载波频率的不同以及 ISB、IFB 等的存在，系统间双差模糊度不具备整周特性，不能直接在系统间构建双差观测值。前文所述基于法方程叠加的多模 GNSS 双差算法虽然克服了上述缺陷，但其仅在单个系统内部构建双差观测值（Pratt et al.，1998；Al-Shaery et al.，2013），未能充分发挥多模 GNSS 的优势。基于混合双差进行多模 GNSS 数据解算的方法有效利用了系统间的双差观测值，理论上而言与单系统双差算法是等价的。但该算法程序实现较为复杂，尤其是在 GLONASS 观测值参与解算的情况下。为克服上述问题，本章提出了基于站间单差观测值的多模 GNSS 数据解算方法。同时，为解决多模解算时的高维模糊度固定问题，本章对传统模糊度固定方法进行了改进。理论上而言，该单差方法与第 2 章所述混合双差方法是等效的。但该算法仅在测站间对观测值作差，避开了系统间载波频率不同所带来的问题，因此形式简单，可扩展性更强。

本节首先给出了多模 GNSS 单差算法的数学模型，推导了在参数估计过程中需要提供的基准与约束条件。然后研究了算法中的单差模糊度整周特性恢复方法，并总结了该单差算法与其他方法相比的优势。之后分析了在多模 GNSS 条件下传统模糊度固定方法的不足，并以此为依据提出了改进的模糊度固定算法。最后根据实测数据分析了改进后模糊度固定方法的效果。

2.5 多模 GNSS 数据单差算法

与双差方法类似，单差通过对站间观测值作差可以消除绝大部分与卫星有关的误差，同时大幅削弱信号在传播路径上产生的误差，因此基线结果精度主要与测站间距相关，并不直接由卫星星历质量决定。

2.5.1 单差数学模型

为表述简单，本节在讨论多模 GNSS 数据单差算法时认为基线较短（20km 以内），对流层、电离层延迟误差等经过单差完全消除。因此，由式（2-72）可得单差函数模型为：

$$P_{ij}^{ks} = \rho_{ij}^s + cdt_{ij} + u_{ij}^{ks} + \xi_{ij}^{ks}$$
$$\lambda^{ks} \varphi_{ij}^{ks} = \rho_{ij}^s + cdt_{ij} + \lambda^{ks} b_{ij}^{ks} + \gamma_{ij}^{ks} + \varepsilon_{ij}^{ks}$$

（2-72）

其中，P_{ij}^{ks} 为站间单差伪距观测值；ρ_{ij}^s 为单差几何距离；dt_{ij} 为单差接收机钟差；u_{ij}^{ks} 为单差接收机端伪距硬件延迟；φ_{ij}^{ks} 为单差相位观测值；b_{ij}^{ks} 为具有整周特性的单差相位模糊度参数；γ_{ij}^{ks} 为单差接收机端 UPD；ξ_{ij}^{ks}、ε_{ij}^{ks} 分别为单差伪距、载波相位观测值噪声。

单差算法的随机模型可表示为：

$$C_{SD} = DC_{UD}D^T$$

（2-73）

其中，C_{SD} 为单差观测值协方差矩阵；C_{UD} 为非差观测值协方差矩阵；D 为映射矩阵，以将非差观测值转化为单差观测值。一般情况下 C_{UD} 可根据第 2.1.1.2 节内容确定。

如公式（3-1）所示，卫星钟差、卫星端伪距硬件延迟以及相位 UPD 经过站间单差完全消除。研究表明，接收机钟差具有白噪声特性，因此每历元的单差接收机钟差 dt_{ij} 均需作为参数估计。接收机端的伪距、相位硬件延迟具有较高的稳定性，在一定时间内不同历元的接收机端单差伪距硬件延迟 u_{ij}^{ks} 和单差 UPD γ_{ij}^{ks} 均可视为一个参数进行估计。此外，对于 GPS、Galileo、BDS 等基于 CDMA 技术播发信号的系统而言，由于各卫星采用相同的载波频率，不同卫星观测值在接收机端的硬件延迟相同。而对于 GLONASS 等采用 FDMA 技术播发信号的系统而言，由于不同卫星的载波频率不同，在接收机端不同卫星的观测值对应着不同的硬件延迟，称为伪距、相位 IFB。因此对于 GLONASS 等系统，每个频率号或每颗卫星均需估计 u_{ij}^{ks} 和 γ_{ij}^{ks} 参数。

2.5.2　基准与条件约束

在实际的数据处理中，按照式（2-72）直接构成的法方程是秩亏的。这是由于观测方程中接收机钟差 dt_{ij} 与伪距硬件延迟 u_{ij}^{ks} 和相位 UPD γ_{ij}^{ks} 线性相关，导致设计矩阵列不满秩。为解决上述问题，通常选择某类伪距观测值为参考，并假设其单差伪距硬件延迟 u_{ij}^{ks} 为 0。此处参考伪距观测值的选择是任意的，即任一 GNSS 系统的任一频率伪距观测值均可作为参考。本书中为方便描述，统一选择 GPS 系统 L1 频率伪距观测值为参考观测值。在此情况下，其余所有单差伪距硬件延迟参数均是相对于参考值而言的。作为参考值的单差伪距硬件延迟将被吸收至钟差参数中，称为组合钟差参数。另外，相位观测值中的单差 UPD 参数也与参考伪距硬件延迟混合在一起，称为组合 UPD。二者又一起被吸收至单差模糊度参数中，使模糊度不具备整周特性。此时的单差观测方程可表示为：

$$P_{ij}^{ks} = \rho_{ij}^{s} + c\left(dt_{ij} + u_{ij}^{ks}/c\right) + \xi_{ij}^{ks}$$
$$\lambda^{ks}\varphi_{ij}^{ks} = \rho_{ij}^{s} + c\left(dt_{ij} + u_{ij}^{ks}/c\right) + \lambda^{ks}b_{ij}^{ks} + \left(\gamma_{ij}^{ks} - u_{ij}^{ks}\right) + \varepsilon_{ij}^{ks} \qquad (2-74)$$

$$P_{ij}^{lt} = \rho_{ij}^{t} + c\left(dt_{ij} + u_{ij}^{ks}/c\right) + \left(u_{ij}^{lt} - u_{ij}^{ks}\right) + \xi_{ij}^{lt}$$
$$\lambda^{lt}\varphi_{ij}^{lt} = \rho_{ij}^{t} + c\left(dt_{ij} + u_{ij}^{ks}/c\right) + \lambda^{lt}b_{ij}^{lt} + \left(\gamma_{ij}^{lt} - u_{ij}^{ks}\right) + \varepsilon_{ij}^{lt} \qquad (2-75)$$

其中，k、s 分别为参考伪距观测值的频率、卫星标识；l、t 分别为非参考伪距观测值的频率、卫星标识。

式（2-74）中的（$dt_{ij} + u_{ij}^{ks}/c$）称为组合钟差参数。式（2-74）中的（$\gamma_{ij}^{ks} - u_{ij}^{ks}$）与式（2-75）中的（$\gamma_{ij}^{lt} - u_{ij}^{ks}$）为组合 UPD。与式（2-74）相比，若式（2-75）中的观测值系统相同而频率不同，则（$\gamma_{ij}^{lt} - u_{ij}^{ks}$）称为卫星 s 所属系统的，频率 l 和 k 之间的站间差分 DCB 参数；若式（2-75）中的观测值系统不同而频率相同，则（$u_{ij}^{lt} - u_{ij}^{ks}$）表示卫星 t 和 s 所属两系统在频率 k 上的站间差分 ISB 参数；当与式（2-74）相比式（2-75）中的观测值系统与频率均不同时，ISB 参数（$u_{ij}^{lt} - u_{ij}^{ks}$）可分解为 DCB 参数与 ISB 参数之和的形式，即：

$$\left(u_{ij}^{lt} - u_{ij}^{ks}\right) = \left(u_{ij}^{lt} - u_{ij}^{kt}\right) + \left(u_{ij}^{kt} - u_{ij}^{ks}\right) \qquad (2-76)$$

其中，（$u_{ij}^{lt} - u_{ij}^{kt}$）和（$u_{ij}^{kt} - u_{ij}^{ks}$）分别称为卫星 t 所属系统的，频率 l 和 k 之间的站间

差分 DCB 参数和卫星 t 和 s 所属两系统在频率 k 上的站间差分 ISB 参数。

2.5.3　单差模糊度整周特性恢复

由第 2.5.2 节可知，采用单差算法以公式（2-74）、（2-75）为观测方程直接得到的单差模糊度参数中包含有单差相位 UPD 以及参考观测值的单差伪距硬件延迟的影响，因此不具备整周特性，不能直接进行模糊度固定操作。对于 GPS、Galileo、BDS 等基于 CDMA 技术的 GNSS 系统而言，同类相位观测值（系统、频率均相同）拥有相同的单差相位 UPD，而参考单差伪距硬件延迟对于所有观测值都一样，因此其对模糊度固定的影响可以简单地通过对所有来自于同一类观测值的浮点模糊度的小数部分求平均得到。之后从所有对应浮点模糊度中减去此平均值即可恢复原始单差模糊度的整周特性。其过程可表示为：

$$B_{int}^{lt} = B_{orig}^{lt} - \Delta B^{lt}$$
$$\Delta B^{lt} = \frac{\sum \lfloor B_{orig}^{lt} \rfloor}{n}$$
（2-77）

其中，B_{orig}^{lt} 为原始单差浮点模糊度；B_{int}^{lt} 为处理后具有整周特性的单差浮点模糊度；ΔB^{lt} 为估计的单差相位 UPD 与参考单差伪距硬件延迟的综合影响；$\lfloor \cdot \rfloor$ 表示向下取整；n 为同类模糊度的数量。

GLONASS 系统中卫星所发送载波频率与卫星的频率号相关，具有不同频率号的卫星发射的载波频率不同。其关系可表示为（本书仅考虑 GLONASS 的双频观测值）：

$$f_1 = 1602.0 + 0.5625 \cdot K \quad MHz$$
$$f_2 = 1246.0 + 0.4375 \cdot K \quad MHz$$
（2-78）

其中 K 表示频率号。接收机端硬件延迟量与载波频率相关，来自于不同频率号卫星的相位观测值具有不同的单差相位 UPD。因此 GLONASS 等采用 FDMA 技术的 GNSS 系统不能利用上述方法恢复单差浮点模糊度的整周特性。对于 GLONASS 而言，在一次解算中具有相同 UPD 影响的同类模糊度数量很少，甚至只有一个，不能通过平均的方法去除单差相位 UPD 以及参考单差伪距硬件延迟的影响。但已有研究表明，同一频率号不同频率的 GLONASS 相位观测值在接收机端具有相同的 IFB（Al-Shaery et al.，2013）。同时，GLONASS 信号接收机端相位 IFB 与卫星的频率号相关，并可表示为（Pratt et al.，1998；Wanninger and Wallstab-Freitag，2007）：

$$\gamma_i^t = a_i + b_i \cdot K^t$$
（2-79）

其中，i、t 分别为接收机、卫星标识；γ_i^t 为以米为单位表示的相位 IFB；K^t 为卫星 t 所对应的频率号；a_i、b_i 为两个固定常数，与接收机类型相关。一般而言，a_i、b_i 的值较为稳定，与时间、气温等关系不大，但与接收机天线、电缆等类型有关。同一型号接收机的 a_i、b_i 值通常相似。因此 GLONASS 相位观测值接收机端单差 UPD 以及参考观测值的单差伪距硬件延迟对模糊度参数的综合影响可表示为：

$$\gamma_{ij}^t - u_{ij}^{ks} = c_{ij} + b_{ij} \cdot K^t$$
$$c_{ij} = a_i - a_j - u_{ij}^{ks}$$
$$b_{ij} = b_i - b_j$$
（2-80）

式（2-80）中（$\gamma_{ij}^t - u_{ij}^{ks}$）的值可能超过一周。但由于不同频率号所对应的 GLONASS 相位观测值的波长差异极小（见表 2-3），因此原始单差浮点模糊度的小数部分当以米为单位表示时仍近似存在式（2-80）所示的线性关系。将以米为单位表示的单差浮点模糊度的小数部分按式（2-80）通过最小二乘算法进行拟合，求出 c_{ij}、b_{ij} 的值，然后再根据式（2-81）以及 c_{ij}、b_{ij} 的估值从原始单差浮点模糊度中去除单差相位 UPD 和参考单差伪距硬件延迟的影响即可恢复 GLONASS 单差模糊度的整周特性，其过程可表示为：

$$B_{int}^{lt} = B_{orig}^{lt} - \Delta B^{lt}$$

$$\Delta B^{lt} = \frac{c_{ij} + b_{ij} \cdot K^t}{\lambda^{lt}} \qquad\qquad （2-81）$$

其中 λ^{lt} 为卫星 t 在 l 频率上相位观测值的波长。

表 2-3　GLONASS 在轨卫星基本状况（2016 年 2 月 23 日）

频率号（FID）	卫星号（PRN）	f_1（MHz）	f_2（MHz）	λ_1（cm）	λ_2（cm）
-7	10、14	1598.0625	1242.9375	18.7597	24.1197
-6	9	1598.625	1243.375	18.7531	24.1112
-4	2、6	1599.75	1244.25	18.74	24.0942
-3	18、22	1600.3125	1244.6875	18.7333	24.0858
-2	13	1600.875	1245.125	18.7268	24.0773
-1	12、16	1601.4375	1245.5625	18.7202	24.0688
0	11、15	1602.0	1246.0	18.7136	24.0604
1	1、5	1602.5625	1246.4375	18.7071	24.0519
2	20、24	1603.125	1246.875	18.7005	24.0435
3	19、23	1603.6875	1247.3125	18.6939	24.0351
4	17、21	1604.25	1247.75	18.6874	24.0266
5	3、7	1604.8125	1248.1875	18.6808	24.0182
6	4、8	1605.375	1248.625	18.6743	24.0098

按照式（2-77）、式（2-81）对原始单差浮点模糊度进行处理后得到的模糊度参数具备整周特性，可按第 2.1.4.1 节所述常用的模糊度固定算法进行模糊度固定操作。

2.5.4　单差模糊度整周特性恢复效果

为验证上述模糊度整周特性恢复算法的有效性，本节设计了实验对 GPS、GLONASS、Galileo、BDS 等 4 个 GNSS 系统单差模糊度整周特性的恢复效果进行了分析。实验数据采用 KIR8、KIRU 两个测站于 2015 年 10 月 1 日（年积日 274）全天的伪距、载波相位观测值。测站 KIR8 和 KIRU 都属于 MGEX 观测网，位于瑞典 Kiruna，站间距约 4.5km。两站所配备的接收设备均具有 GPS、GLONASS、Galileo、BDS 等 4 系统的跟踪能力，其基本情况见表 2-4。

表 2-4 实验测站基本情况（2015 年 10 月 1 日）

测站	位置	项目	跟踪能力
KIR8	瑞典 Kiruna	MGEX	GPS+GLONASS+Galileo+BDS+SBAS
KIRU	瑞典 Kiruna	MGEX	GPS+GLONASS+Galileo+BDS+QZSS+SBAS

数据处理采用根据上述单差多模 GNSS 算法所构建的软件进行。数据处理策略见表 2-5。

表 2-5 多模 GNSS 数据处理策略与模型

项目	策略与模型
估计器	法方程叠加
观测值	双频相位、伪距观测值。GPS：L1/L2；GLONASS：L1/L2；Galileo：E1/E5a；BDS：B1/B2
采样间隔	30s
截止高度角	10°
加权策略	依高度角定权，所有系统天顶方向伪距、相位观测值标准差均分别设为 1m、0.25 周
星历	广播星历
接收机钟差	每历元估计
接收天线 PCO、PCV 改正	按 igs08.atx 模型改正，Galileo 与 BDS 观测值采用与 GPS 相同的改正模型
地球自转误差	改正
电离层延迟	短基线情况下忽略
对流层延迟	Saastamoinen+GMF 模型改正，残余影响采用分段常数法估计
相对论效应	改正
DCB、ISB、IFB	估计

（1）GPS、Galileo 与 BDS

图 2-4 为实验所得 GPS、BDS、Galileo 三系统原始单差模糊度的小数部分（Fractional Part of Estimated Ambiguity，FPEA）分布。由图可知，绝大部分同类型模糊度的小数部分分布较为一致。其中 GPS 系统 L1、L2 载波模糊度小数部分的标准差（Standard Deviation，STD）分别为 0.05、0.04 周。BDS 系统 B1、B2 频率对应的标准差分别为 0.04、0.03 周。Galileo 系统表现稍差，其 E1、E5a 载波模糊度小数部分的标准差分别为 0.12、0.03 周。分析发现，图中所有与均值偏差较大的模糊度或者对应较少的观测值，或者观测值的高度角较低。因此，为排除粗差干扰，图 2-4 中模糊度序列均值的计算采用迭代算法进行，其中检验阈值取为 3σ。σ 为前一次迭代结果的标准差。检验过程迭代进行，直到没有粗差模糊度再被探测到为止。

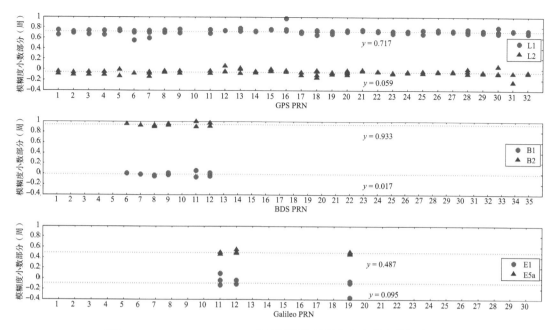

图 2-4　GPS、BDS、Galileo 系统原始单差模糊度参数小数部分分布
（图中虚线及方程表示对应序列均值）

　　图 2-5 为对原始单差模糊度参数处理后所得各系统模糊度小数部分分布。由图可知，恢复整周特性后各系统模糊度表现出较好的一致性，绝大多数模糊度小数部分在 0 周附近波动。95% 以上的 FPEA 值小于 0.1 周。与 GPS、BDS 相比，Galileo 系统模糊度参数的一致性略差。本书分析认为这是由于目前 Galileo 系统可用卫星较少，而且实验中两个

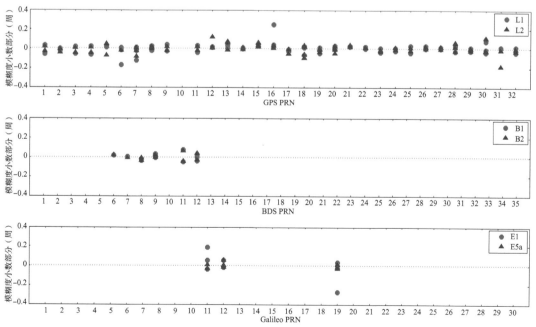

图 2-5　整周特性恢复后 GPS、BDS、Galileo 系统单差模糊度小数部分分布
（图中虚线对应 0 周）

Galileo 模糊度对应较短的观测时段导致的。如在本实验中仅有 3 颗 Galileo 卫星参与解算（E11、E12、E19）。上述分析说明本节所采用针对 CDMA 系统（GPS、BDS、Galileo）原始单差模糊度整周特性恢复算法是有效的。处理后的模糊度参数去除了单差相位 UPD 和参考单差伪距硬件延迟的影响，具备整周特性，可按常用方法进行模糊度固定处理。

（2）GLONASS

图 2-6 为按频率号（Frequency Identification）排列的本实验中 GLONASS 系统原始单差模糊度参数小数部分分布。由图可知，以米为单位表示的 GLONASS 系统 L1、L2 载波模糊度小数部分与卫星频率号表现出明显的线性相关关系，此结果与 Pratt et al.、Wanninger and Wallstab-Freitag 等学者的研究一致。为分析此线性相关关系，采用粗差迭代探测算法对 GLONASS 系统的两个 FPEA 序列进行了处理，并对剔除粗差影响的序列进行了线性拟合，拟合结果见图中方程所示。拟合后所得 GLONASS 系统 L1、L2 载波模糊度小数部分拟合残差的均方根值（Root Mean Square，RMS）分别为 0.6cm、1.3cm。由拟合结果可知，两个频率 FPEA 序列的斜率完全相等，这与前人的研究成果一致。理论上而言，两个拟合结果中的截距也应相等，但实验结果并非如此。本书推断这是由于 GLONASS 系统中单差相位 UPD 和参考单差伪距硬件延迟的综合影响并不仅仅是原始单差模糊度中的小数部分，实际上超过了 1 周。但图 2-6 所示 FPEA 值仅为原始模糊度的小数部分。又因为 GLONASS 系统不同频率载波波长不等，导致不同频率 FPEA 序列线性拟合结果中的截距不相等。严格来说，拟合的斜率也受此影响，但由于不同频率号所对应的 GLONASS 相位观测值的波长差异极小，导致其对斜率拟合结果的影响有限。这也从另一方面验证了本书所采用算法的正确性。此处拟合结果中的斜率近似等于式（2-81）中的 b_{ij}。

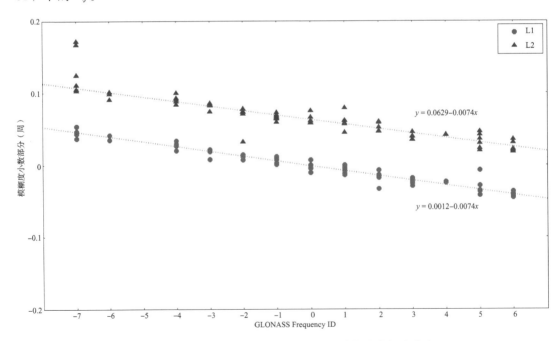

图 2-6　GLONASS 系统原始单差模糊度参数小数部分分布

（图中虚线及方程表示线性拟合结果）

　　图 2-7 为以不同单位表示的 GLONASS 各频率原始单差模糊度整周特性恢复后所得的小数部分分布。由图可知，处理后的 GLONASS 单差模糊度表现出较好的一致性，绝大多数模糊度小数部分在 0 周附近波动。97% 以上的 FPEA 值小于 0.1 周。以周为单位表示的 L1、L2 频率单差模糊度小数部分的 RMS 值分别为 0.03 周、0.05 周，与 GPS 等 CDMA 系统基本处于同一水准。上述结果说明本书所提出的针对 GLONASS 系统原始单差模糊度的整周特性恢复算法是正确有效的。处理后的模糊度参数去除了单差相位 UPD 和参考单差伪距硬件延迟的影响，具备整周特性，可直接进行模糊度固定。

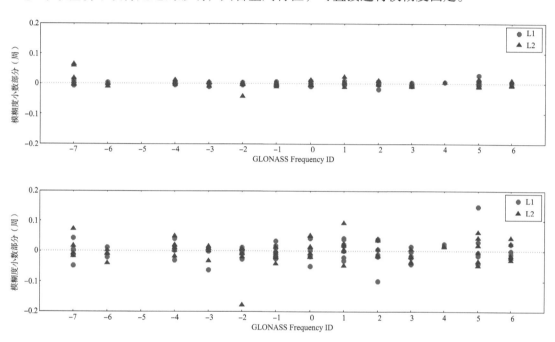

图 2-7　整周特性恢复后 GLONASS 系统单差模糊度小数部分分布
（图中虚线对应 0；上图以米为单位；下图以周为单位）

2.5.5　单差算法优势分析

　　如前所述，与双差方法类似，单差算法通过站间观测值作差可以消除或削弱大部分与卫星和信号传播路径有关的误差，如卫星钟差、卫星轨道误差、卫星端硬件延迟与初始相位偏差、对流层延迟误差、电离层延迟误差等，因此即使采用广播星历在基线较短的条件下也可以得到高精度的解算结果，从而弥补了非差算法短基线解算精度与实时性方面的不足。此外，本章所提出的单差多模算法仅针对单颗卫星操作，避开了不同系统间载波频率不同对模糊度固定所带来的问题。结合本章所提出的单差模糊度整周特性恢复算法，可以实现模糊度参数的正确有效固定。因此，与基于混合双差的多模算法相比，此方法能够避免观测值双差、混合双差模糊度映射等复杂操作，实现简单。而与基于法方程叠加的多模算法相比，本章的单差方法可以构成更多的冗余观测值。为阐明此问题，我们假设有 2 台接收机在 n 个频率上同时跟踪来自 p 个系统的 s 颗卫星。共计观测 m 个历元。为简单起见，此处依然假设基线足够短，可认为大气误差在观测值差分过程中完全消除，而且所有卫星在 m 个历元均可被两个测站观测。在此情况下按基于法方程叠加的多模双差算法与单差算法将分别可以构建 $(s-p) \cdot m \cdot n$ 个和 $s \cdot m \cdot n$ 个观测值。两种算法中的待估参数种类和数量如表 2-6 所示。同样为分析简单，此处仅考虑 CDMA 系统。根据上述分析，两种算法将分别可以形成 $[(s-p)(mn-1)-3]$ 和 $(smn-np-m-s-2)$ 个多余观测值。因此，与基于法方程叠加的多模 GNSS 算法相比，本章所提出的单差多模算法将可以另外构成 $[(np-1)(m-1)-p]$ 个冗余观测。当观测时段较长，观测历元数 m 较大时，$[(np-1)(m-1)-p]$ 个冗余观测足以对参数估计结果产生影响。

表 2-6　基于法方程叠加双差法与单差法中待估参数种类与数量

算法	测站坐标	接收机钟差	模糊度	DCB	ISB
双差	3	0	$s-p$	0	0
单差	3	m	s	$(n-1) \cdot p$	$p-1$

　　综上所述，本章所提出的多模 GNSS 数据单差解算方法原理简单、实现方便、可扩展性强，既可以充分发挥差分算法的优势，又能够避免观测值双差、混合双差模糊度映射等复杂操作，比较适合多模 GNSS 数据处理的应用。

2.6　多模 GNSS 高维模糊度固定方法

　　模糊度固定是高精度 GNSS 数据处理过程中的重要内容。已有研究表明，模糊度固定可以显著提高基线结果的精度，尤其是东西分量的重复性。目前在 GNSS 高精度静态后处理算法中较多采用序贯决策函数法（Bootstrap+Decision Function）进行模糊度固定，但在实际应用中此方法存在不足。为此，通过对已有模糊度固定算法进行改进和组合，本节提出了一套多模 GNSS 高维模糊度固定算法，并利用实测数据对算法的正确性和有效性进行了验证。

2.6.1　常用模糊度固定算法的不足

（1）决策函数法

设 GNSS 数据解算所得参数浮点解及其方差 – 协方差矩阵可分别表示为：

$$\begin{bmatrix} \hat{a} \\ \hat{b} \end{bmatrix} \quad \begin{bmatrix} Q_{\hat{a}} & Q_{\hat{a}\hat{b}} \\ Q_{\hat{b}\hat{a}} & Q_{\hat{b}} \end{bmatrix} \tag{2-82}$$

其中，$\hat{a}$ 为非模糊度参数浮点解估值；$\hat{b}$ 为模糊度参数浮点解估值。则利用决策函数法，根据 $\hat{b}$ 及其方差 – 协方差矩阵 $Q_{\hat{b}}$ 可得：

$$Q_0 = \sum_{n=1}^{\infty} \left[erfc\left(\frac{n - \hat{x}_i}{\sqrt{2}\hat{\sigma}_i} \right) - erfc\left(\frac{n + \hat{x}_i}{\sqrt{2}\hat{\sigma}_i} \right) \right] \tag{2-83}$$

$$erfc(x) = \frac{2}{\sqrt{\pi}} \int_x^{\infty} e^{-t^2} dt$$

其中，$\hat{x}_i$ 为模糊度浮点解向量 $\hat{b}$ 中第 i 个模糊度的浮点数估值 $\hat{b}_i$ 的小数部分，位于 [-0.5, 0.5] 之间；$\hat{\sigma}_i$ 为由 $Q_{\hat{b}}$ 所得 $\hat{b}$ 对应的形式误差；Q_0 为 $\hat{b}_i$ 的正确值为非与其最接近整数的概率；$erfc$ 表示误差函数（Error Function，erfc）。在实际应用中式（2-83）内求和项一般取至 50，其截断误差对结果的影响可忽略。每个模糊度参数均可得到一个 Q_0 值。若 Q_0 大于某外部给定的显著性水平 α，如 0.1%，则表示其对应的浮点模糊度不能被固定为与其最接近的整数。但在实际的数据处理中存在两种特殊情况：一是某模糊度参数的浮点解小数部分接近 ±0.5 周，但其标准差非常小。这一般是由于观测方程中存在未模型化的误差。此时该模糊度不应该被固定；另一种情况是某模糊度参数浮点解的小数部分非常接近 0，但其标准差较大。这一般是由较差的观测几何条件、较差的数据质量或者较活跃的电离层活动引起的。该模糊度也不应该被固定。为排除两种极端情况对模糊度固定的影响，Dong and Bock（1989）对上述算法进行了改进，并定义决策函数值为：

$$d\left(\hat{x}_i, \hat{\sigma}_i\right) = FT/Q_0 \tag{2-84}$$

其中：

$$T = \begin{cases} 0 & |\hat{x}_i| \geq 0.4 \ \text{或} \ 3\hat{\sigma}_i \geq 1.0 \\ \left(1 - \dfrac{|\hat{x}_i|}{0.4}\right)\left(\dfrac{1}{3} - \hat{\sigma}_i\right) \cdot 3 & \text{其他} \end{cases} \tag{2-85}$$

$$F = \begin{cases} 1 & i = 1 \\ \displaystyle\prod_{n=1}^{i-1}\left(1 - Q_0^n\right) & i > 1 \end{cases} \tag{2-86}$$

其中 $i \leq m$，m 为在一次迭代过程中所固定的模糊度的个数。已固定的模糊度参数能够提高解的强度，改善其他未固定模糊度参数的估值及其方差 - 协方差矩阵。因此在实际的数据处理中一般每次迭代仅固定一个模糊度。故式（2-86）中 F 通常取 1。式（2-84）中的决策函数值 d 近似等于 Q_0 的倒数。在实际应用中一般给定 d 一阈值，如 1000，对应 Q_0 为 0.1%。若某浮点模糊度所对应的决策函数值大于此阈值，则此模糊度可以被固定为与其最接近的整数。为保证模糊度固定的正确率，King 于 1993 年对式（2-85）进一步改进：

$$T = \begin{cases} 0 & |\hat{x}_i| \geq 0.15 \ \text{或} \ \hat{\sigma}_i \geq 0.15 \\ \left(1 - \dfrac{|\hat{x}_i|}{0.15}\right)\left(0.15 - \hat{\sigma}_i\right) \cdot 3 & \text{其他} \end{cases} \tag{2-87}$$

模糊度固定后其他参数的估值及其方差 - 协方差矩阵可表示为（Dong and Bock，1989；Teunissen，1995）：

$$\begin{aligned} \hat{a}_{new} &= \hat{a} + Q_{\hat{a}\hat{b}} Q_{\hat{b}}^{-1} \Delta\hat{b} \\ Q_{\hat{a}_{new}} &= Q_{\hat{a}} - Q_{\hat{a}\hat{b}} Q_{\hat{b}}^{-1} Q_{\hat{b}\hat{a}} \end{aligned} \tag{2-88}$$

其中 $\Delta\hat{b} = \hat{b}_{new} - \hat{b}$，为模糊度固定操作之后模糊度参数估值变化。

由式（2-87）可知，若某模糊度浮点解的小数部分或其标准差大于 0.15 周，则该模糊度根据决策函数法不能被固定，而此情况在卫星几何分布较差或观测历元数较少时经常发生。因此序贯函数法仅适用于浮点模糊度估值精度较高的模糊度固定问题。

（2）LAMBDA 方法

设 GNSS 数据解算所得参数浮点解估值及其方差 – 协方差矩阵可用式（2-82）表示，则利用 LAMBDA 及其各种改进算法（Teunissen，1995；Chang et al.，2005；Jazaeri et al.，2012）可得：

$$\chi^2 = (\hat{z} - z)^T Q_{\hat{z}}^{-1} (\hat{z} - z) \quad \text{其中 } z \in \mathbb{Z} \tag{2-89}$$

式中，$\hat{z} = Z\hat{b}$；$Q_{\hat{z}} = ZQ_{\hat{b}}Z^T$；$Z$ 为降相关变换矩阵；$\mathbb{Z}$ 表示整数集合。则模糊度参数固定解 $\hat{z}_{new}$ 即为使 χ^2 取最小值时的整数 z 向量。此处的 Z 为可逆整数变换矩阵。即当 $\hat{b}$ 为整数向量时，变换后的向量 $\hat{z}$ 仍为整数；反之亦然，当 $\hat{z}$ 为整数向量时，其逆变换 $\hat{b} = Z^{-1}\hat{z}$ 仍为整数。矩阵 Z 的构建要求变换后的模糊度参数的方差及模糊度之间的相关性均大幅减小，从而减少模糊度搜索的备选组合，提高模糊度固定效率。LAMBDA 方法被认为是目前 GNSS 数据处理中最优秀的模糊度固定算法，已得到了广泛的应用。

模糊度参数固定后，其他参数的估值及其方差 – 协方差矩阵可表示为：

$$\hat{a}_{new} = \hat{a} + Q_{\hat{a}\hat{z}} Q_{\hat{z}}^{-1} (\hat{z}_{new} - \hat{z})$$
$$Q_{\hat{a}_{new}} = Q_{\hat{a}} - Q_{\hat{a}\hat{z}} Q_{\hat{z}}^{-1} Q_{\hat{a}\hat{z}}^T \tag{2-90}$$

其中 $Q_{\hat{a}\hat{z}} = Q_{\hat{a}\hat{b}} Z^T$。

在实际的数据处理中，若取 $\hat{z}_{new}$ 为模糊度参数固定解则其需通过检验：

$$Ratio = \frac{\chi^2_{次小}}{\chi^2_{最小}} > Ratio_0 \tag{2-91}$$

其中，$\chi^2_{最小}$ 为式（2-89）的最小值；$\chi^2_{次小}$ 为式（2-89）的次小值；$Ratio_0$ 为外部给定的阈值。一般而言，$Ratio_0$ 取为 3 即可保证模糊度固定结果的可靠性（Leick，2003）。但 $Ratio$ 值与数学模型、自由度等相关，是变化的。当待估模糊度维数较高时，即使 $\hat{z}_{new}$ 为正确的模糊度固定解向量，$Ratio$ 值也为 1 左右，难以判断是否应取 $\hat{z}_{new}$ 为模糊度固定解。理论上而言，LAMBDA 方法适用于任何场合，但由于上述限制，其较多应用于动态 GNSS 数据处理等模糊度维数较低的情况。对于观测时段较长的静态 GNSS 数据后处理 LAMBDA 方法的应用受限。

在多模 GNSS 数据处理中，待估模糊度参数的维数随系统的增加而快速增加。实测数据处理表明，在多模情况下，即使观测时段较短，式（2-91）所示的检验也经常不显著，甚至会因为备选模糊度组合太多而导致 LAMBDA 搜索失败。因此寻找一种适合多模 GNSS 数据处理的模糊度固定算法是一个亟待解决的问题，也是目前大地测量领域专家学者的研究重点。

2.6.2　多模 GNSS 高维模糊度固定方法

设有两个 GNSS 系统的观测值参与解算，其观测方程可表示为：

$$\begin{bmatrix} v_1 \\ v_2 \end{bmatrix} = \begin{bmatrix} A_{11} & A_{12} & 0 \\ A_{21} & 0 & A_{23} \end{bmatrix} \begin{bmatrix} x \\ b_1 \\ b_2 \end{bmatrix} - \begin{bmatrix} l_1 \\ l_2 \end{bmatrix} \tag{2-92}$$

其中，$\begin{bmatrix} A_{11} & A_{12} & 0 \\ A_{21} & 0 & A_{23} \end{bmatrix}$ 为设计矩阵；x 为非模糊度参数；b_1、b_2 分别为第 1、2 个系统的模糊度参数。由式（2-92）可得待估参数的估值及其方差 – 协方差矩阵分别为：

$$\begin{bmatrix} \hat{x} \\ \hat{b}_1 \\ \hat{b}_2 \end{bmatrix} \quad \begin{bmatrix} Q_{\hat{x}} & Q_{\hat{x}\hat{b}_1} & Q_{\hat{x}\hat{b}_2} \\ Q_{\hat{b}_1\hat{x}} & Q_{\hat{b}_1} & Q_{\hat{b}_1\hat{b}_2} \\ Q_{\hat{b}_2\hat{x}} & Q_{\hat{b}_2\hat{b}_1} & Q_{\hat{b}_2} \end{bmatrix} \tag{2-93}$$

设观测方程式（2-92）所对应的观测值权阵为：

$$P = \begin{bmatrix} P_1 & 0 \\ 0 & P_2 \end{bmatrix} \tag{2-94}$$

其中 P_1、P_2 分别为第 1、2 个系统的观测值权阵。

则根据式（2-92）、式（2-94）可得待估参数的方差 – 协方差矩阵为：

$$\begin{bmatrix} A_{11}^T P_1 A_{11} + A_{21}^T P_2 A_{21} & A_{11}^T P_1 A_{12} & A_{21}^T P_2 A_{22} \\ A_{12}^T P_1 A_{11} & A_{12}^T P_1 A_{12} & 0 \\ A_{22}^T P_2 A_{21} & 0 & A_{22}^T P_2 A_{22} \end{bmatrix}^{-1} \tag{2-95}$$

利用式（2-93）、式（2-95），根据分块矩阵求逆公式可得：

$$\begin{bmatrix} Q_{\hat{b}_1} & Q_{\hat{b}_1\hat{b}_2} \\ Q_{\hat{b}_2\hat{b}_1} & Q_{\hat{b}_2} \end{bmatrix}^{-1} = \begin{bmatrix} P_{\hat{b}_1} & P_{\hat{b}_1\hat{b}_2} \\ P_{\hat{b}_2\hat{b}_1} & P_{\hat{b}_2} \end{bmatrix} = \begin{bmatrix} A_{12}^T P_1 A_{12} & 0 \\ 0 & A_{22}^T P_2 A_{22} \end{bmatrix} -$$
$$\begin{bmatrix} A_{12}^T P_1 A_{11} \\ A_{22}^T P_2 A_{21} \end{bmatrix} \left(A_{11}^T P_1 A_{11} + A_{21}^T P_2 A_{21} \right)^{-1} \begin{bmatrix} A_{11}^T P_1 A_{12} & A_{21}^T P_2 A_{22} \end{bmatrix} \tag{2-96}$$

由于 $\begin{bmatrix} A_{12}^T P_1 A_{11} \\ A_{22}^T P_2 A_{21} \end{bmatrix} \left(A_{11}^T P_1 A_{11} + A_{21}^T P_2 A_{21} \right)^{-1} \begin{bmatrix} A_{11}^T P_1 A_{12} & A_{21}^T P_2 A_{22} \end{bmatrix}$ 的非对角线子矩阵一般不为 0 矩阵，故 $P_{\hat{b}_1\hat{b}_2}$ 通常不为 0 矩阵。但实测数据表明，多模 GNSS 数据处理中不同系统模糊度参数之间的相关性通常较小。因此式（2-96）可近似表示为：

$$\begin{bmatrix} Q_{\hat{b}_1} & Q_{\hat{b}_1\hat{b}_2} \\ Q_{\hat{b}_2\hat{b}_1} & Q_{\hat{b}_2} \end{bmatrix}^{-1} \approx \begin{bmatrix} Q_{\hat{b}_1} & 0 \\ 0 & Q_{\hat{b}_2} \end{bmatrix}^{-1} = \begin{bmatrix} Q_{\hat{b}_1}^{-1} & 0 \\ 0 & Q_{\hat{b}_2}^{-1} \end{bmatrix} \tag{2-97}$$

因此，模糊度固定的整数最小二乘问题可表示为：

$$\chi^2 = \left(\hat{b} - b \right)^T Q_{\hat{b}}^{-1} \left(\hat{b} - b \right) = \begin{bmatrix} \hat{b}_1 - b_1 \\ \hat{b}_2 - b_2 \end{bmatrix}^T \begin{bmatrix} Q_{\hat{b}_1}^{-1} & 0 \\ 0 & Q_{\hat{b}_2}^{-1} \end{bmatrix} \begin{bmatrix} \hat{b}_1 - b_1 \\ \hat{b}_2 - b_2 \end{bmatrix}$$
$$= \left(\hat{b}_1 - b_1 \right)^T Q_{\hat{b}_1}^{-1} \left(\hat{b}_1 - b_1 \right) + \left(\hat{b}_2 - b_2 \right)^T Q_{\hat{b}_2}^{-1} \left(\hat{b}_2 - b_2 \right) \quad 其中 \ b_1 、 b_2 \in \mathbb{Z} \tag{2-98}$$

因 $\hat{b}_1$、$\hat{b}_2$ 不相关，式（2-98）中当 $\left(\hat{b}_1 - b_1 \right)^T Q_{\hat{b}_1}^{-1} \left(\hat{b}_1 - b_1 \right)$、$\left(\hat{b}_2 - b_2 \right)^T Q_{\hat{b}_2}^{-1} \left(\hat{b}_2 - b_2 \right)$ 均分别取最小值时 χ^2 最小。故式（2-98）可分解为两个整数最小二乘问题：

$$\chi_1^2 = \left(\hat{b}_1 - b_1\right)^T Q_{\hat{b}_1}^{-1} \left(\hat{b}_1 - b_1\right) \quad \text{其中} \quad b_1 \in \mathbb{Z}$$

$$\chi_2^2 = \left(\hat{b}_2 - b_2\right)^T Q_{\hat{b}_2}^{-1} \left(\hat{b}_2 - b_2\right) \quad \text{其中} \quad b_2 \in \mathbb{Z}$$

（2-99）

式（2-99）可根据 LAMBDA 方法对两个系统模糊度分别进行固定。当 3 个及以下 GNSS 系统的观测值参与解算时推导过程类似。

在采用 LAMBDA 算法对单系统模糊度进行固定时，经常存在部分模糊度由于观测值较少或观测值高度角较低导致浮点解估值精度较差。为排除其影响，本书在对每个系统采用 LAMBDA 算法进行模糊度固定时，若某系统的固定结果未通过 Ratio 值检验，则删去该系统中对应观测值最少的模糊度参数并重新执行 LAMBDA 算法，直至此系统模糊度固定结果通过 Ratio 值检验或剩余模糊度参数个数小于某个阈值为止。删去的模糊度参数将保持浮点数状态。

根据上述分析，本书多模 GNSS 模糊度固定的基本流程如图 2-8 所示，具体步骤为：

① 根据模糊度浮点解估值及其方差 – 协方差矩阵选择模糊度固定算法。若每个模糊度估值的小数部分及其标准差均小于决策函数法阈值（一般为 0.15 周），则采用决策函数法。否则采用改进的 LAMBDA 方法。

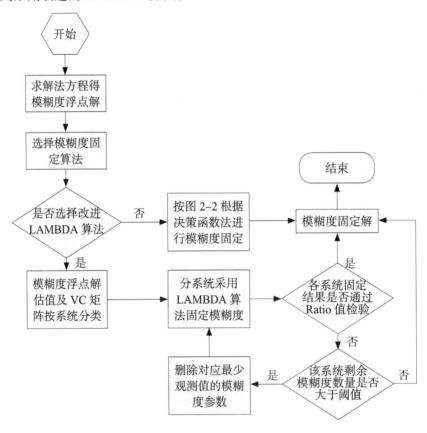

图 2-8　多模 GNSS 模糊度固定流程

② 根据步骤①结果，若采用决策函数法，则按图 2-8 所示流程进行模糊度固定。若采用改进的 LAMBDA 算法，则首先对模糊度浮点解估值及其方差 – 协方差矩阵按系

统分类。之后根据分类的模糊度估值及其方差 – 协方差矩阵分别按 LAMBDA 算法进行单系统模糊度固定。在对单系统模糊度实施 LAMBDA 算法时若某系统固定结果未通过 *Ratio* 值检验，则删去对应最少观测值的模糊度参数并重新执行 LAMBDA 算法，直至此系统模糊度固定结果通过 *Ratio* 值检验或剩余模糊度参数个数小于某个阈值为止。

③ 根据模糊度固定结果，按式（2-88）或（2-90）计算非模糊度参数的固定解。

理论上而言，上述改进的 LAMBDA 算法由于忽略了系统间模糊度参数的相关性是不严密的。但实测数据处理表明，在本书的实验条件下（见第 2.6.3 节），利用 LAMBDA 算法所得模糊度固定结果与基于改进 LAMBDA 算法的结果完全相同。同时，通过降低模糊度维数，改进的 LAMBDA 算法大幅提高了模糊度固定效率和成功率。因此，本书所涉及的多模 GNSS 数据处理均采用图 2-8 所示模糊度固定方法。

2.6.3　模糊度固定效果分析

（1）实验设计

为验证上述模糊度固定算法的有效性，本节设计了实验，并根据实测数据对基于上述算法的模糊度固定效果进行了分析。实验数据采用 KIR8、KIRU 两测站于 2015 年 10 月 1 日（年积日 274）至 10 月 30 日（年积日 293）共 30 天 4 系统（GPS、GLONASS、Galileo、BDS）的伪距、载波相位观测值。两测站基本情况见表 3-2。多模数据处理采用单差算法，所涉及的模型和策略见表 3-3。实验中决策函数法模糊度估值小数部分及其标准差的阈值均取 0.15 周。决策函数值阈值取 1000。改进的 LAMBDA 算法中 *Ratio* 值阈值取 3。剩余模糊度数量的阈值取 6。

（2）结果及分析

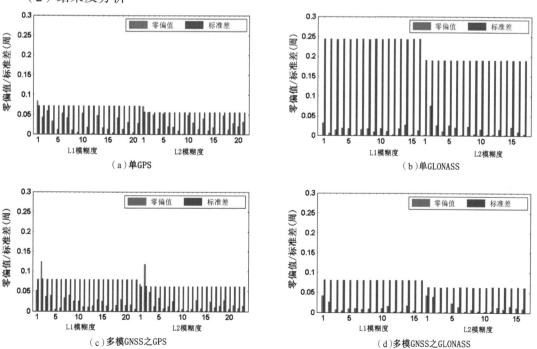

图 2-9　4h 观测时段不同数据处理策略对应模糊度估值小数部分及其标准差

图 2-9 为观测时段长 4h 时不同数据处理策略所对应的模糊度估值小数部分及其标准差。采用的观测数据为 2015 年 10 月 1 日 0~4h 各系统的伪距、载波相位观测值。其中，a、b 为单系统解算结果；c、d 为多系统解算结果。每类模糊度均按照所对应观测值数量由小到大的顺序排列。各系统所对应的模糊度固定效果类似。为节省篇幅，本节仅针对 GPS（CDMA）和 GLONASS（FDMA）系统进行分析。由图 2-9 可知，与单系统 GLONASS 相比，多系统 GLONASS 模糊度估值的标准差下降明显，说明多模 GNSS 解算能够提高模糊度固定的成功率。此外，在不同策略下每类模糊度估值的小数部分与标准差均随所对应观测值数量的增大呈现下降趋势。由 c、d 可知，本实验中所有模糊度估值的小数部分及其标准差均小于 0.15 周，故可利用决策函数法进行模糊度固定。

表 2-7 为观测时段长 4h 时模糊度固定前后不同数据处理策略所对应的基线重复性。采用的观测数据为 2015 年 10 月 1 日至 30 日 0~4h 各系统的伪距、载波相位观测值。模糊度固定采用决策函数法。在模糊度固定过程中所有模糊度参数所对应的决策函数值均大于 1000，其中绝大部分在 10^7 以上。由图可知，通过模糊度固定，各策略所对应的基线分量精度均达毫米级。而且与浮点解相比，基线分量重复性在模糊度固定后均有明显提升。因此认为本实验所采用的模糊度固定算法是有效的，同时也验证了第 2.5.3 节中所提出的单差模糊度整周特性恢复算法的正确性。此外，通过观察图 2-7 可发现，基线分量重复性的提高以 E 分量最明显。N 分量次之。垂向分量提高最少，仅为 10% 左右。与卫星几何分布对不同方向基线分量精度的影响类似，本书猜测此处模糊度固定对不同方向基线分量影响的差异也与卫星的几何构型相关。另外，由表 2-7 可知，模糊度固定对单 GPS 解算基线重复性的提升最大，2 星座次之，4 星座最小。本书猜测这是由于随着星座数量的增加，基线浮点解的精度提高。对于多系统解算而言，基线浮点解的精度已经较高。模糊度固定对基线分量重复性的提升空间有限。因此表现出随参与解算的星座数量增加基线分量重复性的提高下降的趋势。

表 2-7　4h 观测时段不同数据处理策略所对应模糊度固定对基线重复性的影响

星座	单 GPS			GPS&GLONASS			4 系统		
	N	E	U	N	E	U	N	E	U
浮点解（cm）	0.32	0.48	0.85	0.28	0.26	0.57	0.26	0.26	0.58
固定解（cm）	0.25	0.16	0.70	0.22	0.12	0.52	0.21	0.17	0.50
提高（%）	22	67	18	21	54	9	19	35	14

图 2-10 为观测时段长 1h 时不同数据处理策略所对应的模糊度估值小数部分及其标准差。采用的观测数据为 2015 年 10 月 1 日 0~1h 各系统的伪距、载波相位观测值。每类模糊度均按照所对应观测值数量由小到大的顺序排列。由图 2-10 可知，除模糊度浮点解的标准差较大外，其所反映的特征与图 2-9 相似。图 2-10 中部分模糊度估值的标准差大于本实验决策函数法的阈值，不能采用决策函数法进行模糊度固定，需利用改进的 LAMBDA 算法进行模糊度处理。

图 2-11 为不同 LAMBDA 方法进行多模 GNSS 模糊度固定时所对应的 *Ratio* 值比

较。采用的观测数据为 2015 年 10 月 1 日至 30 日 0~1h 各系统的伪距、载波相位观测值。其中 a 为 LAMBDA 方法与不剔除精度较差模糊度的改进 LAMBDA 方法的对比；b 为 LAMBDA 方法与迭代剔除精度较差的模糊度的改进 LAMBDA 方法的对比。由图可知，在本试验中，若采用原始 LAMBDA 方法，则 70% 的 *Ratio* 值小于 3。30 个 *Ratio* 值的均值为 2.81。当采用本书所提出的改进 LAMBDA 算法时，即使不剔除精度较差的模糊度参数，80% 的 *Ratio* 值也在 3 以上。*Ratio* 值的均值提高为 5.28。若在单系统模糊度固定时迭代剔除精度较差的模糊度参数，则所有 *Ratio* 值大于 3，均值达到 5.75。

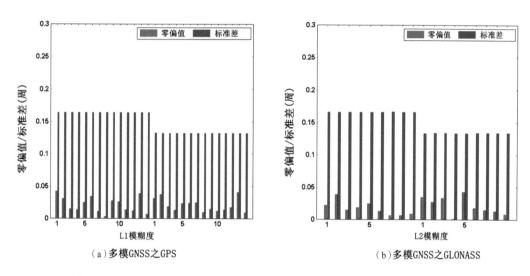

图 2-10　1h 观测时段不同数据处理策略对应模糊度估值小数部分及其标准差

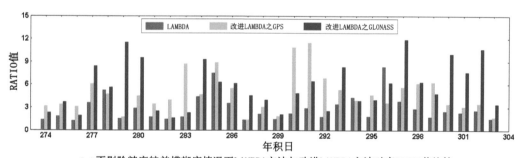

（a）不剔除精度较差模糊度情况下 LAMBDA 方法与改进 LAMBDA 方法对应 RATIO 值比较

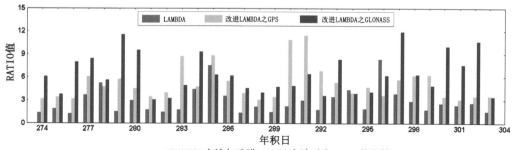

（b）LAMBDA 方法与改进 LAMBDA 方法对应 RATIO 值比较

图 2-11　不同 LAMBDA 算法所对应的 Ratio 值比较

表 2-8　1h 观测时段不同数据处理策略所对应模糊度固定对基线重复性的影响

星座	单 GPS			GPS&GLONASS			4 系统		
	N	E	U	N	E	U	N	E	U
浮点解（cm）	2.24	1.77	3.97	1.31	0.80	1.51	0.95	1.01	1.48
固定解（cm）	1.17	1.12	2.67	1.19	0.18	1.12	0.38	0.30	1.39
提高（%）	48	37	33	9	78	26	60	70	6

表 2-8 为观测时段长 1h 时模糊度固定前后不同数据处理策略所对应的基线重复性比较。采用的观测数据与图 2-10 相同。模糊度固定利用改进的 LAMBDA 方法。分析可知，与表 2-7 相比，表 2-8 反映的特征类似，但各数据处理策略所对应的基线分量重复性均有明显下降。这是因为表 2-8 中数据处理所采用的观测时段长度小于表 2-7。观测值的减少导致基线解算结果精度的下降。表 2-8 中各策略基线重复性在模糊度固定后均有大幅提升，说明本书所提出的基于改进 LAMBDA 算法进行模糊度固定的方法是正确有效的，同时也验证了所提出的单差模糊度整周特性恢复算法的正确性。

2.7　本章小结

针对目前多模 GNSS 的快速发展以及现有多模 GNSS 数据处理方法不能很好满足生产科研需求的现状，本章提出了多模 GNSS 数据单差算法，详细阐述了单差算法的数学模型、基准与约束条件、模糊度整周特性恢复方法以及与其他多模算法相比的优势，并根据实测数据对单差模糊度整周特性恢复算法的有效性进行了分析，结果表明，GPS、Galileo、BDS 3 系统 L1、L2 载波模糊度小数部分 STD 基本小于 0.05 周。以米为单位表示的 GLONASS 系统 L1、L2 模糊度小数部分与卫星频率号具有明显的线性关系。整周特性恢复后的 GLONASS L1、L2 频率单差模糊度小数部分的 RMS 值分别为 0.03、0.05 周，与 CDMA 系统相似。

此外，为克服多模数据处理中传统模糊度固定方法在解算高维模糊度时存在的不足，本章提出了改进的 LAMBDA 算法，并总结出一套适合多模 GNSS 数据解算的模糊度固定策略。最后，为验证所提出的模糊度固定算法的有效性，本章对不同情况下的模糊度固定效果进行了分析讨论。实测数据处理结果表明，利用改进 LAMBDA 算法所得模糊度固定结果与基于原始 LAMBDA 算法的结果完全相同，基线重复性在模糊度固定后大幅提升，同时改进的 LAMBDA 算法能够显著提高多模 GNSS 数据处理中模糊度固定的效率和成功率。

第 3 章　多模 GNSS 数据质量控制方法

3.1　引言

GNSS 数据质量控制主要包括粗差探测以及周跳的探测与修复等，是 GNSS 数据处理的重要内容。观测值中的粗差、周跳极大地制约着 GNSS 定位的精度和可靠性。尤其在地质灾害预警、结构物形变监测、交通导航等观测环境通常较差的应用中，GNSS 数据质量控制的重要性更加突出。从 GNSS 技术诞生以来，数据质量控制就成为大地测量学家的研究热点。经过长期的研究与实践，国内外专家学者提出了一系列周跳与粗差的探测方法，较好地解决了 GNSS 数据质量控制问题（Blewitt，1990；Lu，1991；Collin and Warnant，1995；陈小明，1997；Simsky，2006；Lonchay et al.，2011）。但目前的算法主要基于单模双频观测值，通过形成 LC、LG、MW 等组合观测值进行周跳和粗差的探测。在某些应用领域，如形变监测中，观测条件通常比较恶劣，仪器设备损耗严重，在满足设计精度的前提下，较多采用性价比高的单频 GNSS 接收机，因此，提出一种适用于单频多模观测值的 GNSS 数据质量控制方法尤为重要。

本章首先介绍了初始坐标计算的三差方法，并将其扩展至多模情况，根据实测数据分析了基线结果的精度以及多模解算的优势；然后详细阐述了基于三差残差的多模 GNSS 周跳、粗差探测方法；之后为进一步探测残余的周跳与粗差，本章提出了利用参数消去 – 恢复法进行顾及接收机钟差的单差残差编辑方法；最后对多模 GNSS 解算的单差残差序列进行了分析，并根据分析结果提出了针对当前观测值定权策略的改进方案。

3.2　基于多模 GNSS 三差观测值的测站初始坐标计算

在 GNSS 数据质量控制中，周跳与粗差的探测一般基于待估测站的初始坐标进行。测站初始坐标的质量与观测值周跳与粗差的探测结果直接相关。同时，在形成观测方程时，各项误差改正也是基于测站的初始坐标计算的。初始坐标精度影响着误差改正效果。此外，GNSS 观测值与部分待估参数之间为非线性关系，而参数估计多采用最小二乘法或线性滤波法，为此必须将观测方程线性化，即将观测方程在待估参数的先验值处展开至一阶泰勒级数（魏子卿和葛茂荣，1997）。因此，待估参数先验值的精度直接影响着观测方程的截断误差。综上所述，待估测站初始坐标在 GNSS 数据处理中具有重要作用，直接影响参数估值结果的精度。目前在 GNSS 数据处理中，测站初始坐标通常采用伪距单点定位或伪距双差的方法得到。伪距精度一般为米级，由此得到的测站初始坐标精度一般。为进一步提高测站初始坐标的计算精度，本书提出了基于多模伪距、载波相位观测值的三差算法，实测数据处理表明，由此得到的测站初始坐标精度可达厘米级。

3.2.1 三差函数模型

为简单起见，本节在描述三差函数模型时认为基线较短（20km 以内），对流层、电离层延迟误差等经过差分完全消除。三差观测值指在站间、星间和历元间对 GNSS 伪距、载波相位观测值进行三次差分。可将 t_1、t_2 历元的双差观测方程分别表示为：

$$P_{ij}^{ksq}(t_1) = \rho_{ij}^{sq}(t_1) + \left(u_i^{ks} - u_j^{ks} - u_i^{kq} + u_j^{kq}\right) + \xi_{ij}^{ksq}(t_1)$$

$$\lambda^{ks}\varphi_{ij}^{ks}(t_1) - \lambda^{kq}\varphi_{ij}^{kq}(t_1) = \rho_{ij}^{sq}(t_1) + \left\{\left[\lambda^{ks}b_i^{ks}(t_1) - \lambda^{ks}b_j^{ks}(t_1)\right] - \left[\lambda^{kq}b_i^{kq}(t_1) - \lambda^{kq}b_j^{kq}(t_1)\right]\right\} \quad （3-1）$$
$$+ \left(\gamma_i^{ks} - \gamma_j^{ks} - \gamma_i^{kq} + \gamma_j^{kq}\right) + \varepsilon_{ij}^{ksq}(t_1)$$

$$P_{ij}^{ksq}(t_2) = \rho_{ij}^{sq}(t_2) + \left(u_i^{ks} - u_j^{ks} - u_i^{kq} + u_j^{kq}\right) + \xi_{ij}^{ksq}(t_2)$$

$$\lambda^{ks}\varphi_{ij}^{ks}(t_2) - \lambda^{kq}\varphi_{ij}^{kq}(t_2) = \rho_{ij}^{sq}(t_2) + \left\{\left[\lambda^{ks}b_i^{ks}(t_2) - \lambda^{ks}b_j^{ks}(t_2)\right] - \left[\lambda^{kq}b_i^{kq}(t_2) - \lambda^{kq}b_j^{kq}(t_2)\right]\right\} \quad （3-2）$$
$$+ \left(\gamma_i^{ks} - \gamma_j^{ks} - \gamma_i^{kq} + \gamma_j^{kq}\right) + \varepsilon_{ij}^{ksq}(t_2)$$

其中星间差分既可以在系统内进行，也可以在系统间进行。通过对式（3-1）、（3-2）作差可得三差观测方程为：

$$P_{ij}^{ksq}(t_1) - P_{ij}^{ksq}(t_2) = \rho_{ij}^{sq}(t_1) - \rho_{ij}^{sq}(t_2) + \xi_{ij}^{ksq}(t_1) - \xi_{ij}^{ksq}(t_2)$$

$$\lambda^{ks}\varphi_{ij}^{ks}(t_1) - \lambda^{ks}\varphi_{ij}^{ks}(t_2) - \lambda^{kq}\varphi_{ij}^{kq}(t_1) + \lambda^{kq}\varphi_{ij}^{kq}(t_2) = \rho_{ij}^{sq}(t_1) - \rho_{ij}^{sq}(t_2) +$$
$$\left\{\left[\lambda^{ks}b_i^{ks}(t_1) - \lambda^{ks}b_j^{ks}(t_1)\right] - \left[\lambda^{ks}b_i^{ks}(t_2) - \lambda^{ks}b_j^{ks}(t_2)\right]\right\} - \quad （3-3）$$
$$\left\{\left[\lambda^{kq}b_i^{kq}(t_1) - \lambda^{kq}b_j^{kq}(t_1)\right] - \left[\lambda^{kq}b_i^{kq}(t_2) - \lambda^{kq}b_j^{kq}(t_2)\right]\right\} + \varepsilon_{ij}^{ksq}(t_1) - \varepsilon_{ij}^{ksq}(t_2)$$

当 t_2 历元未发生周跳时，式（3-3）可转化为：

$$P_{ij}^{ksq}(t_1) - P_{ij}^{ksq}(t_2) = \rho_{ij}^{sq}(t_1) - \rho_{ij}^{sq}(t_2) + \xi_{ij}^{ksq}(t_1) - \xi_{ij}^{ksq}(t_2)$$

$$\lambda^{ks}\varphi_{ij}^{ks}(t_1) - \lambda^{ks}\varphi_{ij}^{ks}(t_2) - \lambda^{kq}\varphi_{ij}^{kq}(t_1) + \lambda^{kq}\varphi_{ij}^{kq}(t_2) = \rho_{ij}^{sq}(t_1) - \rho_{ij}^{sq}(t_2) + \varepsilon_{ij}^{ksq}(t_1) - \varepsilon_{ij}^{ksq}(t_2) \quad （3-4）$$

式（3-4）中待估参数仅为测站坐标。即使系统间的双差模糊度参数以及伪距、相位硬件延迟等也可以通过历元间差分消除。因此理论上而言，此算法等价于多模单差算法的浮点解情况，精度可达厘米甚至毫米级，足以满足周跳与粗差探测等对测站初始坐标的精度需求。

3.2.2 三差数据处理流程

多模 GNSS 数据三差解算的基本流程如图 3-1 所示，说明如下：

① 为避免测站初始坐标不准确对粗差探测及观测方程线性化截断误差的影响，解算一般迭代进行。若某次解算结果满足：

$$\sqrt{dx^2 + dy^2 + dz^2} < \varepsilon \quad （3-5）$$

则迭代停止。此处 dx、dy、dz 为每次解算的坐标调整；ε 为阈值，如 $10^{-3}m$。首次解算的坐标初值可通过伪距单点定位获得；

② 在三差解中，双差模糊度只是通过前、后两个历元的观测方程相减将其消去，并未进行取整、回代等操作。因此三差解实际上是浮点解；

③ 若某历元存在周跳，则其三差观测值表现为粗差，将会在粗差剔除阶段被探测到并剔除。

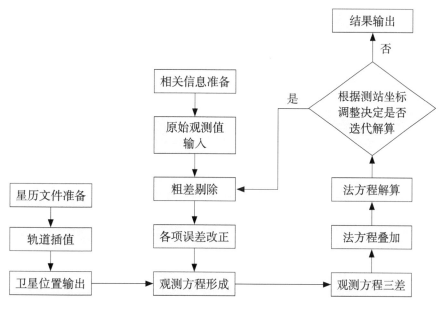

图 3-1　多模 GNSS 三差数据处理流程

3.2.3　结果及精度分析

为验证上述三差算法所能达到的精度水平，本节设计了实验，根据实测数据对结果进行了分析，并将其与单差算法结果进行了比较。实验数据采用 KIR8、KIRU 两测站于 2015 年 10 月 1 日（年积日 274）至 10 月 30 日（年积日 293）共 30 天 4 系统（GPS、GLONASS、Galileo、BDS）的伪距、载波相位观测值。两测站基本情况见表。多模单差算法所涉及的模型和策略见表。多模三差算法中采用的改正模型与策略见表 3-1。

表 3-1　多模三差 GNSS 数据处理策略与模型

项目	策略与模型
估计器	法方程叠加
观测值	双频相位、伪距观测值。GPS：L1/L2；GLONASS：L1/L2；Galileo：E1/E5a；BDS：B1/B2
采样间隔	30s
截止高度角	10°
加权策略	依高度角定权。所有系统天顶方向伪距、相位观测值标准差均分别设为 1m、0.25 周
星历	广播星历
钟差	通过同历元观测值站间、星间差分消除

项目	策略与模型
接收天线 PCO、PCV 改正	按 igs08.atx 模型改正。Galileo 与 BDS 观测值采用与 GPS 相同的改正模型
地球自转误差	改正
电离层延迟	短基线情况下忽略
对流层延迟	Saastamoinen+GMF 模型改正，残余影响采用分段常数法估计
相对论效应	改正
DCB、ISB、IFB	通过历元间差分消除

表 3-2　不同数据处理策略所对应的基线重复性

结果类型	单 GPS			GPS&GLONASS			4 系统		
	N	E	U	N	E	U	N	E	U
单差浮点解（cm）	0.32	0.48	0.85	0.28	0.26	0.57	0.26	0.26	0.58
三差解（cm）	4.19	5.57	4.30	3.53	3.83	3.93	3.74	4.15	4.05

表 3-2 为不同数据处理策略所对应的基线重复性比较。三差解采用的观测数据为 2015 年 10 月 1 日至 30 日 0~4h 各系统的伪距、载波相位观测值。分析可知，与单差浮点解相比，三差解的精度较低，仅为 cm 级。这是由于历元间差分在消除模糊度参数的同时使观测值数量大幅减少。同时，三差解一般仅用来提供初始坐标，因此加权策略、误差改正等操作通常比较粗糙。与单 GPS 相比，多系统解算结果精度明显提高。但需要注意的是，4 系统结果相比 2 系统精度略低。本书猜测这是由于目前 BDS、Galileo 的误差改正模型不完善导致的。总之，由表 3-2 可知，三差解算所得各基线分量精度基本在 5cm 以内，足以满足数据预处理等对测站初始坐标的精度需求。

3.3　基于三差残差的多模 GNSS 周跳与粗差探测

GNSS 数据处理中的验后三差残差一般为微小量。因此若某历元的三差残差满足：

$$v > 3\sqrt{Q}\sigma_0 \tag{3-6}$$

则此观测值可被认为是粗差。此处 v 为三差残差；Q 为三差观测值协因数；Q_0 为参数估计的验后单位权中误差。以 3 倍中误差为阈值可保证 99% 以上的置信水平。若此观测值为三差伪距观测值，则说明组成此观测值的单程伪距观测值中存在粗差；若此观测值为三差相位观测值，则说明组成此观测值的单程相位观测值中存在粗差或周跳。

每个三差观测值均由前、后两历元共 8 个单程观测值组成。若通过三差残差分析确定某三差观测值存在粗差，则只能说明这 8 个单程观测值中至少有一个存在粗差或周跳。粗差在前、后历元的标记过程类似，此处仅针对一种情况分析。为数据处理的需要，粗差需标记至某单程观测值上。错误的粗差标记可能导致观测方程中添加一个多余的模糊度参数，同时遗漏一个应该出现的模糊度参数，后果比较严重。为叙述简单，本节以单基线数据处理为例说明粗差和周跳的标记过程。在单基线数据处理中，为操作方便可将粗差或周跳标记至站间单差观测值上。假设某历元有 2 测站（A、B）同时观测 4 颗卫星（1、2、3、4），单程观测值 A1、B1 存在周跳或粗差（如图 3-2 所示）。

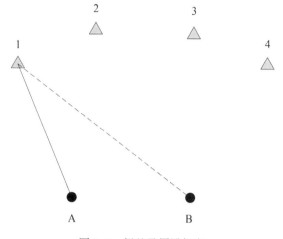

图 3-2　粗差及周跳标定

　　首先选择一颗卫星为参考星与两测站及其他卫星构成三差观测值。一般而言，同历元不同观测值周跳与粗差量不相同。因此，若以卫星 1 为参考星，则理论上能够探测到 3 个粗差观测值。若以其他 3 颗卫星为参考星，则仅能够探测到 1 个粗差观测值。因此，在探测粗差时，一般选择最少粗差观测值所对应的参考星为参考星，并将此时所探测到的粗差标记为粗差。如在图 3-2 所示的情况中，若以卫星 2、3 或 4 为参考星，则对应最少的粗差观测值，因此可确定卫星 2、3 和 4 与测站 A、B 的观测值未发生周跳或粗差。当以卫星 2、3 或 4 为参考星时，可将周跳或粗差正确地标记至与卫星 1 形成的单程观测值上。在三差观测值中，周跳反映为一个历元的粗差，而粗差反映为连续两个历元的粗差。因此，若某卫星单差观测值连续两个历元被标记，则可推断此处发生一个历元的粗差。若仅有一个历元被标记，则为周跳。在后续的数据处理中，若某历元发生粗差，则舍弃此历元观测值。若某历元发生周跳，则在此处添加一个模糊度参数。

　　图 3-3 为 GPS 系统 G06、G24 和 G25 三颗卫星与 KIR8、KIRU 两测站的 L2 相位观测值所构成的三差残差序列。实验数据采集自 2015 年 10 月 1 日（年积日 274）0~4h。为突出重点，图中仅展示了最后 100 个历元的三差残差序列。由图可知，G06 与 G24、G25 两颗卫星的三差残差序列在 403、406 历元均存在粗差。但 G24 与 G25 的残差序列中在相应历元并未出现粗差。因此可推断 G06 号卫星与两测站所构成的单差观测值在 403、406 历元均存在一个周跳。由于两个周跳相距太近，因此在实际数据处理中一般仅在 406 历元添加模糊度参数，而删除 403~405 历元的观测值。

　　图 3-4 为 GLONASS 系统 R09、R16 和 R17 三颗卫星与 KIR8、KIRU 两测站的 L2 相位观测值所构成的三差残差序列。实验数据采集自 2015 年 10 月 1 日（年积日 274）0~4h。同样，为突出重点，图中仅展示了最后 100 个历元的三差残差序列。由图可知，

R09 与 R16、R17 两颗卫星的三差残差序列在 402、403 历元均存在粗差，而且两个粗差大小相等，符号相反。但 R16 与 R17 的残差序列中在相应历元并未出现粗差。由此可推断 R09 卫星在 402 历元出现粗差。与上述情况类似，R09 与 R16、R17 的三差残差序列在 407、408 历元出现的粗差可推断为 R09 卫星在 407 历元出现粗差。R09 与 R16、R17 的三差残差序列在 391 历元出现的粗差可推断为 R09 卫星在 391 历元出现周跳。

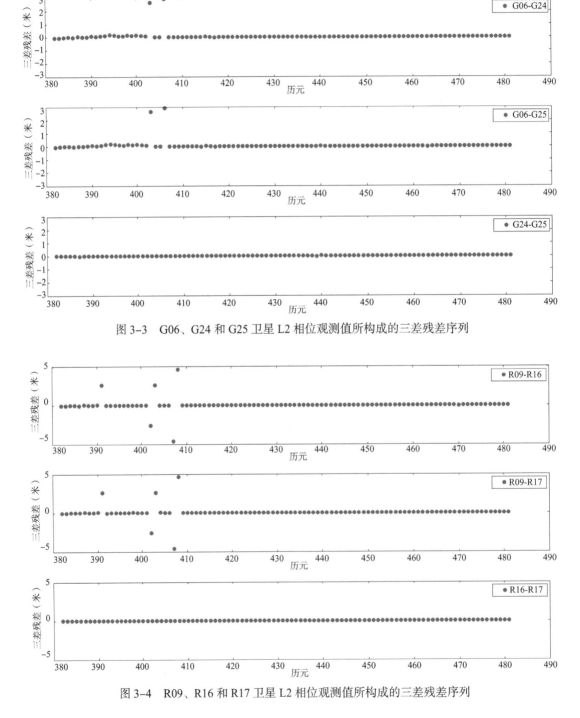

图 3-3　G06、G24 和 G25 卫星 L2 相位观测值所构成的三差残差序列

图 3-4　R09、R16 和 R17 卫星 L2 相位观测值所构成的三差残差序列

基于三差残差进行周跳与粗差探测的方法形式简单，实施方便，既适用于单频观测值，也适用于多频观测值，而且差分既可以在同系统的卫星间进行，也可以在不同系统的卫星间进行，比较适合多模 GNSS 数据处理中粗差与周跳的探测。

3.4　顾及接收机钟差的单差残差编辑

任何数据预处理方法都不能保证探测出所有的周跳与粗差。为保证参数估值结果的可靠性，在进行数据处理时一般同时进行残差编辑，以发现遗漏的粗差与周跳。

3.4.1　钟差参数的消去与恢复

在多模 GNSS 数据单差解算中，卫星钟差参数通过站间差分消除，但接收机钟差参数仍然保留在观测方程中，并与作为参考值的单差伪距硬件延迟结合，称为组合钟差参数。接收机一般采用石英钟，稳定性较差，因此通常每历元估计钟差参数，这将导致法方程维数很大，降低解算效率。为减小法方程维数，可在法方程叠加阶段消去不活跃的钟差参数。假设法方程可表示为：

$$\begin{bmatrix} N_{11} & N_{12} & N_{13} \\ N_{21} & N_{22} & N_{23} \\ N_{31} & N_{32} & N_{33} \end{bmatrix} \begin{bmatrix} X \\ C \\ B \end{bmatrix} = \begin{bmatrix} U_1 \\ U_2 \\ U_3 \end{bmatrix} \tag{3-7}$$

其中，C 为钟差参数；X、B 为其他参数。为消去 C，可根据（3-7）将 C 表示为：

$$C = N_{22}^{-1} \left(U_2 - N_{21}X - N_{23}B \right) \tag{3-8}$$

将式（3-8）代回（3-7）可得：

$$\begin{bmatrix} N_{11} - N_{12}N_{22}^{-1}N_{21} & 0 & N_{13} - N_{12}N_{22}^{-1}N_{23} \\ 0 & 0 & 0 \\ N_{31} - N_{32}N_{22}^{-1}N_{21} & 0 & N_{33} - N_{32}N_{22}^{-1}N_{23} \end{bmatrix} \begin{bmatrix} X \\ 0 \\ B \end{bmatrix} = \begin{bmatrix} U_1 - N_{12}N_{22}^{-1}U_2 \\ 0 \\ U_3 - N_{32}N_{22}^{-1}U_2 \end{bmatrix} \tag{3-9}$$

简记为：

$$\begin{bmatrix} \bar{N}_{11} & 0 & \bar{N}_{13} \\ 0 & 0 & 0 \\ \bar{N}_{31} & 0 & \bar{N}_{33} \end{bmatrix} \begin{bmatrix} X \\ 0 \\ B \end{bmatrix} = \begin{bmatrix} \bar{U}_1 \\ 0 \\ \bar{U}_3 \end{bmatrix} \tag{3-10}$$

用于评定精度的残差加权平方和可表示为：

$$V^T P V = L^T P L - \begin{bmatrix} X^T & C^T & B^T \end{bmatrix} \begin{bmatrix} U_1 \\ U_2 \\ U_3 \end{bmatrix} \tag{3-11}$$

消去 C 后，式（3-11）可相应的转化为：

$$V^T P V = L^T P L - X^T \bar{U}_1 - B^T \bar{U}_3 - U_2^T N_{22}^{-1} U_2 \tag{3-12}$$

在下一历元可继续在式（3-9）上叠加法方程。如此处理并不影响其他参数的估值。在参数估计完成后需要求出每历元的钟差参数以进行残差编辑。因此，在从每历元的法方程中消去钟差参数的同时应记录式（3-8）中的 N_{21}、N_{22}、N_{23} 和 U_2，以便在参数估计结束后按（3-8）式恢复每历元被消去的接收机钟差参数估值。

图 3-5 为以米为单位表示的根据不同 GNSS 系统所恢复的组合钟差参数。采用的数据为 KIR8、KIRU 两测站于 2015 年 10 月 1 日（年积日 274）0~4h 共 4 系统（GPS、GLONASS、Galileo、BDS）的伪距、载波相位观测值。由图可知，三种情况所恢复的钟差序列趋势相当一致。与其他两种情况相比，根据 GPS 观测值所计算的钟差序列在尾部频繁跳跃，因此认为增加计算卫星数量能够提高钟差参数估计的精度。在实验时段内，由钟差变化所引起的距离改变可达 2 米，因此在残差编辑中必须考虑组合钟差参数的影响。

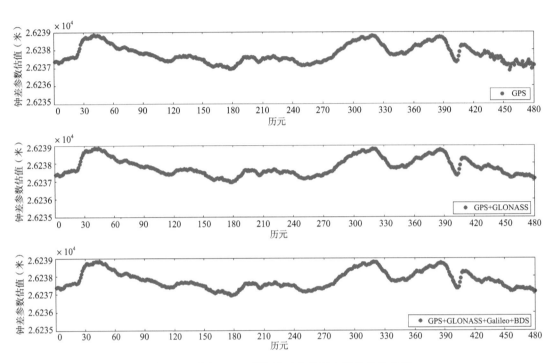

图 3-5 不同 GNSS 系统所对应的组合钟差参数估值

（其中上图为根据 GPS 观测值计算；中图为根据 GPS、GLONASS 观测值计算；下图为根据 GPS、GLONASS、Galileo、BDS 观测值计算）

3.4.2 顾及接收机钟差的单差残差编辑

根据第 3.2 节所述，多模 GNSS 数据单差解算的验后残差可表示为：

$$
\begin{aligned}
v_{post}^{P} &= v_{prior}^{P} - ldx - mdy - ndz - cdt - DCB / ISB + \xi \\
v_{post}^{\varphi} &= v_{prior}^{\varphi} - ldx - mdy - ndz - cdt - \lambda b + \varepsilon
\end{aligned}
\tag{3-13}
$$

其中，v_{post}^{P}、v_{post}^{φ} 分别为伪距、载波相位的验后残差；v_{prior}^{P}、v_{prior}^{φ} 分别为伪距、载波相位的验前残差，即观测方程中的 OMC 值；dx、dy、dz 为坐标向量估值；l、m、n 分别为几何距离对 dx、dy、dz 的偏导数；dt 为所恢复的组合钟差参数；DCB/ISB 为 DCB 或 ISB 参数估值。若与参考伪距观测值系统与频率均相同则不存在此参数；若与参考观测值系统相同，频率不同，则为 DCB 参数；若与参考观测值系统不同而频率相同，则为 ISB 参数；否则为 DCB 与 ISB 之和；b 为模糊度参数，包含组合 UPD 的影响，因此不具备整周特性。上述所有参数均已知，因此验后残差可直接计算。若某单差观测值所对应的验后残差满足：

$$v > 3\sqrt{Q}\sigma_0 \qquad\qquad (3\text{-}14)$$

则应将此观测值标记为粗差，并在下次迭代过程中将其剔除。式（3-14）中各符号含义见式（3-6）。迭代解算的次数可按式（3-5）控制。

3.5　多模 GNSS 单差残差分析

GNSS 数据处理的验后残差中已经去除了几何距离、对流层延迟、电离层延迟等各项误差的影响，主要由观测噪声、多路径误差等组成。对 GNSS 验后残差序列的分析不仅能够进一步探测粗差和周跳，而且可以评价数学模型的精度以及各类观测值的数据质量。

图 3-6~ 图 3-9 为各 GNSS 系统卫星所对应的验后残差序列。采用的观测数据为 KIR8、KIRU 两测站于 2015 年 10 月 1 日（年积日 274）0~4h 共 4 系统（GPS、GLONASS、Galileo、BDS）的伪距、载波相位观测值。为节省篇幅，每个 GNSS 系统均仅选择一颗卫星进行分析。其他卫星观测值对应的验后残差序列具有相似的结果。图中的每颗卫星均为在选择的实验时段内本系统对应观测历元数最多、高度角变化范围最大的卫星。由于 Galileo、BDS 目前尚未实现满星座运行，在实验区域内可供选择的可见卫星有限，因此图中两系统的卫星所对应的观测高度角变化范围较小。通过对图 3-6~ 图 3-9 分析可知，各系统的同类观测值之间均符合得较好，不存在明显的系统误差。各系统的单差伪距观测值残差均在 1m 以内。各类观测值数据质量均表现出与高度角相关的特性，其中以伪距观测值表现得更为突出。在 4 颗实验卫星中 E11 对应最低的观测高度角，因此其相位观测值的精度最差。值得注意的是，在本实验中所表现出的我国 BDS 系统的相位观测值质量与其他系统相当，甚至更优。

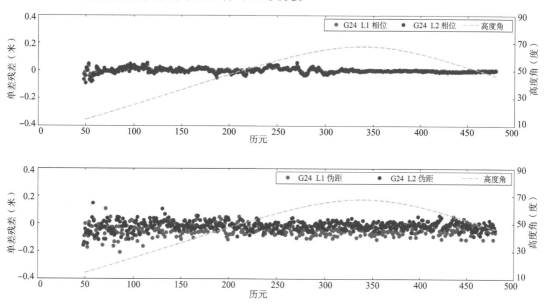

图 3-6　GPS 系统 G24 卫星各类观测值验后残差序列

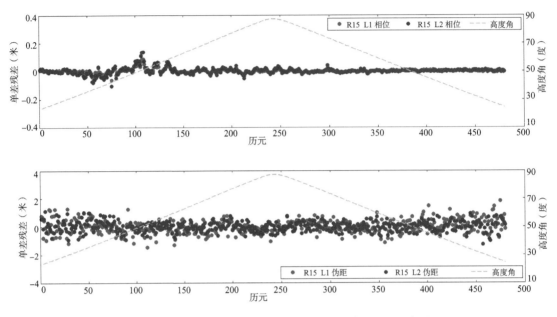

图 3-7 GLONASS 系统 R15 卫星各类观测值验后残差序列

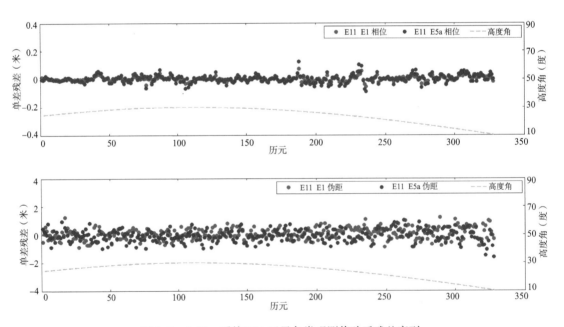

图 3-8 Galileo 系统 E11 卫星各类观测值验后残差序列

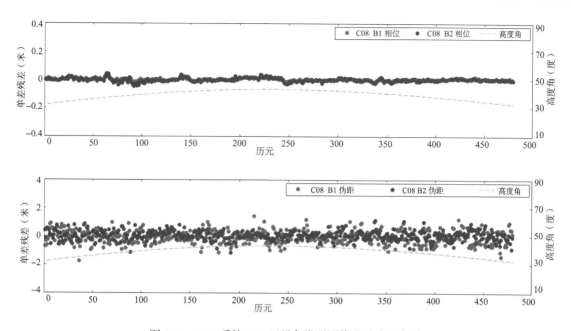

图 3-9 BDS 系统 C08 卫星各类观测值验后残差序列

表 3-3 各 GNSS 系统残差序列结果统计

观测值类型	GPS（cm）			GLONASS（cm）			Galileo（cm）			BDS（cm）		
	均值	STD	RMS	均值	STD	RMS	均值	STD	RMS	均值	STD	RMS
L1 相位	−0.1	1.1	1.1	0.1	1.4	1.4	0.1	1.6	1.6	0	0.8	0.8
L2 相位	−0.1	1.7	1.7	0.2	2.2	2.2	0.2	2.7	2.7	0	1.3	1.3
L1 伪距	−46.9	38.0	60.4	0.4	47.6	47.6	6.8	39.9	40.5	−5.6	46.6	47.0
L2 伪距	−14.9	34.3	37.4	0.2	37.5	37.4	−6.9	43.8	44.3	5.0	35.3	35.7

　　为进一步分析各 GNSS 系统的观测值质量，统计了各残差序列的均值、标准差以及 RMS 值。由表 3-3 可知，各系统相位观测值残差均值均在 0 左右，因此推断本实验所采用算法对系统间相位观测值系统误差的处理比较合理。通过分析各类相位观测值残差序列的 STD 与 RMS 值发现，各系统均表现出 L1 相位观测值精度优于 L2 的现象。推断其与不同载波相位观测值的波长相关，这也与前人的研究一致。统计结果反映各单差相位观测值精度均为 1~2cm，这与对其单程观测值 5mm 左右精度水平的预期并不相符。推断其可能由多路径效应引起，认为在数据处理过程中对观测值定权时需考虑适当提高相位观测值的先验方差。此外值得注意的是，与其他 GNSS 相比，我国 BDS 的相位观测值表现出较高的精度水平，均值、STD、RMS 值在所有同类观测值中均为最小。通过对各系统伪距观测值残差序列统计结果的分析发现，各类单差伪距观测值精度均在 0.3~0.6m 之间。除 Galileo 系统之外，其他各 GNSS 均表现出 L1 伪距精度略低于 L2 的特点。除 GPS 系统以外，其他 3 个 GNSS 系统伪距观测值残差序列的均值均为厘米级甚至毫米级，说明对系统间伪距观测值系统误差的处理比较合理。但 GPS 伪距观测值残差均值达

到 0.5m 左右，本书推断其与多路径误差相关，具体原因尚需进一步深入分析。

表 3-3 中对观测值残差序列的分析未考虑观测高度角的影响，但实际情况中 GNSS 观测值测距精度与高度角是密切相关的（见图 3-6~图 3-9）。为进一步研究其精度信息，本节估计了每类观测值所对应的验后单位权中误差。最小二乘估计的验后单位权中误差可表示为：

$$\sigma_0^j = \sqrt{\frac{V_i^T P_i V_i}{n_i}} \qquad (3-15)$$

其中，i 表示第 i 类观测值；σ_0^i 为单位权中误差估计；V_i 为残差序列；n_i 为第 i 类观测值的数量；P_i 为观测值先验权阵。本节认为不同观测值之间协方差为 0，因此 P_i 为对角阵，对角线元素可表示为：

$$P_i^j = \begin{cases} \dfrac{1}{\sigma^2} & \alpha > 30° \\ \dfrac{1}{\left(\dfrac{\sigma}{2\sin\alpha}\right)^2} & \alpha \leqslant 30° \end{cases} \qquad (3-16)$$

其中，P_i^j 为第 i 类观测值中第 j 个观测值的权；α 为观测高度角；σ 为观测值先验标准差，根据表 3-3 确定。由于本实验中基线较短，两个测站对同一颗卫星的观测高度角差异极小，故此处 α 根据 KIRU 站的高度角确定。

表 3-4　各类观测值验后单位权中误差统计

观测值类型	GPS	GLONASS	Galileo	BDS
L1 相位	2.07	2.90	2.64	1.66
L2 相位	2.54	3.62	3.63	2.08
L1 伪距	0.56	0.46	0.32	0.47
L2 伪距	0.32	0.37	0.35	0.36

在最小二乘估计中观测值精度的估计可表达为验后单位权中误差与先验协方差阵的乘积。本实验中不同系统同类观测值均给予相同的先验标准差，因此验后单位权中误差即能反映各类观测值精度的对比。表 3-4 为各类观测值验后单位权中误差统计。分析可知，所有相位观测值单位权中误差的估计均大于 1，说明本书在定权时过高地估计了相位观测值精度。在 4 个 GNSS 系统中，BDS 相位观测值的精度最高；GPS 次之；GLONASS 最差；Galileo 介于 GLONASS 与 GPS 之间。所有系统伪距观测值的单位权中误差估计均小于 1，最大仅为 0.56，说明伪距观测值的实际精度优于预期，约为 0.5m。所有系统中 Galileo 伪距精度最高，其他 3 系统结果相近。

通过上述分析可知，不同 GNSS 系统同类观测值具有不同的精度水平，甚至同系统不同频率伪距、载波相位观测值的精度水平也不一致。因此理论上而言，在确定观测值权阵时对同类观测值给予相同的先验中误差是不合理的。在实际数据处理中应参考表 3-4 对观测值定权，或通过方差 - 协方差分量估计的方法精确计算各类观测值的精度信息，以期获得更准确的参数估值结果。

3.6 本章小结

针对目前 GNSS 数据处理质量控制方法的不足，本章提出了多模 GNSS 周跳与粗差探测方法，通过初始坐标计算、基于三差残差的周跳与粗差探测、顾及接收机钟差的单差残差编辑实现多模 GNSS 数据质量控制。实测数据处理表明，该方法探测结果稳定可靠。

此外，为评定各 GNSS 系统观测值精度，本章对多模 GNSS 单差残差序列进行了分析。统计结果表明，不同 GNSS 系统同类观测值具有不同的精度水平，甚至同系统不同伪距、相位观测值的精度水平也不一致。因此本章认为当前常用多模 GNSS 数据处理观测值定权策略是不合理的，并根据统计结果给出了针对当前策略的改进方案。

第 4 章　多模 GNSS 数据处理系统构建及结果比较分析

4.1　引言

为评价前文所提出的多模 GNSS 单差数据处理模型的精度，验证算法的可靠性，本章以前文研究成果为基础构建了数据处理软件平台，并根据 MGEX 实测数据，以 4 个 GNSS 系统（GPS+GLONASS+Galileo+BDS）为例对参数估值结果进行了比较分析。本章首先介绍了多模 GNSS 单差数据处理的流程，之后根据实测数据对单差算法所得 DCB、ISB、IFB、基线等结果的精度和可靠性进行了分析，并与其他多模 GNSS 算法所得结果进行了比较。最后，通过模拟变形监测环境分析了多模 GNSS 在高精度变形监测中的优势，并通过搭建模拟变形平台讨论了本书所提出的多模 GNSS 单差数据处理模型在高精度变形监测中的应用潜力。

4.2　多模 GNSS 单差数据处理系统构建

系统采用 Fortan 90 语言编写，主要模块包括测站初始坐标计算、基于三差残差的数据预处理、单差观测方程构建、单差残差编辑、法方程叠加与解算、单差模糊度整周特性恢复、模糊度固定、结果输出等。其数据处理流程如图 4-1 所示。各模块主要功能如下：

测站初始坐标计算模块首先利用多模伪距观测值通过伪距单点定位获得米级精度的测站初始坐标，然后利用多模伪距、相位观测值通过三差法对初始坐标进一步精化，得到厘米级精度的测站坐标；

数据预处理模块利用三差残差探测观测值中的粗差与周跳，并通过变换参考星将粗差与周跳定位至单差观测值上。此过程需迭代进行，直至没有新的粗差或周跳被发现时迭代停止；

单差观测方程构建模块通过对多模伪距、载波相位观测值施加各项误差改正得到 OMC 值，并计算待估参数偏导数，形成观测方程。施加的误差改正项主要包括 PCO、PCV 改正、地球自转改正、对流层延迟改正、相对论效应改正等；

单差残差编辑模块根据验后单差残差进一步探测数据预处理过程中遗漏的粗差与周跳，以保证参数估值结果的精度与可靠性；

法方程叠加与解算模块将每历元的多模伪距、载波相位观测方程对参数估计的贡献叠加入法方程。在所有历元的观测方程叠加完毕后进行法方程解算，得到待估参数浮点解估值。为提高法方程解算效率，在法方程叠加过程中采用参数消去 – 恢复法消去不活跃的组合钟差参数。在法方程解算完毕后恢复每历元的组合钟差参数以进行单差残差编辑；

单差模糊度整周特性恢复模块将所有系统单差浮点模糊度按照前文所示方法处理，去除 UPD 影响，恢复其整周特性；

模糊度固定模块采用第 2.6 节所示模糊度固定流程进行模糊度固定操作，得到模糊度固定解。决策函数的阈值取 1000。LAMBDA 方法中 Ratio 值的阈值取 3；

结果输出模块输出参数估计结果（测站坐标、对流层延迟、DCB、IFB、ISB 等）及其方差 – 协方差矩阵，同时输出其他辅助信息，如数据预处理结果、模糊度固定结果等。

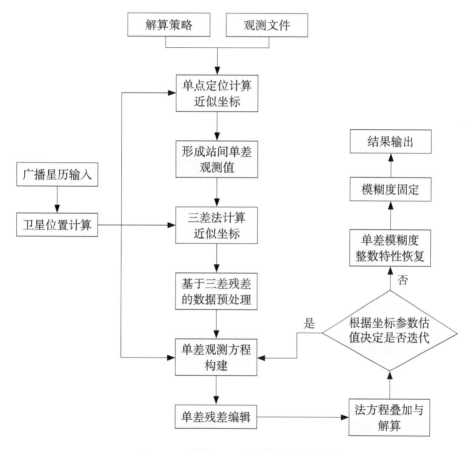

图 4-1　多模 GNSS 单差数据处理流程

4.3　实验设计及结果比较分析

为验证提出的多模 GNSS 单差数据处理模型的有效性，同时分析多模 GNSS 在恶劣观测环境中的优势，本节设计了实验，并通过实测数据对数据处理结果进行了比较分析。

4.3.1　实验设计

实验数据采用 KIR8、KIRU 两测站从 2015 年 10 月 1 日（年积日 274）至 10 月 30 日（年积日 293）共 30 天 4 系统（GPS、GLONASS、Galileo、BDS）的伪距、载波相位观测值。两测站基本情况见表 2-4。多模单差算法所涉及的模型和策略见表 2-5。

为比较本书所提出的多模单差算法与基于法方程叠加的多模双差算法的优势，本节以 GAMIT 为基础，按照第 2.2 节所示理论开发了基于法方程叠加的多模 GNSS 双差数据处理软件平台，并对数据处理结果进行了分析。此外，本书利用已有的多模 GNSS 混合双差数据处理系统对多模 GNSS 观测值进行了解算，以比较不同多模差分算法的特点。

4.3.2　结果比较分析

4.3.2.1　DCB、ISB 和 IFB

除基线外，多模单差 GNSS 算法可同时得到 DCB、ISB、IFB 等参数的估计结果。图 4-2 为利用 GPS、Galileo、BDS 系统 2015 年 10 月 1 日 ~30 日全天观测值解算得到的三系统 DCB 参数估值序列。由图可知，各系统 DCB 参数估值均表现出较高的稳定性。GPS、Galileo、BDS 三系统接收机端单差 DCB 参数估值序列的标准差分别为 0.05、0.05、0.02m。因此在参数估计过程中可以将长期的 DCB 作为共同参数进行估计。

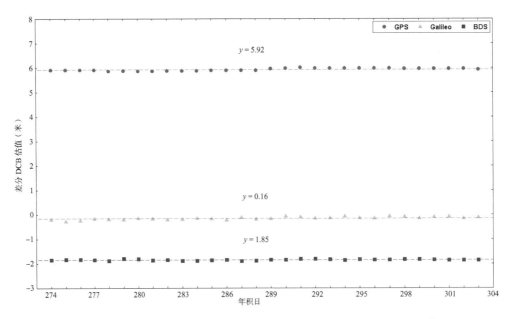

图 4-2　GPS、Galileo、BDS 系统 DCB 稳定性（图中方程表示序列均值）

图 4-3 为 Galileo、BDS 系统 ISB 参数估值序列。所用观测数据与图 4-2 相同。本实验在数据处理时选择 GPS 系统 P1 观测值的伪距偏差为基准，因此图中 ISB 均相对 GPS 而言，分别为 L1/E1、L1/B1 频率上伪距观测值的系统间偏差。由图可知，与 DCB 参数类似，ISB 参数估值结果也表现出较高稳定性。Galileo、BDS 系统所对应的 ISB 估值序列的标准差分别为 0.03、0.04m。因此长期的 ISB 参数也可以作为共同参数进行估

计。需要注意的是，由图 4-3 可知，即使在站间差分之后 ISB 对测距的影响仍可达到米级，因此在高精度多模 GNSS 数据处理过程中必须考虑系统间偏差的影响。

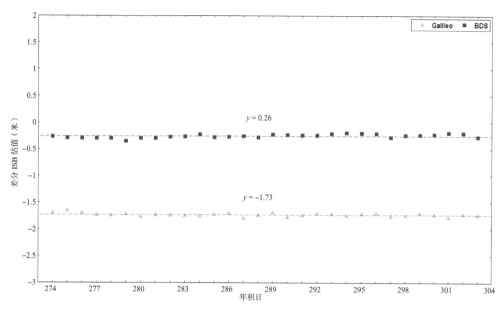

图 4-3　Galileo、BDS 系统 ISB 稳定性（图中方程表示序列均值）

与 GPS 等采用 CDMA 技术的 GNSS 系统不同，GLONASS 系统的伪距 IFB 与卫星的频率号相关。图 4-4 为根据 2015 年 10 月 1 日（年积日 274）全天的 GLONASS 观测值解算得到的不同 GLONASS 卫星所对应的伪距 IFB 估值。理论上而言此处的 IFB 中包含 GPS 系统 L1 频率伪距偏差的影响，但其为一常数，并不影响本实验中的分析。由图可知，不同 GLONASS 卫星所对应的伪距 IFB 估值与卫星的频率号明显线性相关。L1、L2 频率 IFB 估值在线性拟合后残差的 RMS 值分别为 0.33、0.17m。由线性拟合结果可知，与相位 IFB 不同，GLONASS 系统伪距 IFB 在不同的频率具有不同的截距和斜率，因此在实际的 GLONASS 数据处理中对不同频率观测值上的伪距 IFB 需采用不同的参数进行标定或者估计。

图 4-5~图 4-7 为不同 GLONASS 卫星 30 天时间内不同频率的伪距 IFB 估值序列。每个子图中的两颗卫星拥有相同的频率号。总体而言，各 IFB 估值序列在实验时段内均表现出较高的稳定性。大部分具有相同频率的伪距 IFB 参数估值相似，但也存在特殊情况，如频率号为 -7 的两颗卫星（PRN10、PRN14）在 L1 频率上的伪距 IFB 估值之间存在明显的系统偏差。与图 4-4 对应，图 5-5~图 5-7 也反映出同一颗卫星不同频率的伪距 IFB 估值不相等的情况，而且二者的差值大致随频率号的增大而增大。此外值得注意的是，几乎所有卫星的 IFB 估值在 DOY 288 日出现异常。从 DOY 289 日开始，所有 IFB 估值序列与之前相比存在一微小跳跃。经过分析发现，KIRU 测站的观测文件在 DOY 288 日中午中断 1 分钟左右。因此本节推断在 DOY 288 日中午针对 KIRU 站的 GNSS 接收设备存在某些操作，这些操作改变了 KIRU 站接收机端伪距 IFB 大小，从而导致采用法方程叠加方法估计的当天参数出现异常，并引起之后的伪距 IFB 估值序列出现跳跃。但通过分析

KIRU 站的 log 文件并没有发现相关硬件设备操作信息，因此该问题需要进一步分析。理论上所有的 DCB、ISB、IFB 估值序列均应出现类似跳跃，但通过分析发现，与 CDMA 系统对应的参数估值序列跳跃比较微弱，淹没在了参数估值结果的噪声中。

图 4-8 中接收机端差分相位 IFB 的斜率对应式（3-9）中的 b_{ij}。由图可知，实验时段内 GLONASS 系统 L1、L2 频率上的接收机端差分相位 IFB 的斜率均表现出较高的稳定性。统计结果显示，L1、L2 频率上的相位 IFB 斜率的均值分别为 -7.51 mm/FN、-7.56 mm/FN，STD 均为 0.02mm/FN。

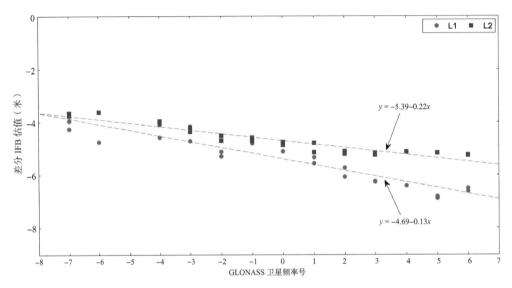

图 4-4　不同 GLONASS 卫星所对应的伪距 IFB 估值（图中虚线和方程表示线性拟合结果）

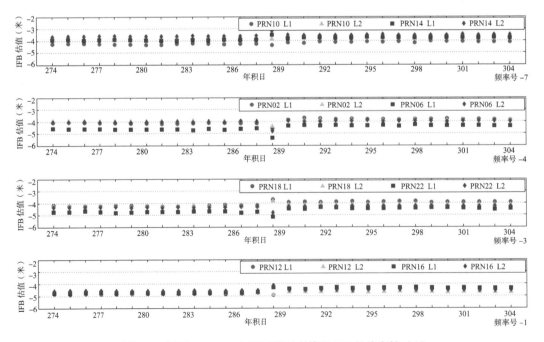

图 4-5　不同 GLONASS 卫星所对应伪距 IFB 的稳定性（1）

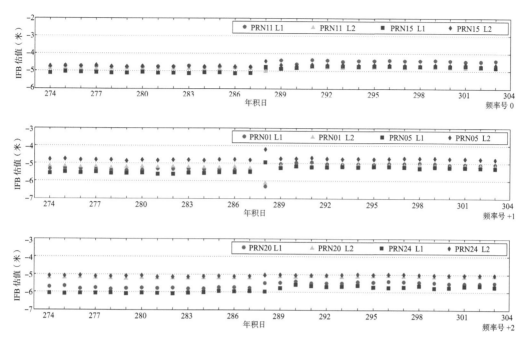

图 4-6　不同 GLONASS 卫星所对应伪距 IFB 的稳定性（2）

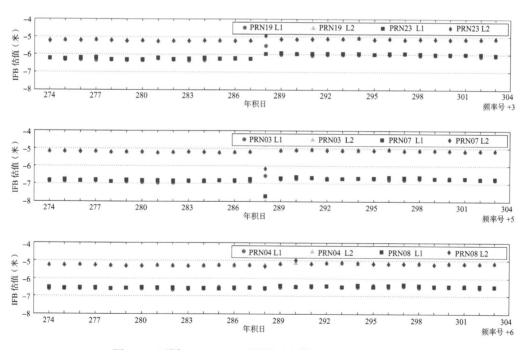

图 4-7　不同 GLONASS 卫星所对应伪距 IFB 的稳定性（3）

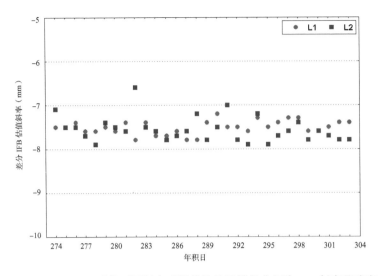

图 4-8 GLONASS 系统不同频率观测值接收机端差分相位 IFB 斜率的稳定性

综上所述，本实验中 DCB、ISB、IFB 参数均表现出较高的稳定性。因此在实际的数据处理中，可在参数估计前对相关接收机对的 DCB、ISB、IFB 等参数进行标定，并在参数估计时对相应伪距观测值进行改正，从而减少待估参数数量，提高数据处理效率。

4.3.2.2 基线结果分析

为评价单差多模 GNSS 算法基线结果的内符合精度，本节计算了根据不同 GNSS 系统观测值得到的基线各分量重复性，并对结果进行了分析，采用的观测数据为 2015 年 10 月 1 日至 10 月 30 日 0~4 时各系统的伪距、载波相位观测值，统计结果如表 4-1 所示。

表 4-1 单差算法所得基线结果重复性

基线分量	单 GPS			GPS&GLONASS			4 系统		
	N	E	U	N	E	U	N	E	U
重复性（cm）	0.25	0.16	0.70	0.22	0.12	0.52	0.21	0.17	0.50

由表 4-1 可知，在本节的实验条件下采用单差算法所得基线重复性达到 mm 级，反映了本算法的有效性和较高的精度水平。与单 GPS 相比，多系统结果重复性提升明显，尤其是高程方向，重复性提高将近 30%。与双系统相比，4 系统结果重复性在 N、U 方向存在小幅度提升，但在 E 方向精度下降明显。这可能是由于目前 Galileo、BDS 系统在轨卫星数量较少，而且其部分误差改正模型，如 PCO、PCV 改正等产品尚未提供引起的。

为评价采用单差算法所得基线结果的外符合精度，本节利用 GAMIT 软件计算了 2015 年 10 月 1 日至 30 日的日解基线结果，并将其与采用单差算法所得基线结果进行比较，各分量差值如图 4-9 所示。其中单差解算采用单 GPS 观测值，观测时段长 4 小时。

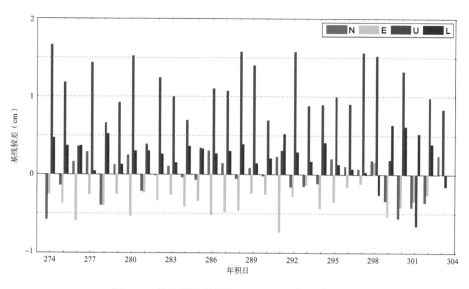

图 4-9　单差算法基线与 GAMIT 日解基线的较差

由图 4-9 可知，单差算法所得基线结果与 GAMIT 结果较差的水平分量绝大多数
在 ±5mm 以内。N、E、U、L 分量较差的平均值分别为 -0.12cm、-0.33cm、1.04cm 和
0.31cm。虽然各分量较差的均值较小，但通过分析发现，两基线结果在 E、U 方向存在
系统误差。推测这是由某些未改正的观测误差引起的，如多路径效应等。GAMIT 结果通
过采用全天观测值解算抑制了这些误差对基线的影响，但单差算法仅采用 4 小时观测值
进行解算，不能有效削弱这些系统误差的影响，使基线结果的精度降低。

为分析 GNSS 系统间基线结果的一致性，本节采用单差算法分别处理了单 GPS 观
测值和 4 系统观测值。观测时段长 4 小时。两套数据处理方案所得基线结果的较差如图
4-10 所示。

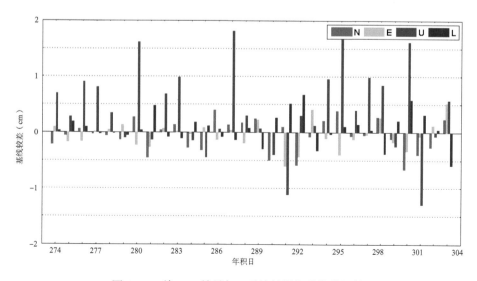

图 4-10　单 GPS 结果与 4 系统结果各基线分量较差

由图 4-10 可知，采用不同 GNSS 系统观测值解算得到的基线水平分量较差基本在 ±5mm 以内，高程分量较差基本在 ±1cm 以内。两套结果在 N、E、U、L 分量上的加权平均值较差分别为 -0.1cm、-0.06cm、0.41cm 和 0.1cm。结合表 4-1 中对基线结果重复性的统计，笔者认为两套结果之间不存在系统误差，说明本节对各 GNSS 系统间偏差的处理比较合理。

通过上述分析，本节认为所提出的多模单差算法能够得到高精度、高可靠性的基线结果。

4.3.2.3　与其他多模算法结果的比较

为评价不同多模 GNSS 算法的性能，本节分别采用单差算法、基于法方程叠加的双差算法、混合双差算法对多模 GNSS 数据进行处理，并对结果进行了比较分析。

表 4-2　单差算法与基于法方程叠加的双差算法基线重复性比较

多模算法	实验 1			实验 2		
	N	E	U	N	E	U
双差（cm）	0.33	0.20	0.77	0.86	0.27	2.49
单差（cm）	0.21	0.15	0.77	0.52	0.32	1.73

表 4-2 为单差算法与基于法方程叠加的双差算法所得基线结果的重复性比较。双差数据处理采用 DDMS 软件完成。DDMS 软件采用基于法方程叠加的双差方法实现多模 GNSS 数据的融合处理，主要用于高精度变形监测（姜卫平等，2012；肖玉钢等，2016）。目前 DDMS 软件仅支持 GPS 和 BDS 系统，因此本实验采用 GPS 和 BDS 观测值进行解算。观测时段长 4 小时。实验 1 中利用了所有的可见卫星。实验 2 中仅选择了 5 颗 GPS 卫星和 4 颗 BDS 卫星以模拟实际数据处理中较差的观测环境。由表 4-2 可知，实验 1 中单差算法对基线重复性有显著提高。N 分量的提高达 36%。这是因为本实验所采用的双差算法不能在 GNSS 系统间进行双差，无法充分利用多模 GNSS 观测值。实验 2 中单差算法对 N、U 分量基线重复性的提升分别达到了 40% 和 30%。因此推测与基于法方程叠加的双差方法相比，单差算法可以提高数据处理结果的精度与可用性，而且在较差的观测环境中单差法的优势更加明显。

表 4-3　单差算法与混合双差算法基线重复性比较

多模算法	GPS			GPS+BDS			GPS+BDS+Galileo		
	N	E	U	N	E	U	N	E	U
双差（cm）	0.21	0.13	0.74	0.22	0.14	0.75	0.23	0.16	0.68
单差（cm）	0.20	0.14	0.73	0.21	0.15	0.77	0.20	0.17	0.72

表 4-3 为单差算法与混合双差算法所得基线结果的重复性统计。本实验中双差数据处理采用 SBP 软件完成。SBP 软件主要基于混合双差算法实现多模 GNSS 数据处理。目

前 SBP 软件尚不能很好处理 GLONASS 双差模糊度，因此本实验主要针对 GPS、BDS、Galileo 等 CDMA 系统进行。由表可知，针对不同的星座组合两种算法所得基线结果重复性统计基本一致。这也与前文认为单差算法与混合双差算法等价的推论一致。与单 GPS 相比，多模解算基线结果精度并无显著提高，某些分量甚至有变差的趋势。本书认为这是由于实验区域内 BDS、Galileo 系统可见卫星非常有限，而且系统之间存在未改正或改正不完善的模型误差导致。

4.3.2.4　多模 GNSS 优势分析

在实际应用中，GNSS 系统的可见卫星数与几何精度衰减因子（Geometric Dilution of Precision，GDOP）对导航定位结果具有重要意义。GDOP 值反映了 GNSS 系统测距误差的放大倍数（Yang et al.，2011）。一般而言，GDOP 值随可见卫星数的增大而减小。为分析多模 GNSS 的优势，本节以 KIR8 站为例统计了不同截止高度角、不同 GNSS 星座组合所对应的可见卫星数与 GDOP 值，其结果如图 4-11、4-12 所示。

图 4-11 为高度角为 10° 时不同 GNSS 星座组合所对应的可见卫星数与 GDOP 值变化，采用的观测数据为 2015 年 10 月 1 日 KIR8 测站的四大 GNSS 系统观测值。分析可知，与单 GPS 相比，多模 GNSS 所对应的 GDOP 值变化较为平缓。此外，单 GPS 所对应的 GDOP 值变化与可见卫星数明显相关，而多模 GNSS 的可见卫星数与 GDOP 值相关性较弱。即使目前 Galileo 与 BDS 尚未实现满星座运行，通过增加其他 GNSS 系统的导航卫星，KIR8 站全天的平均可见卫星数由单 GPS 所对应的 10.1 增加到 21.3。相应的 GDOP 值由 2.6 下降至 1.6。GDOP 值的下降能够引起数据处理结果质量的提升，因此多模系统的应用可以提高 GNSS 导航、定位、授时等服务水平。

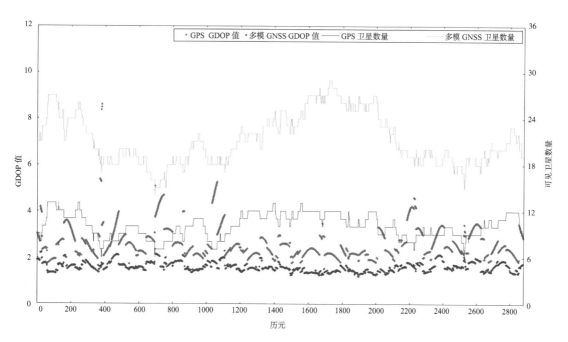

图 4-11　10° 截至高度角所对应可见卫星数和 GDOP 值变化

图 4-12 为高度角为 30° 时不同 GNSS 星座组合所对应的可见卫星数与 GDOP 值变化。采用的观测数据与图 4-11 相同。此处采用较高的截止高度角以模拟实际应用中较差的观测环境。由图可知，当截止高度角为 30° 时，单 GPS 星座所对应的 GDOP 值序列波动明显，甚至存在 178 个历元（约占总历元数的 6.2%）因不足 4 颗可见卫星导致 GDOP 值的计算失败，但多模 GNSS 所对应的 GDOP 值序列变化依然比较平稳。通过增加其他系统观测值，KIR8 站全天的平均可见卫星数由单 GPS 所对应的 4.9 增加到 11.4。GDOP 值的均值由 19.5 下降至 4.3。与 10° 截止高度角所对应的约 38% 的 GDOP 值下降相比，在截止高度角为 30° 时多模系统的应用能够使平均 GDOP 值下降约 78%，因此本书认为在变形监测等观测环境较差的应用中多模 GNSS 的优势更加明显，在提升数据处理结果质量方面极具潜力。

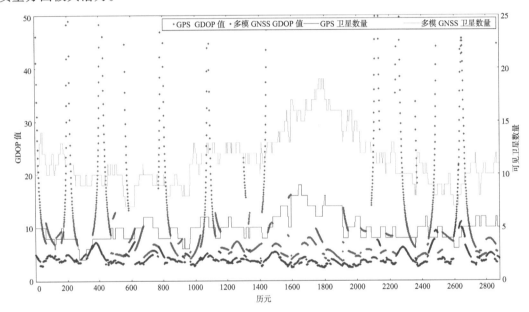

图 4-12　30° 截至高度角所对应可见卫星数和 GDOP 值变化

为评价多模 GNSS 在基线解算中的优势，并分析其与观测时段长度、截至高度角等的关系，本节根据单差算法采用不同的 GNSS 星座组合得到了不同解算策略所对应的基线结果，并对基线各分量的重复性进行了统计，结果如表 4-4、4-5 所示。

表 4-4　4 小时观测时段不同截止高度角与星座组合所对应的基线各分量重复性比较

（括号中为多模系统相对于单 GPS 结果基线重复性的提升）

高度角 (°)	单 GPS（cm）			GPS&GLONASS（cm）			4 系统（cm）		
	N	E	U	N	E	U	N	E	U
10	0.25	0.16	0.70	0.22(12%)	0.12(25%)	0.52(26%)	0.21(16%)	0.17(-6%)	0.50(29%)
20	0.30	0.18	1.27	0.30(0%)	0.17(6%)	1.05(17%)	0.22(27%)	0.18(0%)	1.21(5%)
30	1.14	0.28	5.29	0.27(76%)	0.14(50%)	1.92(64%)	0.26(77%)	0.15(46%)	1.71(68%)
40	3.66	2.96	31.47	1.34(63%)	2.40(19%)	23.68(25%)	1.02(72%)	1.93(35%)	11.12(65%)

由表 4-4 可知，当观测时段长 4 小时时，多模 GNSS 对基线重复性的提升随截至高度角的增大而增大。当截止高度角小于 20° 时，各分量基线重复性的提升均小于 30%。但当截止高度角继续上升时，基线重复性的提升可达 70%。4 系统星座组合对基线重复性的提升与 GPS、GLONASS 双系统基本相当，这是因为当前 Galileo、BDS 尚未满星座运行，而且实验测站位于欧洲地区，能够观测到的 BDS 卫星个数极为有限。此外值得注意的是，当截止高度角为 10° 时，4 系统所得基线结果 E 分量重复性略差于单 GPS 系统，但当高度角上升时此现象消失。推测这是由目前针对 Galileo、BDS 的部分误差改正模型尚不完善引起的。错误或不准确的误差改正模型导致多模 GNSS 解算结果精度降低。当高度角上升时，单 GPS 解算的可见卫星数下降明显，基线解算结果精度较差。但高度角上升对多模 GNSS 解算的影响并未如对单 GPS 的影响明显，因此误差改正模型不完善的影响将被淹没至多模解算对结果的提升中，从而表现为上述现象。

表 4-5　1 小时观测时段不同截止高度角与星座组合所对应的基线各分量重复性比较

（括号中为多模系统相对于单 GPS 结果基线重复性的提升）

高度角	单 GPS（cm）			GPS&GLONASS（cm）			4 系统（cm）		
（°）	N	E	U	N	E	U	N	E	U
10	1.17	1.12	2.67	1.19（-2%）	0.18（84%）	1.12（58%）	0.38（68%）	0.30（73%）	1.39（48%）
20	2.82	1.86	11.13	3.14（-11%）	0.90（52%）	2.72（76%）	0.52（82%）	0.30（84%）	3.23（71%）
30	4.30	6.72	25.38	3.67（15%）	4.21（37%）	22.18（13%）	1.78（59%）	2.88（57%）	15.99（37%）

由表 4-5 可知，当观测时段长 1 小时时，与单 GPS 解算相比，多模 GNSS 对基线重复性的提升依然十分明显。但与表 4-4 不同的是，表 4-5 中即使当截止高度角较低时多模 GNSS 对基线重复性的提升仍十分显著。推测是由于当观测时段较短时，即使采用较低的截止高度角，单 GPS 解算也难以得到高精度的基线结果。但缩短观测时段对多模 GNSS 的影响并未如此显著，因此当观测时段较短时，在较低截止高度角的情况下多模 GNSS 解算对基线结果质量的提升依然比较显著。

综上所述，本书认为采用多系统 GNSS 观测值解算能够显著提高数据处理结果的质量。尤其在观测时段较短、观测环境较差时，多模 GNSS 的优势将更加明显。

4.4　多模 GNSS 在变形监测中的应用研究

随着各种大型结构体的大量涌现以及滑坡、泥石流等地质灾害的频繁发生，变形监测研究的重要性日益突出，变形监测理论和技术方法也在迅速发展。全球卫星导航系统（GNSS）具有全天候、高精度等优点，早在 20 世纪 80 年代中后期，就被作为一种变形监测技术手段。之后，国内外专家学者在 GNSS 变形监测方面进行了深入的研究，并取得了一系列的研究成果（Hudnut and Behr，1998；Behr et al.，1998；陈永奇和 Lutes，1998；姜卫平和刘经南，1998；Ding et al.，2000；李征航等，2002；Meng et al.，2003）。

多模 GNSS 的快速发展为进一步提高 GNSS 变形监测的精度与可靠性提供了可能。前文研究表明，与单 GPS 相比，多模 GNSS 数据处理可以显著提高基线重复性，尤其在观测环境较差的情况下，多模 GNSS 的优势更加明显。此外，与传统多模相对定位方法相比，单差算法能够充分利用多模观测值，从而进一步提高参数估计结果的精度。为了验证多模 GNSS 单差算法在高精度变形监测中的精度与可用性，本节搭建了模拟变形平台，并利用实测数据从内、外符合精度等多个角度出发对结果进行了分析。

4.4.1 观测数据

本实验采用 GPS、BDS 双模数据进行分析。实验采用的仪器为 Trimble NetR9 型接收机，天线型号为 TRM29659.00。实验共布设 3 个测站（JZ01、JC01、JC02），位于中国中部某城市。所有测站均为土层观测墩，高出地面 3 米。其中 JZ01 站基座深 8 米，为钢筋混凝土结构。JC01、JC02 站基座深 3 米，为钢结构。各测站视野开阔，10° 高度角以上基本不存在遮挡物。测站间基线长度如表 4-6 所示。3 个测站均配置有强制对中标志。另外 JC02 站装置有精度测试系统，可以通过旋转螺栓使接收天线在水平和垂直方向上精确移动。

表 4-6 测站间基线长度

基线名称	JZ01-JC01	JZ01-JC02	JC01-JC02
长度（米）	277.1	274.5	29.2

本次实验采集了从 2014 年 8 月 5 日至 9 月 3 日（年积日 217–246）共 30 天的数据。采样间隔 30 秒。截止高度角 10°。数据采集过程中 JC02 的位移量如表 4-7 所示。为满足变形监测较高的精度需求，本书采用时段解模式，时段长度 4 小时。

表 4-7 实验平台位移量

DOY	N（mm）	E（mm）	U（mm）
218	1	0	1
219	2	0	2
220	3	0	3

4.4.2 结果及分析

本节主要从解算结果的内、外符合精度、变形时间序列的频谱特性等方面出发展开分析。

4.4.2.1 内符合精度分析

为分析变形结果的内符合精度，本书对 JZ01-JC01 基线 30 天的数据进行了解算。重复性统计结果如表 4-8 所示。

表 4-8　不同星座组合基线重复性比较

星座组合	N	E	U	L
BDS（mm）	0.9	0.8	1.5	0.7
GPS（mm）	0.8	0.7	1.2	0.7
BDS+GPS（mm）	0.9	0.8	0.8	1.0

与表 4-4 相比，表 4-8 中基线精度明显提高。这是因为本实验中基线较短，较短的基线使测站两端"共模误差"消除更为完善，从而提高基线结果精度。与单 GPS 结果相比，单 BDS 解算精度稍低，尤其在 U 方向。推测这是由于目前 BDS 尚未实现满星座运行引起的，现有 BDS 工作卫星星座构型较差，造成单 BDS 结果精度较低。此外，需要注意的是，GPS/BDS 双模结果水平精度与单 BDS 相同、略低于单 GPS，高程方向精度优于单系统结果。本文认为这是由于 BDS 解算中存在未改正或改正不完善的系统误差引起的，如 PCO、PCV 改正等。

4.4.2.2　外符合精度分析

为分析解算结果的外符合精度，统计了 JC02 站在实验平台调整前后各测段基线分量双模解算结果的较差，结果如图 4-13 所示。由于每天 9 时（北京时间）左右调整变形监测实验系统的位移量，因此舍弃第一个时段（8~12 时）的数据，每天只统计 5 个时段的结果。

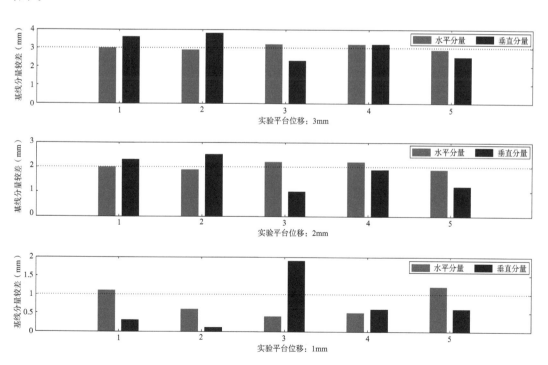

图 4-13　实验平台调整前后各测段基线分量较差

（上、中、下图分别对应年积日 220、219、218 日的结果，图中虚线表示平台实际位移值）

由图 4-13 可知，对于 3mm 的变形，无论此变形发生在水平方向或高程方向均可轻易识别。当变形为 2mm 时，水平方向仍可轻易识别，但高程方向的较差已不十分明显。进一步，当变形量为 1mm 时，水平方向仍可以分离出此变形，但高程方向的基线分量较差表现出较大的随机性，已不足以提供明确的变形信息。因此，结合本节上述对基线内符合精度的讨论，认为基于本书所提出的多模单差算法和搭建的数据处理系统，本实验可达到水平 1mm、高程 2mm 左右的监测精度。

4.4.2.3 变形时间序列分析

图 4-14 为 JC01 站各坐标分量变形结果时间序列。由图可知，各分量变形均较小，但存在周日运动趋势。为进一步对变形信号进行分析，根据 Fourier 变换将其转换至频率域，结果如图 4-15 所示。

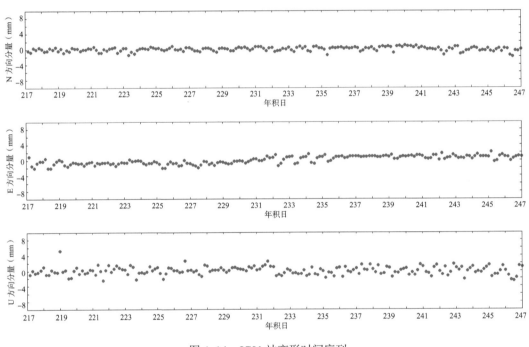

图 4-14　JC01 站变形时间序列

本实验时段长 4 小时。根据 Nyquist 采样定理，图 4-14 所示的时间序列可以反映的信号频率最高为 3cpd。由图 4-15 可知，JC01 站各坐标分量明显存在周日以及半周日运动趋势。本书推测这是由气温、阳光照射等引起的热胀冷缩效应以及多路径误差、卫星轨道误差等导致的。

根据上述分析可知，在基线较短的条件下，采用本书所提出的多模 GNSS 数据单差算法以及搭建的数据处理平台可以达到 mm 级精度，能够反映测站的实际位移情况，足以满足大部分高精度变形监测工程的需求。

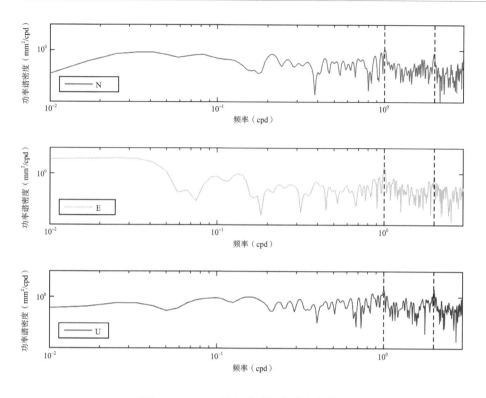

图 4-15　JC01 站变形时间序列功率谱

4.5　本章小结

根据前文所述算法，本章搭建了多模 GNSS 单差数据处理软件平台，并采用实测数据对参数估计结果进行了分析。结果表明：各 GNSS 系统的 DCB、ISB、IFB 等参数估值均比较稳定，因此在实际数据处理中可以预先对其标定，以提高数据解算效率；在本章的实验条件下，采用单差算法所得基线重复性达 mm 级，与混合双差结果相似，优于基于法方程叠加的多模双差算法，显示了单差算法的优势；通过比较不同截止高度角、不同星座组合的基线结果，推断采用多系统 GNSS 观测值解算能够显著提高数据处理结果的质量。尤其在观测时段较短、观测环境较差时，多模 GNSS 的优势更加明显。

此外，为验证多模 GNSS 单差算法在高精度变形监测中的精度与可用性，本章搭建了模拟变形平台。实验结果表明，采用多模 GNSS 数据单差算法和搭建的数据处理平台可以达到 mm 级精度，能够反映测站的实际位移情况，足以满足大部分高精度变形监测工程的需求。

第 5 章　GNSS 坐标时间序列参数估计理论

自 20 世纪 90 年代末期，GNSS 坐标时间序列的研究和分析首次进入大地测量学和地球物理工作者的视野开始，至今对于 GNSS 基准站坐标时间序列的研究已经持续近 30 年。一方面，GNSS 系统本身得到了长足的改进，地面连续运行跟踪站不断增多；另一方面，GNSS 数据处理理论和模型方法不断完善。因而，GNSS 坐标时间序列研究也得到了相应的发展。总体而言，GNSS 坐标时间序列研究主要围绕以下三个方面展开：第一，GNSS 坐标时间序列自身与时空相关的误差分析，主要聚焦于 GNSS 时间序列中与时间相关的误差分析，主要有测站噪声模型的分析，区域基准站共模误差的分离等；第二，GNSS 坐标时间序列变化特征的解释与建模，主要是针对 GNSS 时间序列中季节性变化信号的解释，涉及到未模型化误差的消除、地表质量迁移的影响等；第三，GNSS 坐标时间序列分析成果的应用分析，这一块可以说是上两个方面的交叉融合后的深层次递进，包括参考框架的建立、全球变化（板块运动、地震火山等你地质活动、GIA、海平面上升等）的监测研究等。可以说，GNSS 坐标时间序列分析已经成为大地测量学和地球物理研究者们认识、描述、监测、推演地球及其相关变化重要的手段之一。

正确有效的 GNSS 坐标时间序列分析理论和方法是促进这一研究领域发展的基础。因此，有必要在此介绍 GNSS 坐标时间序列分析的基础理论和方法。

5.1　GNSS 坐标时间序列分析的主要内容

GNSS 坐标时间序列分析主要是基于实际序列反映出的测站运动特征来进行，如图 5-1 所示为 IGS 北京房山（BJFS）站自 1999 年以来的坐标时间序列变化。由图可知，BJFS 站的三分量坐标时间序列中有两种明显的信号，其一是趋势项，主要表现在水平方向，其二为季节性周期特征，以高程方向最为显著。坐标时间序列在反映测站位移变化的同时，反映出了测站受到的不同影响因素的大小，趋势项反映了测站所处的构造形变的影响，主要是板块运动；而周期变化反映出测站所受的非构造形变影响，包括非潮汐海洋负载、大气负载、积雪和土壤水等。对以上坐标时间序列进行去趋势项、去周期处理后可以得到测站残差坐标时间序列，如图 5-2 所示为 BJFS 站的残差时间序列结果。残差主要反映的是测站所受噪声的影响，目前普遍认为 GNSS 坐标时间序列中的噪声不是简单的白噪声，还包含有色噪声等成分（Williams et al., 2003, 2004；袁林果等，2008；田云锋等, 2009；蒋志浩等, 2010；Langbein, 2012）。

因此，GNSS 坐标时间序列分析是围绕两种不同变化特征及其影响因素展开，通过一定的参数估计方法，联合不同类型的观测数据，分析解释坐标时间序列变化特征及其成因，进而更好地应用于相关现象的分析和解释。

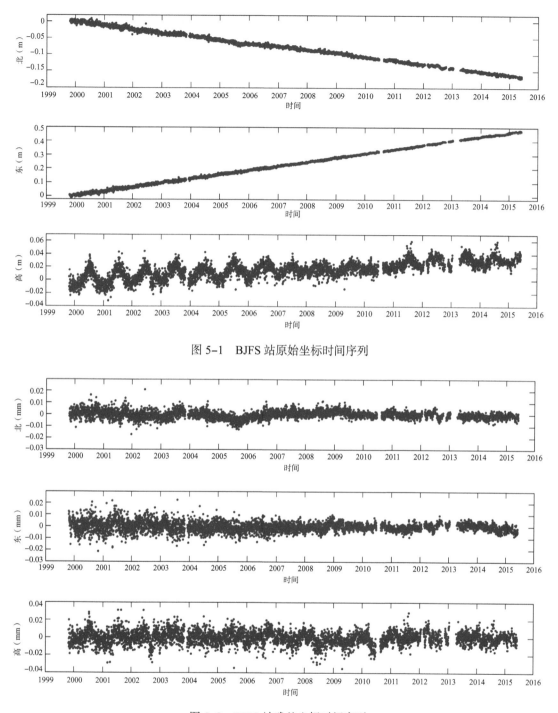

图 5-1　BJFS 站原始坐标时间序列

图 5-2　BJFS 站残差坐标时间序列

　　总体而言，GNSS 坐标时间序列分析主要围绕着两个方面展开，一是周期特征，二是噪声特征。对于周期特征分析，通常采用频谱分析、小波分析等方法，关于这些方法已有大量文献和著作介绍，这里不再赘述。这里主要介绍 GNSS 噪声分析方法。

5.2　GNSS 坐标时间序列的噪声分析方法

和许多其他地球物理现象一样，GNSS 基准站坐标中的噪声可以用幂律过程来描述，其随时间的变化具有如下的功率谱形式（Zhang et al., 1997）：

$$P_x(f) = P_0(f/f_0)^\kappa \tag{5-1}$$

式中，κ 为谱指数，$P_x(f)$ 表示功率谱密度，f 表示频率，P_0 和 f_0 表示正态化常数，表示功率谱在双对数空间里的斜率。

自然过程的低频部分较高频部分噪声功率强，其谱指数范围在 $-3\sim-1$ 之间。这样的非静态过程称之为"分形布朗运动"，包括 $\kappa=-2$ 的经典布朗运动（或称随机漫步过程）。$-1<\kappa<1$ 的静态过程叫做"分形高斯"过程，包括不相关白噪声（$\kappa=0$）。多数动态过程包含闪烁噪声（$\kappa=-1$），例如太阳黑子的变化，地球绕自转轴的抖动，海底洋流以及原子钟测量时间时的不确定性等。

图 5-3 给出了两种典型幂率噪声及其功率谱图像，左、中、右依次为白噪声（$\kappa=0$）、闪烁噪声（$\kappa=-1$）、随机漫步噪声（$\kappa=-2$）。由图可知，白噪声比较稳定地围绕着常数值波动，而闪烁噪声和随机漫步噪声则随着时间不断变化。从功率谱图像中可以更为明显地发现三种噪声变化的不同，主要体现在各自噪声在双对数坐标系中的斜率差距，也即：

$$\frac{d \ln P(f)}{d \ln f} = k \tag{5-2}$$

图 5-3 同时标出了用以表征不同谱指数特征的红色实线，由图可知，谱指数越小，双对数坐标系中谱的斜率越陡。

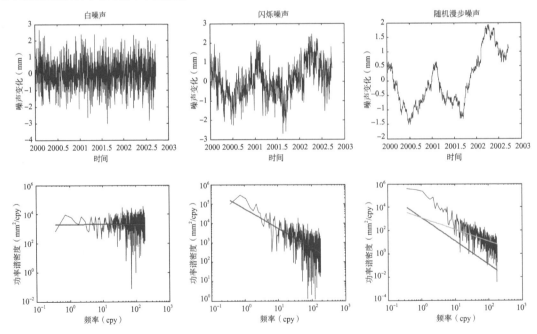

图 5-3　不同噪声类型随时间变化图示，自左至右分别为：白噪声、闪烁噪声、随机漫步噪声，自上至下分别为：噪声序列随时间变化、功率谱密度在双对数坐标系中的变化

研究表明，GNSS 坐标时间序列中不仅含有白噪声，还含有有色噪声。仅考虑白噪声时，会导致测站速度不确定度的过优估计（Mao et al.，1999；Williams et al.，2003，2004；Langbein，2012）。因此，了解基准站坐标的时变噪声特征有助于获取模型参数估计的实际不确定度，正确分类及量化噪声分量对于合理应用 GNSS 坐标时间序列数据具有重要的意义。目前，针对基准站噪声特征的分析，主要有三种方法：谱分析方法、Allan 方差、极大似然估计方法。下面将着重介绍这三种方法。

5.2.1　谱分析方法

如果获得了测站噪声的功率谱信息，就可以估计出测站的噪声类型。因此可以用谱分析方法结合最小二乘估计确定坐标时间序列的谱指数，进而认识序列中存在的噪声。

频谱分析利用数据的傅里叶变换来估计协方差函数在频域内的响应，即频谱。在对原始数据（可能是线性的或者有规律地部分除去速度的数据，或者两者兼具的数据）进行去趋势项处理后，可求取功率谱信息，然后在双对数坐标系中利用线性最小二乘估计对数据进行拟合即可估计谱指数。在谱指数大于 1 的情况下（比如存在非平稳噪声扰动），时间序列中的有一部分速度可能来自于时间序列中的随机噪声，通常情况下，仍然假设所有的速度都来自线性速度。这样做会产生如下问题：对原始数据进行去趋势项处理时，所估计出来的速度往往含有噪声的影响，或者说随机噪声产生的速度也会在该过程中去除掉，因此往往谱指数的估值要低于实际的结果。

对于均匀采样的数据，可直接采用傅里叶变换（离散傅里叶变换）计算功率谱。实际上，对 GNSS 连续运行参考站而言，在数年的时间里获得均匀采样的数据往往是不现实的，数据间断和缺失在所难免。对于这些数据，在进行离散傅里叶变换之前，需要通过有效的插值方法使得非采样点获取数据，从而获得均匀采样的坐标时间序列。然而插值也会带来误差，为了避免插值引入的误差，对于非等间隔的数据，通常周期图法来估计时间序列的功率谱密度。周期图法是由 Lomb 在 Barning 和 Vanicek 工作的基础上发展起来的，并由 Scargle 进一步完善，所以常被称作 Lomb-Scargle 周期图法。假设已知一组离散观测值 x_j（$j=1,\cdots N$），其对应的观测时间 t_j（$j=1,\cdots N$），可按如下公式定义 Lomb 归一化周期图：

$$P(w)=\frac{1}{2\sigma^2}\left\{\frac{\left[\sum_{j=1}^{N}(x_j-\bar{x})\cos\omega(t_j-\tau)\right]^2}{\sum_{j=1}^{N}\cos^2\omega(t_j-\tau)}+\frac{\left[\sum_{j=1}^{N}(x_j-\bar{x})\sin\omega(t_j-\tau)\right]^2}{\sum_{j=1}^{N}\sin^2\omega(t_j-\tau)}\right\} \quad （5-3）$$

式中，$P(w)$ 是 ω 的功率，ω 为角频率，$\omega=2\pi f$，f 为给定频率，σ 为 rms 值，$\bar{x}$ 为平均值，

$$\bar{x}=\frac{1}{N}\sum_{j=1}^{N}x_j,\sigma^2=\frac{1}{N-1}\sum_{j=1}^{N}(x_j-\bar{x})^2 \quad （5-4）$$

τ 为相移因子，按如下公式计算：

$$\tan(2\omega\tau)=\sum_{j=1}^{N}\sin 2\omega t_j\bigg/\sum_{j=1}^{N}\cos 2\omega t_j \quad （5-5）$$

τ 是一种偏移量，它使得 P 在所有 t_j 移动一个常数时不变，具有的意义是：使式（5–3）和通过最小二乘法对给定频率 ω 的谐振信号做估计所得的等式一致，其中谐振信号可以是如下的信号模型：

$$h(t)=A\cos(\omega t)+B\sin(\omega t) \tag{5-6}$$

这也说明该方法可给出较 FFT 更好结果的原因：它对数据的估计建立在"各点"的基础上，而不是建立在"每一时间间隔"上，而 FFT 对于非均匀采样的数据会有严重的误差。非常普遍的情况是，被测量的数据点 h_i 是周期信号和独立白噪声之和。此时，若试图确认这类周期信号的出现和消失，必须回答如下问题：在功率谱 $P(w)$ 中，一个波峰的显著与否怎样确定，也即峰值显著到怎样的程度才将其作为峰值。Lomb 归一化周期图的一个非常好的性质是，可以比较严格地验证虚的假设（虚假设是假设数据也是独立的高斯分布的随机值）的可行性。Scargle 证明在这种归一化下，在任何特定的频率 ω 和虚假设的前提下，$P(w)$ 具有均值为 1 的指数概率分布。换言之，$P(w)$ 在 z 和 $z+dz$ 之间的概率是 $\exp(-z)dz$。如果对某 M 个独立的频率扫描，则不大于 z 值的概率是 $(1-e^{-z})^M$，因此：

$$P(>z)=1-(1-e^{-z})^M \tag{5-7}$$

是虚假设的虚警概率，也是我们所能看到的 $P(w)$ 中任意尖峰的显著性水平。虚警概率的一个小值指出了一个非常明显的周期信号的存在。

引入两个统计意义下成立的等式：

$$\sum_{i=1}^{N}\cos^2 w(t_i-\tau)=\sum_{i=1}^{N}\sin^2 w(t_i-\tau) \tag{5-8}$$

$$\left[\sum_{i=1}^{N}x_i\cos(\omega t_i+\varphi)\right]^2+\left[\sum_{i=1}^{N}x_i\sin(\omega t_i+\varphi)\right]^2=\left[\sum_{i=1}^{N}x_i\cos(\omega t_i)\right]^2 \\ +\left[\sum_{i=1}^{N}x_i\sin(\omega t_i)\right]^2 \tag{5-9}$$

φ 为任意常数。将上两式代入公式（5–3），则原 Lomb 公式可简化为：

$$P(w)=\left[\sum_{j=1}^{N}x_j\cos\omega t_j\right]^2+\left[\sum_{j=1}^{N}x_j\sin\omega t_j\right]^2 \tag{5-10}$$

必须注意的是简化公式成立的一个条件是采样序列中的均值和趋势项要先行扣除。

5.2.2 阿伦方差估计

D.W.Allan 于 1966 年首次提出使用阿伦方差用于分析振荡器的相位和频率不稳定性。Allan 方差可由下式定义：

$$\sigma^2(\tau)=\frac{1}{2(N-1)}\sum_i(m_{i+1}(\tau)-m_i(\tau))^2 \tag{5-11}$$

$N-1$ 为采样个数，τ 为采样间隔，$m_i(\tau)$ 为第 i 个采样数据的平均值。

Allan 方差的基本原理如下：假设系统采样周期为 τ，连续采样 N 个数据点，记为 $Y(i)$，$i=1,2,3,\cdots,N$。对任意的时间 $r=m\tau$，$m=1,2,\cdots,N/2$，由下式可求得该组时间内各点

的均值序列 $\bar{Y}(k)$，由式可求得差值序列 $D(k)$：

$$\bar{Y}(k) = \frac{1}{M}\sum_{i=k}^{k+M-1} Y(i), \quad k = 1, 2, \cdots, N-M+1$$

（5-12）

$$D(k) = \bar{Y}(k+M) - \bar{Y}(k), \quad k = 1, 2, \cdots, N-2M+1$$

Allan 方差的定义如式（2-13），其中 $\langle\ \rangle$ 表示取均值，$\sigma = 1, 2, \cdots, round\ (N/m-1)$

$$\sigma_{yn}^{2}(\tau) = \frac{1}{2}\left\langle D((p-1)M+1)^{2}\right\rangle$$

（5-13）

Allan 方差反映了相邻两个采样段内平均频率差的起伏。它的最大优点在于对各类噪声的幂律谱项都是收敛的；此外每组测量 N-2，大大缩短了测量的时间。

Agnew（1992）指出，Allan 方差与时间的关系为：

$$\sigma^{2}(\tau) \propto t^{\alpha-1}$$

（5-14）

进而，利用函数 y 的傅里叶变换及其偏导数的关系 $\left|FT\{dy/dt\}\right|^{2} \propto f^{2}\left|FT\{y\}\right|^{2}$ 可得：

$$\sigma_{v}^{2}(\tau) \propto t^{\alpha-3}$$

（5-15）

利用公式（5-11），速度的 Allan 方差为：

$$\sigma_{v}^{2}(\tau) = \frac{1}{2(N-1)}\sum_{i}(v_{i+1}(\tau) - v_{i}(\tau))^{2}$$

（5-16）

v_{i} 为第 i 个采样数据的平均速度，通过（5-15）即可估计谱指数 α。

Allan 方差已被应用于估计 GNSS 坐标时间序列的参数估值（Hackl et al., 2011）。其主要优点是计算耗时少并且能够有效地抵抗数据缺失的影响。然而，其估计的速度不确定度结果不够稳健，而且每个不同的噪声模型得分开计算。

5.2.3　极大似然估计

谱分析方法可计算出噪声的谱指数却无法给出噪声类型，阿伦方差可以快速得到不同噪声类型，其稳健性有待优化。MLE 方法可以同时估计噪声类型、周期性振幅、测站速度及不确定度，并且可以避开频谱分析的这两种局限性，因此被认为是目前最准确的噪声分析方法（Zhang et al., 1997；Bos et al., 2008, 2013）。

顾及幂律谱噪声的影响，同时顾及周期项、阶跃项、震后弛豫形变，对单天解坐标分量时间序列建立下列参数模型：

$$y(t_i) = a + bt_i + c\sin(2\pi t_i) + d\cos(2\pi t_i) + e\sin(4\pi t_i) + f\cos(4\pi t_i) +$$

$$\sum_{j=1}^{n_j} g_j H(t_i - T_{g_j}) + \sum_{j=1}^{n_h} h_j H(t_i - T_{h_j})t_i + \sum_{j=1}^{n_k} k_j \lg\frac{1 + (t_i - T_{k_j})}{\tau_j}H(t_i - T_{k_j}) + v(t_i)$$

（5-17）

式中，$y(t_i)$ 为单站、单分量位置序列，t_i 为时间，a 为初始位置，b 为速率，c，d 和 e，f 分别为年周期项和半年周期项的系数；g 为由于各种原因引起的阶跃式的坐标突变，T_{gj} 为发生突变的历元，H 为海维西特阶梯函数，在发生突变前 H 的值为 0，在发生突变后 H 的值为 1。h_j 为震后速率变化，k_j 为震后对数衰减模型，$v(t_i)$ 为观测噪声，假设由白噪声和有色噪声组成，则有：

$$v(t_i) = a_w\alpha(t_i) + b_k\beta(t_i)$$

（5-18）

a_w 为白噪声强度，$b_{k\neq0}$ 对应谱指数为 k 的有色噪声的强度，a_w、$b_{k\neq0}$ 为待求参数。于是，观测协方差阵表示为：

$$C_x = a_w^2 I + b_k^2 J_k \tag{5-19}$$

式中，I 为单位阵。J_k 对应谱指数为 k 的有色噪声的协因素阵。

由于随机模型未知，无法采用最小二乘求解模型参数，于是按照极大似然估计准则同时估计 a,b,c,d,e,f,g_j,h_j,k_j 和噪声分量振幅 a_w，b_k，即选择适当的噪声模型，确定各噪声分量的大小，使得坐标序列的残差 $\hat{v}$ 与其协方差的联合概率密度为最大：

$$lik(\hat{v},C) = \frac{1}{(2\pi)^{N/2}(\det C)^{1/2}} \exp(-0.5\hat{v}^T C^{-1}\hat{v}) \tag{5-20}$$

或者等价地使其联合概率密度的自然对数为最大：

$$\ln[l(\hat{v},C)] = -0.5[\ln(\det C) + \hat{v}^T C^{-1}\hat{v} + N\ln(2\pi)] \tag{5-21}$$

考虑到 $C = \sigma^2 \cdot Q_{ll}$，因此可得：

$$\ln(\det C) = \ln(\det(\sigma^2 \cdot Q_{ll})) = \ln(\sigma^{2*N} \cdot \det Q_{ll}) = 2N\ln\sigma + \ln\det Q_{ll} \tag{5-22}$$

进而：

$$\ln[l(\hat{v},C)] = -0.5[2N\ln\sigma + \ln\det Q_{ll} + \hat{v}^T Q_{ll}^{-1}\hat{v}/\sigma^2 + N\ln(2\pi)] \tag{5-23}$$

上式中 σ 为单位权中误差，Q_{ll} 为观测值方差 – 协方差矩阵，该矩阵的形式主要由噪声类型确定，每次平差后可以根据公式 $\sigma = \hat{v}^T C^{-1}\hat{v}/(N-t)$ 求得，其中 N、t 分别为观测值总数和待估参数个数。最终待估参数的方差 – 协方差矩阵为 $Q_{xx} = N_{AA}^{-1}$，而其精度为 $D_{xx} = \sigma_0^2 Q_{xx}$，$\sigma_0^2$ 为最终计算的单位权中误差。在极大似然估计时，对于单一噪声而言，其最终的噪声振幅也即是单位权中误差的估值。

在 $\ln[l(\hat{v},C)]$ 取最大值的条件下，对每一台站的时间序列求出 a_w，b_k。实际计算时可采用改进的 Nelder-Mead 方法。由于 $|Q_{xx}|$ 不能直接求解（其数值为非常大的数，计算机无法表示），需利用对称正定矩阵的 Cholesky 分解法。根据对称正定矩阵的 Cholesky 分解原理，Q_{xx} 可表示为：

$$Q_{xx} = LL^T \tag{5-24}$$

式中，L 是非奇异的下三角阵。

$$|Q_{xx}| = |LL^T| = |L||L^T| = |L|^2 \tag{5-25}$$

L 的行列式值为对角元素的乘积，设 L 对角元素为 a_{ii}，则：

$$\ln|Q_{xx}| = \left[\sum \ln(a_{ii})\right]^2 \tag{5-26}$$

下面以存在白噪声和闪烁噪声为例分析利用极大似然估计的过程。由公式（5-23）可知，极大似然估计需要求解的参数主要为 σ、Q_{ll}、$\hat{v}$，这些参数是通过最小二乘方法获取。其中 $\sigma = \dfrac{\hat{v}^T Q_{ll}^{-1}\hat{v}}{N}$，也即单位权中误差。$Q_{ll}$ 的形成主要是由噪声来确定，对于白噪声和闪烁噪声其形成可具体参考相关文献。对于白噪声和闪烁噪声来说，Q_{ll} 通常是实对称矩阵，因此求逆通常是先求取 Q_{ll} 的特征值和特征向量，进而可根据如下原理求取 Q_{ll} 矩阵的逆矩阵：由于 $A\alpha_1 = \lambda_1\alpha_1$，$A\alpha_2 = \lambda_2\alpha_2$，故 $A[\alpha_1 \quad \alpha_2] = [\alpha_1 \quad \alpha_2]\begin{bmatrix}\lambda_1 & \\ & \lambda_2\end{bmatrix}$，记矩阵

$P=[\alpha_1\ \alpha_2]$，矩阵 $\Lambda = \begin{bmatrix} \lambda_1 & \\ & \lambda_2 \end{bmatrix}$，则 $AP = P\Lambda$，可得 $A = P\Lambda P^{-1}$，$A^{-1} = \left(P\Lambda P^{-1}\right)^{-1} = P\Lambda^{-1}P^{-1}$。对于 LAPACK 求取的特征向量 P，P 为正交矩阵，因此其逆矩阵即为 P^T，所以可以比较方便地求取 Q_{ll}^{-1}。

关于噪声振幅的求解，对于闪烁噪声和白噪声而言，其振幅估值是通过不断迭代最终确定的，并且噪声的振幅并不是当作如速度、周期项等那样直接由平差得到，噪声振幅的求取主要是通过求取单位权中误差 σ 来获取的，振幅估值通常就是单位权中误差 σ 的估值。在求取两种噪声模型时，为了将二维单纯形法降为一维，采用 BRENT 方法来估计（Williams, 2008）。

在最小二乘中，残差 $\hat{v}$ 和待估参数数值（不包括不确定度信息）并不随着方差－协方差矩阵的尺度（矩阵乘以同一常数值）的变化而变化。因此，可以 σ 来区分极大似然方程，并且使得获取最大似然估值的 σ 是由 $\sigma = \sqrt{\dfrac{\hat{v}^T Q_{ll}^{-1} \hat{v}}{N}}$ 求得。

基于以上，可以用一维参数最大化实现噪声振幅的估计（只考虑白噪声和闪烁噪声）。公式中 σ_w、σ_f 可以用两个参数，也就是角度 φ 和标量 r 来替换：

$$\sigma_w = r \cdot \cos\varphi, \quad \sigma_f = r \cdot \sin\varphi \qquad (5\text{--}27)$$

对于给定的角度，可以获得一个"单位"方差矩阵。

$$C_{unit} = r^2 \cdot (\cos^2\varphi \cdot J_{wh} + \sin^2\varphi \cdot J_{fn}) \qquad (5\text{--}28)$$

该矩阵包含有两种噪声之间的比例信息，形式上与一维方差矩阵是相似的。这一重构方法可以扩展到任意维数的参数求解。以上方程可以将标量 r^2 视为方差－协方差矩阵的尺度，因此其对于残差和待估参数而言是无意义的，极大似然变成了仅仅与角度 φ 有关的估计方法，进而将方程估计减少了一个维度。

$$Q_{xx} = \sigma_w^2 I + \sigma_f^2 Q_f + \sigma_{rw}^2 Q_{rw} \qquad (5\text{--}29)$$

$$\ln[l(\hat{v}, C)] = -0.5[2N\ln\sigma + \ln\det Q_{ll} + \hat{v}^T Q_{ll}^{-1} \hat{v} / \sigma^2 + N\ln(2\pi)] \qquad (5\text{--}30)$$

根据 Rao-Blackwell 定理（统计学里，Rao–Blackwell 定理以一个任意的原始估计为起点，寻找最小方差无偏估计量），对于稳定的坐标时间序列，MLE 可获得最优线性无偏估计结果，然而，估计的谱指数受以下几个因素的影响：

① 两种噪声振幅的 ratio 值，也即 $\left(\dfrac{a_w}{b_k}\right)^2$。实际上，ratio 值太低时，MLE 方法将很难识别出不同的噪声模型。

② 时间序列的长度影响。以白噪声和幂率噪声组合为例，时间序列中高频部分主要是白噪声占主导地位，低频为幂率噪声占主导。因此，如果交叉频率 f_{co}（两种噪声功率振幅相等的频率）低于时间序列长度的倒数，白噪声将会淹没掉幂率噪声的存在，因而估计的谱指数也将有偏。例如，以单天采样间隔的数据为例，此时采样频率 $f_s = 1/365.25 cpy$（cpy 表示周 / 年），两种噪声振幅关系为：$a_w^2 = 10 \times b_k^2$，此时的 $f_{co} = 0.274 cpy$。对于 $f < f_{co}$，功率谱随着斜率为 $1/f$ 降低，也即闪烁噪声振幅；当 $f > f_{co}$

时，功率谱随频率保持不变。为了探测功率谱中非零斜率，时间序列的长度需满足 $L \geqslant 1/f_{co}$，也即 L=3.65$year$。尽管如此，对于大于 f_{co} 的频率而言，序列长度对于待估参数不确定度的影响也是十分重要，也即在谱指数正确估计之前幂率噪声已经开始影响不确定度的估计。

③ 地球物理过程和非稳态噪声产生的速度分量的 ratio 值。通常我们假设坐标时间序列中的速度来自于 GNSS 测站所处位置的板块构造运动，也就是说噪声对于速度并没有贡献，噪声是稳态的，因此估计的谱指数趋近于白噪声。然而实际中并不是如此，时间序列中不仅含有白噪声也含有幂率噪声的影响，多种噪声的存在使得速度估值也会产生变化，也即幂率噪声的存在会对速度产生影响，不同影响源的速度比会影响到最终的谱指数估计。

5.3 MLE 快速解算方法

相比于谱分析方法和阿伦方差估计，MLE 估计的结果更为稳健，且可实现速度、周期振幅、阶跃等多参数的同步估计，因而广泛应用于 GNSS 坐标时间序列分析中。然而，MLE 是一个最小化的迭代过程，在每一步迭代中均需对方差矩阵进行求逆运算。对于幂律噪声而言，由于观测值之间的自相关特征随着时间缓慢下降，该矩阵是满秩的。因此，对于长达 20 多年的 GNSS 观测数据而言，方差矩阵的求逆运算非常耗时。随着观测数据的不断积累，提高利用 MLE 方法分析 GNSS 连续观测站数据的效率是面临的主要问题。为此，考虑到白噪声 + 闪烁噪声被认为是能较好描述全球基准站坐标时间序列噪声特征，Bos et al.（2008，2013）相继提出了针对白噪声 + 幂率噪声组合快速实现坐标时间序列 MLE 估计的相关理论和方法，其核心思想是重构时间序列的方差 – 协方差矩阵以满足 Toeplitz 特征，进而应用傅里叶变换方法快速求解 Toeplitz 矩阵，最终达到快速求解 MLE 方程的目的。

5.3.1 快速 MLE 估计方法

对于 GNSS 坐标时间序列，可得如下观测方程：

$$y_{n \times 1} = H_{n \times p} x_{p \times 1} + r_{n \times 1}, \ C_{n \times n} \tag{5-31}$$

x=$[a\ b\ c\ d\ e\ f\ g\ \cdots]^T$ 为待估参数，H 为系数矩阵，r 为残差向量，C 为观测值方差 – 协方差矩阵，n、1 分别表示观测值和待估参数个数。在利用 MLE 估计参数过程中，方差矩阵 C 用根据每一次的迭代结果不断调整，直至 MLE 达极大值时达到的参数为最优估值，其具体构成方式如下：首先假设时间序列中无数据缺失，构成完整的方差阵，然后删除与缺失数据位置一致的所有行列，进而得到实际时间序列的方差阵。假设 n 个数据中存在 m 个缺失数据，得到的结果矩阵用 $\tilde{C}$ 表示，则其维数为 $(n-m) \times (n-m)$。该矩阵求逆、构造大约需要 $O(n^3)$ 次操作。缺失数据必须从观测矩阵 y 和残差矩阵 r 中删除，进而得到对应得观测、残差矩阵 $\tilde{y}$ 和 $\tilde{r}$，长度为 $n-m$。同理可得新的系数矩阵 $\tilde{H}$。利用加权最小二乘估计得到参数向量 $\hat{\theta}$ 为：

$$\hat{\theta} = (\breve{H}^T \breve{C}^{-1} \breve{H})^{-1} \breve{H}^T \breve{C}^{-1} \breve{y} \tag{5-32}$$

残差可由下式获得：

$$\breve{r} = \breve{y} - \breve{H}\hat{\theta} \tag{5-33}$$

通常情况下，噪声是需要通过 MLE 确定的，因此方差阵 C 的特征事先并不可精确得到，必须由观测值估计得到。正如前文所述，MLE 似然函数的最大化过程：

$$\ln(p(r)) = -\frac{1}{2}\Big[(n-m)\ln(2\pi) + \ln\det(\breve{C}) + \breve{r}^T \breve{C}^{-1}\breve{r}\Big] \tag{5-34}$$

也即是方差矩阵 $\breve{C}$ 不断变化直到式（5-34）的最大似然函数值最大。对于参数值的每一次变化，公式（5-32）和（5-33）都需要进行调整以更新参数值。以上过程即为利用 MLE 估计参数的常用过程。

进一步，考虑到数据中往往存在缺失，可将残差分为观测残差和缺失残差：

$$r = r_o + r_m = \begin{pmatrix} r_o^1 \\ 0 \\ \vdots \\ r_o^{n-1} \\ 0 \end{pmatrix} + \begin{pmatrix} 0 \\ r_m^2 \\ \vdots \\ 0 \\ r_m^n \end{pmatrix} \tag{5-35}$$

例如，假设具有 5 个观测值的时间序列，但其第一、二和四个观测值缺失。此时，向量 r_o 是：

$$r_o = \begin{pmatrix} 0 \\ 0 \\ r_o^3 \\ 0 \\ r_o^5 \end{pmatrix} \tag{5-36}$$

矩阵 F 定义为具有 n 列，以行表示每一个缺失数据点。矩阵每一行以 0 表示，除了该行的那一列与数据缺失点的位置对应。对于上面的例子可得：

$$F = \begin{pmatrix} 1 & 0 & 0 \\ 0 & 1 & 0 \\ 0 & 0 & 0 \\ 0 & 0 & 1 \\ 0 & 0 & 0 \end{pmatrix} \tag{5-37}$$

$F^T C^{-1} F$ 运算将选出缺失数据方差阵的逆矩阵所对应的列和行。

原始方差矩阵可写成如下分块矩阵形式：

$$C = \begin{pmatrix} C_{OO} & C_{Om} \\ C_{mO} & C_{mm} \end{pmatrix} \tag{5-38}$$

下标 m 和 o 分别表示缺失数据和观测数据的行、列。因此，C_{mm} 是 $m \times m$ 阶方阵。采用高斯消元法，我们可将 C_{mo} 化为 0 矩阵：

$$\begin{pmatrix} I^{n-m} & 0 \\ -C_{mo}C_{oo}I^m & I^m \end{pmatrix}\begin{pmatrix} C_{OO} & C_{Om} \\ C_{mO} & C_{mm} \end{pmatrix} = \begin{pmatrix} C_{OO} & C_{Om} \\ 0 & C'_{mm} \end{pmatrix} \tag{5-39}$$

其中 $C'_{mm} = C_{mm} - C_{mo}C_{oo}^{-1}C_{om}$，也称作 C_{oo} 的 Schur 补矩阵。求取公式（5-39）的行列式，可得：

$$\det(C) = \det(C_{oo})\det(C'_{mm}) \tag{5-40}$$

使用矩阵 $\breve{C}(=C_{oo})$ 和上文中引入的 F，公式可写作：

$$\det(C) = \det(\breve{C})\det((F^T C^{-1} F)^{-1}) \tag{5-41}$$

公式（5-41）的最后一项可通过选择 C^{-1} 的子矩阵对矩阵 F 的两次乘积获得。与矩阵 C'_{mm} 的关系可以通过块矩阵的逆矩阵看出：

$$C^{-1} = \begin{pmatrix} C_{oo} + C_{oo}^{-1}C_{om}(C'_{mm})^{-1}C_{mo}C_{oo}^{-1} & -C_{oo}^{-1}C_{om}(C'_{mm})^{-1} \\ -(C'_{mm})^{-1}C_{mo}C_{oo}^{-1} & (C'_{mm})^{-1} \end{pmatrix} \tag{5-42}$$

可以看出子矩阵与 Schur 补矩阵的逆矩阵之间的等价性。因此，可得：

$$C'_{mm} = (F^T C^{-1} F)^{-1} \tag{5-43}$$

接下来，由公式（5-43）可得：

$$F(F^T C^{-1} F)^{-1}F^T = \begin{pmatrix} 0 & 0 \\ 0 & C'_{mm} \end{pmatrix} \tag{5-44}$$

运用公式（5-42），可得下面的公式：

$$\begin{aligned} & C^{-1}F(F^T C^{-1} F)^{-1}F^T C^{-1} \\ & = \begin{pmatrix} C_{oo}^{-1}C_{om}(C'_{mm})^{-1}C_{mo}C_{oo}^{-1} & -C_{oo}^{-1}C_{om}(C'_{mm})^{-1} \\ -(C'_{mm})^{-1}C_{mo}C_{oo}^{-1} & (C'_{mm})^{-1} \end{pmatrix} \end{aligned} \tag{5-45}$$

改变公式（5-45）的标识，加上 C^{-1} 最终可得：

$$C^{-1} - C^{-1}F(F^T C^{-1} F)^{-1}F^T C^{-1} = \begin{pmatrix} C_{oo}^{-1} & 0 \\ 0 & 0 \end{pmatrix} \tag{5-46}$$

这样，就可得到：

$$\breve{r}^T \breve{C}^{-1}\breve{r} = r_o^T(C^{-1} - C^{-1}F(F^T C^{-1} F)^{-1}F^T C^{-1})r_o \tag{5-47}$$

交换方差矩阵 C 的 i 行和 j 行会引起矩阵 C^{-1} 的 i 列和 j 列的以同样的形式交换。因此，可以改组观测值和缺失数据集，同时调整矩阵 F，以此获得公式（5-39）的形式，进而证实了公式（5-47）对于任何缺失数据的有效性。

同样的关系式可用于公式（5-32），进而得到 $\breve{H}^T \breve{C}^{-1}\breve{x}$ 和 $\breve{H}^T \breve{C}^{-1}\breve{H}$ 的表达形式。此外，对公式（5-41）取对数，运用关系式 $\det(C) = 1/\det(C^{-1})$，即可获得公式：

$$\ln\det(\breve{C}) = \ln\det(C) + \ln\det(F^T C^{-1} F) \tag{5-48}$$

当然，在所有观测值被建模后，缺失数据通常是不会出现的。改变行列式的行和列，不对其数值作任何调整，行列式的值是不变的。然而，当交换方差阵的第 i 行和 j 行时，其第 i 列和 j 列同时发生了交换，其标识（sign）并没有变化。因此，公式（5-48）对于任何的缺失数据序列都是有效的。（5-48）可用于计算公式（5-34）右边的第二项。公式（5-47）和（5-48）是最主要的两个转换结果。由于使用了全矩阵 C，Toeplitz 矩阵特征依然保持下来，因此，进行 O(n^2) 次操作即可完成求逆运算。$m \times m$ 矩阵 $F^T C^{-1} F$ 的求逆需要 O(m^3) 次操作。我们称基于公式（5-47）和（5-48）的 MLE 方法为快速 MLE 方法。如果时间序列中缺失数据百分比小于 50% 时，重构方法将会更快，否则标准方法更快。

5.3.2　实验结果

本书实现了快速 MLE 方法，并选取 sopac 提供的基准站坐标时间序列数据（ftp:// garner.ucsd.edu/archive/garner/timeseries/measures/ats/Global/）对算法进行了验证。选择的测站数据跨度均在 12 年以上，其时间序列长度具有一定的代表性。为了比较新方法的有效性，本书同时采用传统 MLE 方法对数据进行计算，在对数据进行计算时，同时顾及白噪声和幂率噪声过程，通过迭代求解时间序列中的噪声谱指数。表 5-1 给出了改进的 MLE 方法与传统 MLE 方法解算效率对比：

表 5-1　快速 MLE 与传统 MLE 方法解算效率对比

测站	时间段（数据总数）	传统方法计算时间（秒）	新方法计算时间（秒）	效率提高
BJFS	1999/293~2015/156（5025）	49480	1540	32
GUAO	2002/165~2014/337（3724）	19749	1543	13
KUNM	1998/280~2013/030（4889）	46095	700	66
LHAZ	1999/264~2015/156（5120）	51724	1168	44
TNML	2002/174~2015/156（3692）	18562	2109	9

由表可知，改进后的 MLE 方法相较于传统 MLE 方法而言，解算效率有明显提高。以本书选取的时间序列数据解算结果为例，解算速度提高 10 ~ 70 倍。需要说明的是，表中的时间统计结果，均为单个测站三分量同时解算所需的时间，单个分量解算时间可按上述结果的三分之一粗略估计得到。

同时，本书比较了两种方法获得待估参数比较结果，主要是估计的谱指数、速度和速度不确定结果，如表 5-2 所示。表 5-2 给出了快速 MLE 方法与常规 MLE 估计参数比较结果，表中分别给出了两种方法估计结果的差距以及差值相对于常规 MLE 方法的百分比情况。对于谱指数而言，两种方法估计的结果相差甚微，从选取的测站来看，谱指数的差距都在 2% 以内，表明快速 MLE 方法估计得到的噪声特征与传统 MLE 方法差距很小，其估计得到的谱指数能正确反映出测站坐标时间序列中的真实噪声。除了谱指数，两种方法估计的趋势项（速度）估值是否一致也是评价方法有效性的一个方面。就速度估值而言，两种方法水平方向的估计结果相差也是很小，然而高程方向的速度估值相差相对较大，这主要是因为高程方向速度本身估值较小，而顾及幂率噪声后速度不确定度较大，因此两种方法高程方向速度估值相差较大。从速度不确定度来说，快速 MLE 方法的结果较传统 MLE 均偏大，这主要是由于噪声往往是非静止的，随着时间的发展，其本身也在不断积累，因此这表明新方法更能够表征测站实际的运动特征。以上分析结果表明，快速 MLE 方法效率较传统 MLE 方法显著提高，而且各参数估值较为一致，其估计的速度不确定度也更能反映出测站的实际信息。

表 5–2　参数估计结果比较

测站	坐标分量	谱指数	速度估值（mm/yr）	速度不确定度
BJFS	N	−0.0025/0.44%	−0.0257/0.25%	0.0085/10.68%
	E	−0.0021/0.52%	0.0472/0.15%	0.0057/8.19%
	U	0.0102/1.50%	−0.2882/12.7%	0.0217/8.41%
GUAO	N	0.0117/1.89%	0.3078/5.5%	0.0213/26.82%
	E	0.0053/1.57%	−0.1043/0.33%	0.0137/21.34%
	U	0.0034/0.41%	0.3189/27.7%	0.1386/38.21%
KUNM	N	0.0021/0.36%	−0.2221/1.23%	0.0105/8.81%
	E	−0.0017/0.42%	−0.4129/1.31%	0.0125/8.44%
	U	−0.0172/3.34%	−0.5596/467.1%	0.0421/13.91%
LHAZ	N	−0.0006/0.12%	−0.0172/0.11%	0.0035/4.48%
	E	0.0008/0.21%	−0.0306/0.07%	0.0044/4.14%
	U	−0.0014/0.24%	−0.091/9.04%	0.0118/5.00%
TNML	N	0.0015/0.28%	−0.0614/−0.65%	0.0084/8.13%
	E	−0.0002/0.05%	−0.145/0.48%	0.0088/9.17%
	U	−0.0003/0.07%	−0.1557/39.60%	0.0161/9.09%

5.4　本章小结

本章介绍了 GNSS 时间序列分析的主要内容，详细分析了 GNSS 坐标时间序列噪声分析方法及各自特点，在此基础上重点研究并实现了基于 Toeplitz 矩阵分解的 GNSS 坐标时间序列极大似然快速估计方法，改进后的 MLE 方法相较于传统 MLE 方法而言，速度及速度不确定度估值一致，而解算效率有明显提高，以本书选取的时间序列数据解算结果为例，解算速度提高 10~70 倍。

第 6 章　GNSS 坐标时间序列中未模型化误差的影响

从 1978 年第一颗 GPS 试验卫星发射升空，到 1993 年底 24 颗 GPS 卫星在轨提供全球服务，再到当前 GNSS 技术在地球动力学、全球变化监测等高精度研究领域的广泛应用，这些过程中始终伴随着 GNSS 定位相关的不同类型误差源认识的提升，伴随着 GNSS 信号收发技术的进步以及数据处理理论和模型的完善。

通过对基准站 GNSS 观测数据进行处理，可获得基准站坐标信息，长期坐标解的累积构成了 GNSS 坐标时间序列。在 GNSS 数据处理中，观测模型、误差模型的不完善势必会影响到坐标时间序列中，也即坐标时间序列的精度、变化规律必定会受到 GNSS 数据处理中各种未模型化误差的影响。本章将 GNSS 数据处理过程中涉及的模型不完善、误差修正不完善等与 GNSS 技术直接相关的误差统称为 GNSS 未模型化误差。研究 GNSS 未模型化误差对长期坐标时间序列的影响，有两方面的意义：其一，通过对 GNSS 坐标时间序列进行分析，了解未模型化误差影响规律，从而为合理利用坐标时间序列开展交叉研究提供保障；其二，从坐标时间序列的角度，分析不同类误差的影响，有助于进一步明确技术类误差改正效果，进而促进对 GNSS 未模型误差的进一步优化改进。为此，本章对 GNSS 数据处理中相关的误差源进行分析，着重研究了地球辐射压、对流层投影函数以及高阶项电离层延迟对全球 IGS 基准站坐标时间序列的影响。

6.1　地球辐射压改正对 GNSS 坐标时间序列影响分析

随着 GNSS 数据处理理论与方法的不断改进，IGS 提供的轨道精度已可达 2.5cm（Dow et al.，2009）。尽管如此，轨道中依然存在有模型不完善的误差。由于 GNSS 卫星和地球间的距离达 2 万多公里，在过去很长一段时间里涉及地球辐射压对 GNSS 定轨定位影响的研究较少（Fliegel et al.，1992；刘林，2000）。随着轨道精度的不断提高，越来越多的学者开始重视这一因素的影响（Bhanderi et al.，2005；Davis et al.，2007；Rodriguez-Solano et al.，2009，2012）。地球辐射压主要是指太阳照射地球后，地球反射以及吸收太阳能量后自身辐射出的能量对在轨卫星的影响。研究表明，地球辐射压主要影响的是轨道径向分量，可达 1~2cm，并且通过与 SLR 的结果比较发现，地球辐射压可部分修正 GNSS 定轨结果与 SLR 结果之间的差异（Urschl et al.，2005；Bar-Sever et al.，2009）。同时，对于全球 GNSS 数据解算而言，基准站坐标时间序列中不可避免的受到不完善因素的影响，轨道模型的误差在数据处理中必然会影响到基准站位置时间序列的变化，进而在时间序列中引入与时间、空间相关的噪声，甚至会导致周年、半周年等虚假周期信号的产生。研究地球辐射压改正对基准站坐标影响的大小和变化，分析不同地球辐射压模型改正结果的差异，对于有效控制、改正进而削弱甚至消除地球辐射压的影响，实现高精度测量服务，具有重要的实际应用价值和科学意义。

本节通过近 14 年的全球 IGS 基准站观测数据的重新处理，获得了地球辐射压改正前后的基准站坐标时间序列，然后分别从时间域及频率域着手研究地球辐射压改正对基准站长期坐标时间序列及其变化的影响，分析不同地球辐射压模型影响的差异。

6.1.1 GNSS 数据处理

本书利用 GAMIT/GLOBK（Ver 10.5）重新处理了 IGS 基准站的观测数据，选取的 IGS 基准站分布如图 6-1 示。当前 GAMIT 软件中提供了两种地球辐射压模型可供选择，分别是：NCLE 模型和 TUME 模型。其中 NCLE 模型由英国纽卡斯尔大学建立，TUME 模型由德国慕尼黑工业大学建立。GAMIT 中可通过设置 sestbl. 文件中的 "Earth radiation model" 选项来实施卫星轨道的地球辐射压改正。为了确定地球辐射压模型对 IGS 基准站坐标时间序列的影响，评价不同机构提供的地球辐射压模型之间影响差异，本节设计了三组对比实验。并且采用 IERS2010 推荐采用的部分最新改正模型，按照精密数据处理策略对全球均匀分布的 73 个 IGS 基准站 2000—2014 年共计 14 年的观测数据进行重新处理。三组实验具体为：实验 a 不引入地球辐射压模型改正，实验 b 利用 NCLE 模型进行地球辐射压改正，实验 c 利用 TUME 模型进行地球辐射压改正。除地球辐射压的处理方式不同以外，三组实验的数据处理策略完全相同，主要包括：

① 基线解算采用松弛解，同时解算卫星轨道、地球定向参数、测站坐标，对流层延迟及水平梯度参数，并根据验后相位残差对观测值进行重新定权；

② 截止高度角为 10°，历元间隔为 30s；

③ 测站位置施加松弛约束，其中 IGS 核心站点三个方向施加 5cm 约束，其他测站施加 10cm 约束；

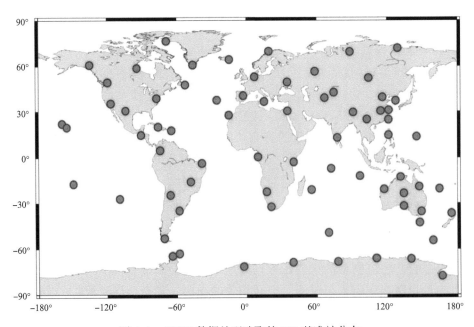

图 6-1　GNSS 数据处理选取的 IGS 基准站分布

④ 电离层影响用 LC 观测值消除，并且考虑高阶项电离层延迟改正（二、三阶），其中地磁场模型采用 IGRF11 地磁场模型；

⑤ 计算固体潮、海潮、极潮改正，其中海潮模型采用 FES2004；

⑥ 对流层折射根据萨斯坦莫宁标准大气模型改正，采用分段线性方法每 2 小时设置 1 个折射偏差参数，对流层延迟投影函数采用维也纳投影函数 VMF1；

⑦ 采用绝对天线相位中心改正（igs08_1633.atx）；

⑧ 基线网平差采用 ITRF2008 框架，基准转换采用 Helmert 七参数转换实现。

对于三组解算获得的单天基线松弛解，利用 GLOBK 软件将获得的单天无约束解进行无约束平差，最后利用 GLORG 根据选择的核心站点确定单天解与参考框架 ITRF2008 之间的 Helmert 相似变换参数，从而获得基准站在全球参考框架 ITRF2008 下的单天原始坐标时间序列。由 GAMIT 解算得到的 H 文件中的基准站位置关系是一组自洽且具有很好内符合的坐标相对关系，GLOBK 平差时又通过同样的参数转换方法并且由同样的基准站提供框架点，因此三组解算结果的不同反映的仍然是地球辐射压造成的基准站坐标时间序列变化。对于获取的 GNSS 坐标时间序列，经过粗差探测等预处理后，进行后续的时间域和频率域分析。

6.1.2　数据分析与讨论

6.1.2.1　地球辐射压对测站坐标和速度的影响

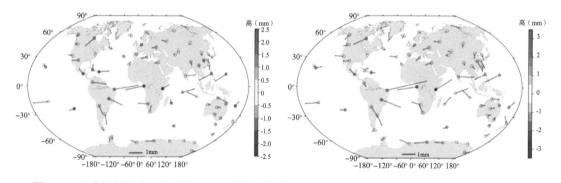

图 6-2　地球辐射压改正造成的 IGS 基准站坐标变化（左、右图分别为 NCLE、TUME 模型结果）

图 6-2 表示采用两种不同地球辐射压模型时 IGS 基准站坐标的总体变化趋势。图中的数值是由 2000.0—2014.0 年的单天解通过 GLOBK 卡尔曼滤波估计后得到的最终坐标值，对于发生地震跳变或者更换天线等的测站，通过 GLOBK 中的地震文件（itrf08_comb.eq）对发生变化的测站进行重命名，并且选择具有较长时间段估计的结果用于本书的分析。图中左图表示 NCLE 模型改正后的基准站坐标变化，右图表示 TUME 模型改正后的坐标变化，箭头表示测站平面方向的数值变化，圆圈表示高程方向变化。从图 6-2 可看出，对于 NCLE 模型的影响来说，基准站平面方向受地球辐射压的影响最大为 1.8mm，且位于低纬度的测站所受影响大于中高纬度测站；整体而言，高程方向的改正量显著于平面方向，最大可达 2.5mm，较大值基本出现在低纬度区域。TUME 模型的影

响与 NCLE 模型相比，引起的测站坐标变化总体较一致，数值上要大于 NCLE 模型，平面方向最大可达 2.8mm，高程方向达 3.5mm。图 6-4（左图）给出了 NCLE 和 TUME 两组解的 IGS 基准站坐标差异，由图可知，整体上，两种模型改正后的结果相差较小，平面方向模型不同引起的测站坐标差距大部分位于 0~0.15mm，高程方向差距大多处于 0~0.4mm，且 TUME 模型改正整体而言较 NCLE 结果偏大。

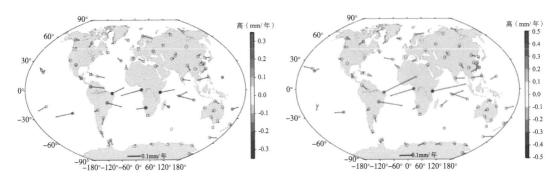

图 6-3　地球辐射压改正造成的 IGS 基准站速度变化

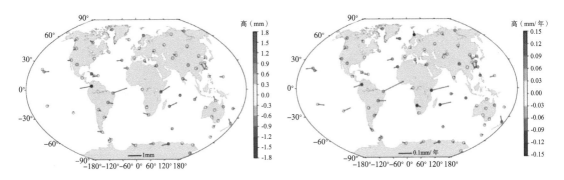

图 6-4　不同地球辐射压模型引起的 IGS 基准站坐标和速度变化
（左、右图分别为模型不同引起的基准站坐标、速度差距）

6.1.2.2　除了影响到基准站坐标变化之外，地球辐射压改正也会对测站长期速度产生影响。

图 6-3 给出了 NCLE 和 TUME 模型改正造成的基准站速度变化，具体说明与图 6-2 相同。由图 6-3 可知，对于 NCLE 模型而言，地球辐射压改正对测站速度的影响较小，水平方向大都小于 0.1mm/yr，高程方向而言，地球辐射压改正的影响基本位于 0.2mm/yr 以下。TUME 模型改正下的测站速度变化与 NCLE 模型较为相似，在低纬度的改正量也要比中高纬度测站更为明显。图 6-4（右图）中也给出了 NCLE 和 TUME 两种模型改正结果的差距，由图可以看出，尽管总体两种模型改正下的测站速度改正相似，但是模型的不同也会导致测站速度较大的不一致，尤其是低纬度测站水平方向的速度，不同模型改正差距较大；高程方向而言，辐射模型的不同造成的测站速度估值差距相对较小。

6.1.2.3　地球辐射压对测站坐标时间序列 *wrms* 的影响分析

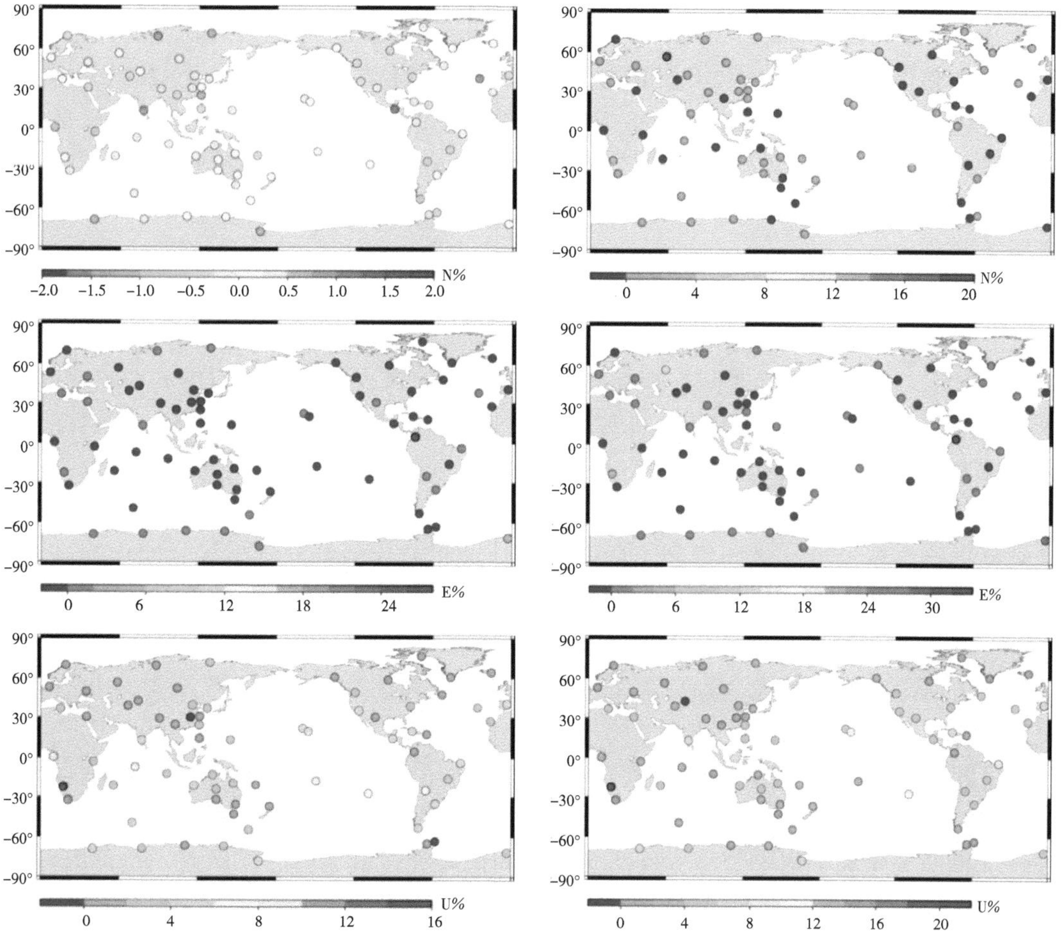

图 6-5　地球辐射压改正造成的 IGS 基准站 *wrms* 变化率

（左图为 NCLE 模型，右图为 TUME 模型，自上至下依次为 N、E、U 方向）

为了研究地球辐射压对 IGS 基准站坐标时间序列精度的影响，分别计算了地球辐射压改正前后的测站坐标时间序列的加权均方根误差 *wrms*（weighted root mean square），假设 $\omega_{neu}(i)=1/sig_{neu}(i)^2$，GNSS 坐标时间序列的 *wrms* 定义为：

$$wrms_{neu}(gps)=sqrt(\frac{\sum_{1}^{ndat}\omega_{neu}(i)(gps_{neu}(i)-\frac{\sum_{1}^{ndat}\omega_{neu}(i)\cdot gps_{neu}(i)}{\sum_{1}^{ndat}\omega_{neu}(i)})^2}{\sum_{1}^{ndat}\omega_{neu}(i)}) \tag{6-1}$$

式中，$gps_{neu}(i)$、$sig_{neu}(i)$ 及 $wrms_{neu}(gps)$ 分别表示 IGS 基准站在 i 时刻的 N、E、U 分量位移、不确定度及 *wrms*，$ndat$ 表示时间序列数目。改正前后的测站 *wrms* 变化值及其变化率空间分布如图 6-5 所示，负值表示 *wrms* 减小。由图可知，经过地球辐射压改正后，测站不同方向的改正结果有所差别。对于 NCLE 模型而言，改正后 50.7%（37/73）的测站 N 方向 wrms 减小，71.2%（52/73）的测站 E 方向 wrms 减小；而 U 方向而言，除了 POL2 测站的 wrms 减小外，其他测站的 wrms 均增大。TUME 模型改正后的结果与 NCLE 整体一致，其 N 和 E 方向分别有 42.5%（31/73）和 57.5%（42/73）的测站 wrms 减小，而高程方向除 OHI2 和 WUHN 站之外，wrms 也均增大。从 wrms 变化的幅度来看，整体而言，地球辐射压改正后，测站 wrms 增大的幅度要显著于测站减小的幅度，NCLE 模型的改正结果要优于 TUME 模型结果，尤其对于 N 方向而言（图中标尺的大小）。

6.1.2.4 地球辐射压对测站周期信号的影响

上文从时间域分析了地球辐射压对 IGS 基准站坐标和速度场的影响，本节将分析地球辐射压对基准站坐标时间序列在频率域的影响。考虑到坐标时间序列中存在间断，本节采用 Lomb-Scargle 周期图法计算了地球辐射压改正前后各个基准站坐标时间序列的功率谱。为了更全面地了解地球辐射压造成的全球基准站周期特征变化，本书将所有测站的功率谱结果按三个坐标分量（南北、东西、高程）分别进行叠加，并对各分量结果进行高斯滤波，进而得到了地球辐射压改正前后的基准站坐标时间序列堆积频谱图，如图 6-6 上图所示。图中自上而下依次表示南北（N-S）、东西（E-W）、高程（U）三个方向，红线代表 NCLE 地球辐射压模型改正后结果，黑色代表不顾及地球辐射压改正结果，垂直虚线分别表示 1.0cpy（蓝色）和 1.04cpy（绿色），功率谱密度单位为 $m^2 \cdot s$。

由图可知，无论地球辐射压改正与否，三个分量都呈现出相似的特征，也就是从 1cpy~6cpy 均有显著的峰顶出现。尤其对于高程方向而言，两个低频信号（1cpy 和 2cpy）也即周年和半周年信号，这两个频段的信号表现最为强烈。然而，也可以发现，随着频率的不断增加，整数的频段（蓝色垂直虚线所示）与功率谱的峰顶开始有所偏差，而 1.04cpy 整数倍的频段可以很好地符合于峰顶。当前 IGS 发布的产品，如地心时间序列、坐标时间序列等，1.04cpy 信号普遍存在于其中。比较 NCLE 模型的结果与未改正的结果可知，NCLE 模型改正后，N、E 两个方向的周年振幅均以降低为主，而在 2.08cpy 处的信号出现了明显的增强，U 方向改正前后整体变化不大。为了更为显著地表明地球辐射压对于全球基准站功率谱的影响，本书对 NCLE 模型和未改正的功率谱结果进行相减，得到了如图 6-6（下图）所示的结果。由图可以看出，整体而言，NCLE 模型改正后 IGS 基准站三个方向的周年信号均有一定降低，而对于半周年附近的信号在 N、E 两个方向的增加较为显著。因此，我们得出结论，NCLE 模型改正后，测站的 N、E 方向的周年特征会整体减弱，可以解释坐标时间序列中的部分周年信号。此外，本书也分析了 TUME 模型改正后造成的 IGS 基准站功率谱变化，其变化趋势与 NCLE 模型总体趋势特征一致。

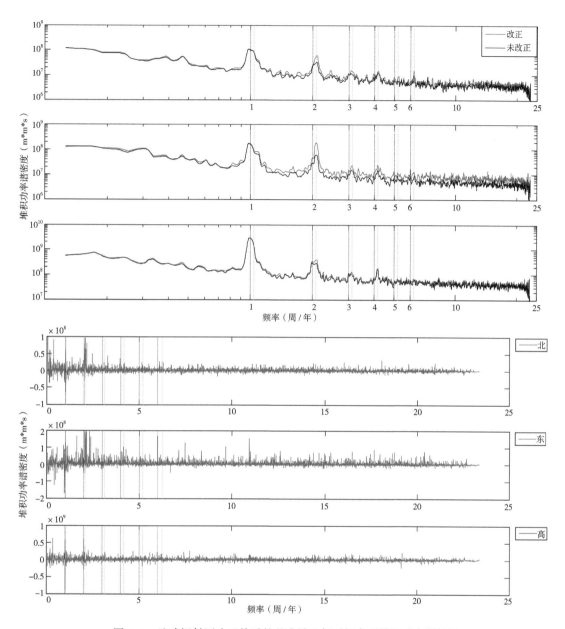

图 6-6　地球辐射压改正前后的基准站坐标时间序列堆积功率谱结果

6.2　对流层投影函数选取对基准站坐标时间序列的影响

投影函数是对流层改正中的重要组成部分，可以将天顶对流层延迟投影到任意高度角上。选择一个高精度的投影函数模型对提高数据处理的精度具有重要的作用。为构建高精度的投影函数，许多学者先后提出了一些实用的投影函数模型。VMF1（Vienna Mapping Function 1）和 GMF（Global Mapping Function）是目前主要采用的能够给出合理、精确大地测量结果的投影函数。VMF1 模型是由 Boehm 等人提出的对流层投影模型，是基于欧洲中尺度气象预报中心（Europe Center for Medium-Range Weather

Forecasts, ECMWF）40 年观测数据的再分析（ECMWF Reanalysis 40，ERA40）的基础上建立而得，其结果可以从维也纳理工大学大地测量研究所网站（http://ggosatm.hg.tuwien.ac.at）获取。VMF1 模型计算时需要读取格网数据进行内插，计算繁琐，因此 Boehm 等人在 VMF1 的基础上进行改善，建立了易于实现且精度相当于 VMF1 的 GMF/GPT 模型。目前 VMF1 和 GMF 两种模型已经成为使用最多的投影函数模型。

本节通过近 14 年的全球 IGS 基准站观测数据的重新处理，获得了 VMF1 和 GMF 两种不同投影函数改正下的基准站坐标时间序列，进而研究了两种模型对基准站坐标及其变化的影响，分析两种投影函数模型影响的差异。

6.2.1　GNSS 数据处理

本书利用 GAMIT/GLOBK（Ver 10.5）重新处理了 IGS 基准站的观测数据，选取的 IGS 基准站分布如图 6-1 所示。本节设计了两组实验，两组实验具体为：实验 a 采用 VMF1 投影函数，实验 b 采用 GMF 投影函数，然后按照 6.1.1 中的数据处理方法对全球均匀分布的 73 个 IGS 基准站 2000—2014 年共计 14 年的观测数据进行重新处理，获得基准站在全球参考框架 ITRF2008 下的单天解算结果。

6.2.2　不同投影函数对测站坐标变化的影响

图 6-7 左侧各图表示采用两种不同对流层投影函数时 IGS 基准站坐标的总体变化结果（GMF-VMF1）。图中的数值是由 2000.0~2014.0 年的单天解通过 GLOBK 卡尔曼滤波估计后得到的最终坐标值，对于发生地震跳变或者更换天线等的测站，通过 GLOBK 中的地震文件（itrf08_comb.eq）对发生变化的测站进行重命名，并且选择具有较长时间段估计的结果用于本书的分析。从图 6-7 可看出，两种不同投影模型之间的基准站坐标存在差异，对于 N 方向而言，不同模型导致的测站坐标差异在 –0.8mm~1.3mm，且 63.0%（46/73）的测站大部分 GMF 模型下的坐标值要大于 VMF1 的坐标值。对于 E 方向而言，两种模型引起的测站坐标差距在 –1.3mm~1.3mm，与 N 方向的变化值相近，但是仅有 24.7%（18/73）的测站 GMF 模型下坐标变化大于 VMF1 下的坐标值。对于 U 方向而言，两种模型不同引起的坐标变化在 –3.1mm~1.3mm，高程方向的坐标变化显著于水平方向，其中 39.7%（29/73）的测站 GMF 模型下的基准站坐标大于 VMF1 下的坐标值。从坐标变化的绝对值而言，N、E、U 三个方向两种模型坐标差大于 0.5mm 的基准站个数分别为 4、20、24 个。N、E、U 三个方向坐标变化的绝对值的平均值分别为 0.22 mm、0.38 mm、0.55mm。此外，不同投影函数引起的基准站坐标变化分布并无明显的地域因素。

为了研究两种不同投影函数模型对 IGS 基准站坐标时间序列精度的影响，分别计算了两种投影函数模型下的测站坐标时间序列的加权均方根误差 $wrms$。两种投影函数下的测站 $wrms$ 变化率（$(wrms_{gmf}-wrms_{vmf})\times100\%/wrms_{gmf}$）分布如图 6-7 右图所示，负值表示 $wrms$ 减小。

由图可知，两种不同对流层投影函数改正的结果，其 $wrms$ 值存在差异，测站不同方向的改正结果有所差别。相较于 VMF1 模型，GMF 模型改正后的结果在 N、E、U 三个方向上分别有 80.8%（59/73）、75.3%（55/73）、78.1%（57/73）的测站 wrms 减小。从 wrms 变化的幅度来看，整体而言，U 方向 wrms 的变化要显著于 N、E 方向。

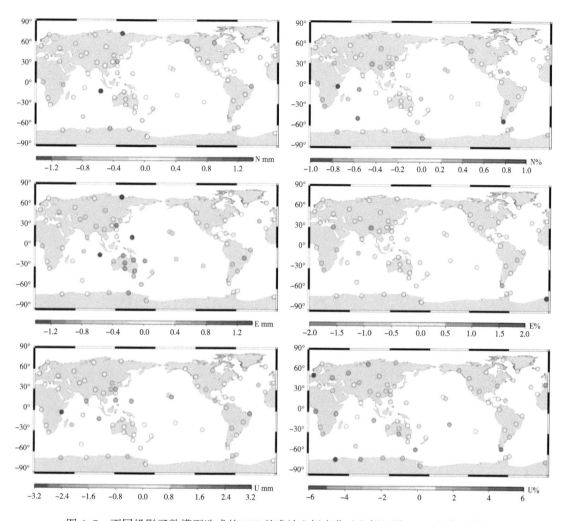

图 6-7　不同投影函数模型造成的 IGS 基准站坐标变化（左侧）及 wrms 变化（右侧）

6.2.3　对流层投影函数模型对测站周期振幅的影响

为了分析不同对流层投影函数对测站周期信号的影响，本书计算了两种投影函数下基准站的周年和半周年振幅。考虑到基准站高程方向周期特征相对于水平方向的显著性，以及前文所示的高程方向所受不同模型影响的显著性，仅分析对流层投影函数对基准站高程方向周期振幅的影响，结果如图 6-8 所示。图中给出了两种投影函数模型导致的测站周年和半周年振幅的差异（GMF-VMF1）。由图可知，两种对流层投影函数的不同对基准站周年振幅的影响显著于对半周年振幅的影响。对于周年振幅，两种不同模型引起的差距范围在 −0.23~0.36mm，对于半周年振幅差距范围为 −0.22~0.21mm。

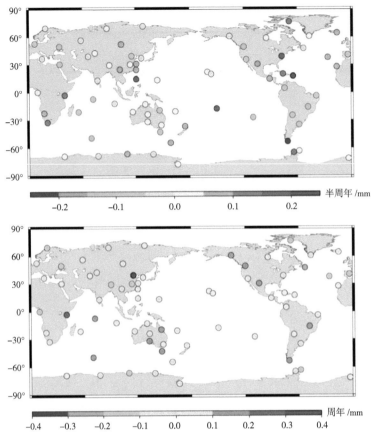

图 6-8　不同对流层投影函数选取造成的基准站周期振幅变化
（自上至下依次为半周年、周年振幅变化）

6.3　高阶项电离层改正对全球 IGS 基准站非线性变化特征的影响

目前，高精度 GNSS 用户大多采用双频技术（消电离层组合观测值）来削弱电离层的影响，但该技术也仅能消除电离层一阶项延迟的影响，剩余的高阶电离层延迟仍然会造成厘米级的定位误差。关于电离层延迟高阶项误差对 GNSS 估计参数的影响，已有众多学者进行了研究，其通过利用不同尺度范围（全球和区域）的观测网数据，在顾及与不顾及高阶项电离层延迟影响的情况下，比较分析测站坐标、参考框架原点、卫星轨道、卫星钟差等所受电离层高阶项延迟的影响，研究结果表明电离层高阶项延迟会导致相关估计参数的系统性误差，影响参数估计的精度和可靠性。

进行电离层高阶项延迟改正时，需要已知两个条件：信号传播路径上的电子密度以及地磁场强度。目前主要用到的地磁模型有两种：国际地磁标准参考场 IGRF 模型（包括 IGRF 11 和 IGRF 10）和同心倾斜磁偶极子模型（DIPOLE model）。本节基于 IGS 提供的基准站长期观测数据，对太阳活动周期高峰年间高阶项电离层延迟影响下的 GNSS

坐标时间序列非线性特征进行对比和分析，详细阐述了两种地磁模型（IGRF 和 DIPOLE 模型）影响下高阶项电离层延迟对全球基准站坐标时间序列频谱特征和噪声变化的影响特点，并结合 GAMIT 软件中的高阶项延迟改正模型对解算结果进行了讨论。

6.3.1　GNSS 数据处理

本书选取了全球分布的 104 个 IGS 基准站 1999 年—2003 年期间 5 年的观测数据（分布如图 6-9）。由于基准站的选择直接关系到所建立的坐标框架的质量以及坐标时间序列分析的可靠性，本书选择使用观测条件及硬件质量较好，稳定性较高的测站，主要遵循以下原则：①尽可能保证测站在全球范围均匀分布；②连续观测时间至少长达 3 年以上；③埋点稳定，尽量远离板块交界处和板块变形区域；④速度误差优于 3mm/yr。基准站数据处理采用 GAMIT/GLOBK 软件（版本 10.40）完成。本节设计了三组对比试验：①无电离层高阶项延迟处理（NO）；② IGRF 地磁模型下电离层高阶项延迟处理（ID）；③ DIPOLE 地磁模型下电离层高阶项延迟处理（ID）。

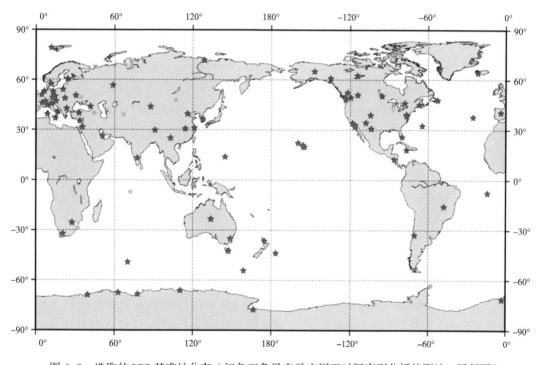

图 6-9　选取的 IGS 基准站分布（红色五角星表示应用于时间序列分析的测站，局部图）

GAMIT 软件中可以通过以下方法实现顾及电离层高阶项延迟改正的基线解算：在工程目录下新建 ionex 目录用于存放日电离层文件，设置 sestbl. 文件中的 Ion model = GMAP 及 Mag field = DIPOLE，启用 sh_gamit 命令的 –ion 选项实施二、三阶电离层改正。除了对电离层高阶项延迟的顾及与否外，两组试验的其他设置皆相同，主要解算策略见表 6-1。

表 6-1　本书采用的全球 IGS 基准站数据处理策略

解算类型	松弛解，同时解算卫星轨道、测站坐标
观测值	双差，根据验后相位残差对观测值进行重新定权
测站位置约束类型	松弛约束，IGS 核心站：5cm，非核心站 1dm
截止高度角	10°
天线相位中心改正	绝对天线相位中心改正模型（igs08_1636.atx）
对流层延迟	投影函数：VMF1，先验天顶延迟：实测气象数据/VMF1 数值天气模型 对流层延迟参数：24，水平梯度参数：NS（3）、EW（3）
潮汐改正	海潮（FES2004）、极潮、固体潮
整周模糊度	固定解
非潮汐负载	不计算大气压、洋底压力、地表水造成的测站位移

采用 GAMIT 解算获得基准站单天无约束解后，利用 GLOBK 将获得的单天无约束解进行无约束平差，最后利用 GLORG 根据选择的 ITRF 核心站点确定单天解与参考框架 ITRF2005 之间的 Helmert 相似变换参数，从而获得基准站在全球参考框架 ITRF2005 下的单天原始坐标时间序列。对于获取的 GNSS 坐标时间序列，经过粗差探测等预处理后，应用 Lomb-Scargle 周期图法获取各个测站的功率谱，进行堆积频谱分析，然后定量计算了噪声和周期振幅进行分析。关于周期图法和参数估计方法的基本原理，详见第 5 章相关介绍。

6.3.2　结果与分析

从 104 个基准站中选择了 88 个基准站的结果深入分析电离层高阶项延迟导致的坐标时间序列变化特征。测站的选择主要考虑以下因素：观测数据超过 4 年（不需要连续观测）、没有硬件更换导致的未知偏移量、没有受到未知的同震位移或者震后形变影响，最终选择的测站如图 6-9 红色五角星所示。

6.3.2.1　功率谱分析

由于忽略坐标时间序列中的周期信号会导致 MLE 过高地估计噪声分量，本书首先采用谱分析搜索坐标序列中的周期信号。考虑到时间序列中存在间断，本书采用 Lomb-Scargle 周期图法计算电离层高阶项延迟改正前后基准站坐标时间序列的功率谱，然后将所有测站的功率谱结果按三个坐标分量（南北、东西、高程）分别进行叠加，并对各分量结果进行高斯滤波，得到了电离层高阶项延迟改正前后的基准站坐标时间序列堆积频谱图，如图 6-10 和图 6-11 分别表示 IGRF 和 DIPOLE 模型下改正结果。图中 a）、b）、c）依次表示南北（N–S）、东西（E–W）、高程（U）三个方向，红线代表电离层高阶项延迟改正后结果，黑色代表不顾及高阶项延迟结果，垂直虚线分别表示 1.0cpy（蓝色）和 1.04cpy（绿色），功率谱密度单位为 $m^2 \cdot s$。

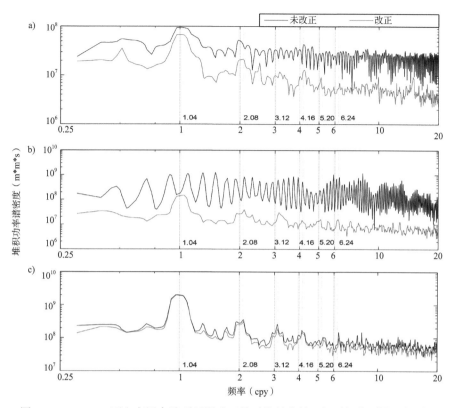

图 6-10　IGRF11 下电离层高阶项延迟改正前后的基准站坐标时间序列堆积频谱图

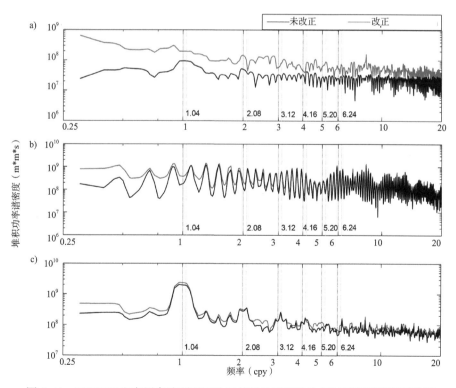

图 6-11　DIPOLE 电离层高阶项延迟改正前后的基准站坐标时间序列堆积频谱图

从图 6-10 和图 6-11 可以看出，对于 N 方向，高阶项延迟后除了周年信号不再明显（小于 1cpy 处出现了峰值），整体趋势与改正前变化基本一致。但是两种不同地磁模型改正下效果不同。对于 IGRF 改正来说，整体上，高阶项延迟后 N 方向的功率谱值减小，表明高阶项延迟后坐标时间序列的 N 方向的周期信号振幅降低；对 E 方向，高阶项延迟改正前并无明显的周期特征出现，而是一连串的波动，这种堆积功率谱结果的出现可能是由于总体上 E 方向的主要周期特征不统一所致；高阶项延迟改正后 E 方向的功率谱特征由一连串无规律波动变为与 N、E 方向相一致的变化趋势，表明高阶项延迟后，E 方向整体变化趋势更为一致，由高阶项误差引起的波动显著减小；对 U 方向，从整体功率谱值和主要周期来说，高阶项延迟对于 U 方向的影响与 N 方向较为一致，改正后功率谱减小。而对于 DIPOLE 改正结果来说，并没有表现出如 IGRF 改正下一致的改进效果，相反，其改正后可能会出现噪声振幅和周期振幅的增大，尤其是 N 方向。

　　总体来说，IGRF 模型下电离层高阶项延迟有助于削弱坐标时间序列中的异常周期信号，而 DIPOLE 模型改正却会导致周期信号的增强。高阶项延迟后，IGRF 模型下三个方向上的功率谱值均有不同程度的降低，尤其是 N 方向，而 DIPOLE 模型改正功率谱却有所上升，这从一定程度上表明不同地磁模型对于高阶项延迟的影响是不同的，尽管两种地磁模型造成的测站坐标变化趋势较为一致，但反映在坐标时间序列中，两者的不同会带来显著不同的效果。进行电离层高阶项延迟时，如果地磁模型选择不当，会导致残差过大的出现，即加入的电离层高阶项延迟带来的不是有效改正量而可能是噪声。

6.3.2.2　噪声分析

　　基于连续 GNSS 时间序列的噪声特性分析研究大约始于上世纪末期（Langbein and Johnson, 1997；Mao et al., 1999；Zhang et al. 1997）。研究表明，由 GNSS 连续观测资料得到的坐标时间序列在空间和时间上并不完全独立；坐标序列中的噪声不仅含有白噪声，而且含有有色噪声，且白噪声也不是噪声的主要成分。对于全球分布的测站，GNSS 残差坐标时间序列中噪声特性可使用"白噪声＋闪烁噪声"模型进行较好描述；若忽略有色噪声的影响，则 GNSS 基准站速度误差往往被高估约 4 倍、甚至一个数量级，从而导致不正确的地球物理解释。

　　为了顾及有色噪声的影响，目前最优的做法是采用极大似然估计准则同时估计未知参数和噪声分量。根据国内外学者的研究，本书选择"白噪声＋闪烁噪声"来描述所选全球基准站的噪声特征，利用 MLE 获得了两种地磁模型下电离层高阶项延迟改正前后各测站的噪声分量大小，结果如图 6-12 和图 6-13 所示。图中 a)、b) 分别表示白噪声、闪烁噪声振幅，横坐标表示高阶项延迟改正的噪声振幅，纵坐标表示仅考虑电离层一阶项的结果，图中左上角同时给出了高阶项延迟后噪声分量减小的测站占总测站数的百分比。

　　由图可知，不论是仅考虑电离层一阶项改正，还是顾及高阶项延迟改正，坐标时间序列在 N、E 方向的噪声水平明显低于 U 方向（一般在 2~3 倍水平），这与我们的传统认识是一致的。两种地磁模型改正后对于基准站坐标时间序列噪声特征变化带来的改进也有所区别。对于 IGRF 模型改正而言，高阶项延迟后，大部分测站的白噪声和闪烁噪声振幅均有所降低，且白噪声较闪烁噪声振幅的降低更为显著。高阶项电离层改正后，就基准站噪声减小的测站数目而言，N 方向的闪烁噪声振幅减小最为显著，减小的测站比

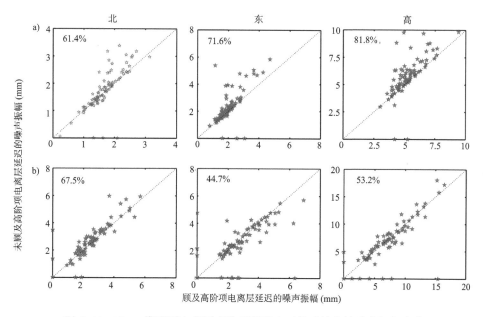

图 6-12　IGRF 模型下电离层高阶项延迟改正前后基准站噪声振幅变化

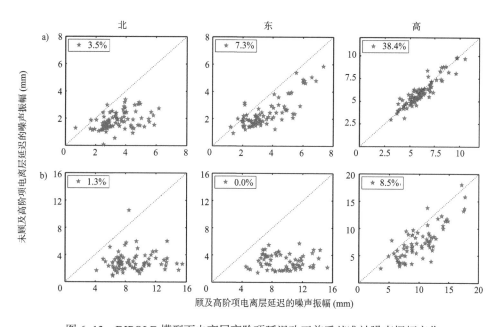

图 6-13　DIPOLE 模型下电离层高阶项延迟改正前后基准站噪声振幅变化

例达 67.5%。相较于闪烁噪声，白噪声在三个分量噪声振幅减小效果更为显著，分别有 61.4%，71.6% 和 81.8% 的测站在 N、E、U 三个分量白噪声振幅减小。就减小的噪声振幅而言，高阶项延迟最大可以解释 N、E、U 三个分量 44.02%（NICO）、91.10%（NOT1）、49.8%（NICO）的白噪声振幅，最多可解释 67.63%、53.59%、71.30% 的闪烁噪声振幅（均出现在 ANKR 站）。噪声振幅有显著减小的测站大多位于中低纬度区域。而对于 DIPOLE 模型改正来说，效果不明显，就白噪声而言，高阶项延迟后，除 U 方向有较多测站振幅减小外，N、E 方向测站振幅减小并不显著。对于闪烁噪声，高阶项延迟后，测站噪声振幅增加更为显著，其中 E 方向所有测站闪烁噪声振幅均增大。

6.3.2.3 季节性振幅分析

谱分析结果表明，周年、半周年信号是 GNSS 坐标时间序列主要的周期特征。本书在利用 MLE 求取噪声分量的同时，估计了不同地磁模型改正后基准站坐标时间序列中包含的周年和半周年振幅，结果如图 6-14 和图 6-15 所示。图中横坐标表示电离层高阶项延迟下的周年、半周年振幅，纵坐标表示仅考虑电离层一阶项延迟的结果，越靠近对角线表示高阶项延迟前后的结果差异不明显。a）、b）分别表示周年、半周年振幅估计结果。由图可知，IGRF 模型下电离层高阶项延迟后，均有超过一半数目的测站三个坐标分量的周年和半周年振幅降低，且半周年振幅减小的测站数目多于周年振幅减小的测站数目。而 DIPOLE 模型下，周期振幅增大的测站数目多于振幅减小的测站数目。因此，电离层高阶项延迟可以解释基准站坐标时间序列部分周期信号，且不同的地磁模型对于改进结果引起的效果是不同的，地磁模型选择的不当会导致改进效果的不同，因而可能会引起不同信号影响的判别。

上文研究了两种不同地磁模型下电离层高阶项延迟对全球基准站坐标时间序列的影响。理论上说，在 GNSS 数据处理的观测方程中顾及电离层高阶项延迟，是对数学模型的完善与改进。若不顾及高阶项延迟，由于其客观存在性，解算过程中，其可能被待估参数（测站坐标，卫星轨道估值，对流层延迟等）所吸收，导致待估参数的不准确估计。在顾及电离层高阶项时，需要外部数据源的支撑才能实现。因此在理论公式的完备性下，外部数据源的精度和可靠性会制约着最终电离层高阶项改正是否可靠及有效。

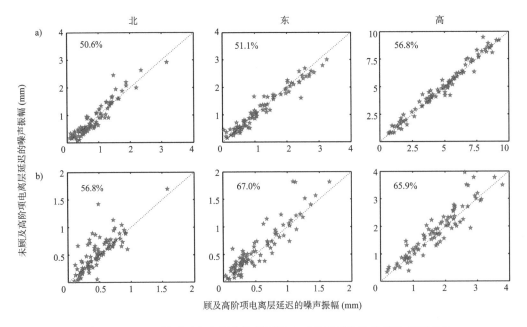

图 6-14 IGRF 模型下电离层高阶项延迟改正前后基准站季节性振幅变化

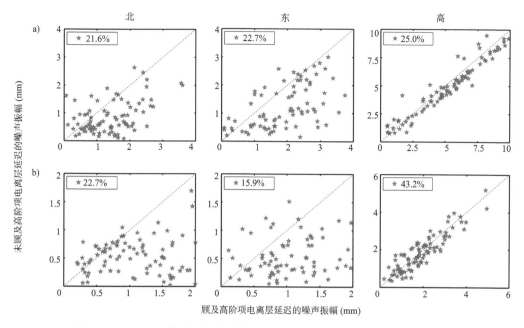

图 6-15　DIPOLE 模型下电离层高阶项延迟改正前后基准站季节性振幅变化

相较于只顾及电离层一阶项观测，若高阶项改正实施完备可靠，则考虑高阶项改正后的基准站坐标时间序列中的噪声应该有所降低，由高阶项引入的周期性变化应该有所削弱。从本节分析来看，高阶项改正后并非所有测站的非线性变化都有所减少，DIPOLE 模型下高阶项改正后出现了噪声总体增强的结果。由高阶项改正的基本原理，电离层高阶项延迟影响大小主要由信号传播路径上的地磁场强以及电子密度（总电子含量）所决定。本节进一步从两种外部数据源来分析讨论。

首先是电子密度值。本书计算时所用的电子密度值由 IGS 分析中心欧洲定轨中心（Center for Orbit Determination in Europe，CODE）提供（IONEX 文件）[①]，这也是当前 GAMIT 唯一支持的数据源。CODE 提供时段长度为 2h、经差为 5 度和纬差为 2.5 度的总电子含量格网图（纬度范围为 –87.5°~87.5°，经度为 –180°~180°），存放全球垂直总电子含量 $VTEC$（Vertical Total Electron Content）。用户在时间、经度和纬度间进行内插后，即可获得某时某地的 $VTEC$ 值，根据 $VTEC$ 值进一步计算穿刺点处的垂直电离层延迟，最后将垂直电离层延迟投影为信号传播路径上的电离层延迟。在由 $VTEC$ 求取信号传播路径上的电子含量 $STEC$（Slant Total Electron Content）时，需要由投影函数转换。GAMIT 的投影函数采用了 CODE 分析中心由 $STEC$ 获得 $VTEC$ 的单层投影函数来避免由投影函数不一致而引入的误差。对于单层模型而言，通常是先设定某一电离层有效高度值（例如 IGS 提供的 $VTEC$ 格网图的投影高度为 450 km），然后给出该高度处的电子含量的二维分布，这对于中纬度区域以及电离层的日常变化是合理的。但是对于其他区域，特别是具有更高电子含量的低纬地区而言会产生误差，进而导致计算的电离层高阶项延

---

① 　ftp://cddis.gsfc.nasa.gov/pub/gps/products/ionex/yyyy/ddd/codgddd0.yyi.Z

迟的影响也会有误差。因此，由于高阶项延迟本身数值较小，在格网点内插以及由单层假设模型引入的误差在计算高阶项延迟时是否可以忽略仍然需要进一步的研究。理论上，直接利用 GNSS 双频观测值求取信号传播路径上 STEC 可以获得最精确的电子密度值，但是其实施的具体可行性还需进一步验证。

其次是地磁模型。GAMIT 提供了两种地磁模型供用户选择，同心倾斜磁偶极子模型（DIPOLE model）和国际地磁标准参考场模型 IGRF（包括 IGRF 11 和 IGRF 10）。DIPOLE 模型主要是由赤道附近地磁场强的大小（3.12×10^{-5} Tesla）通过近似公式求取穿刺点处的地磁场矢量；IGRF 是一种表示地磁场及其长期变化在全球分布的数学模型，其理论根据是地磁学中的高斯理论，它是根据全球地磁台站与野外磁测的资料、卫星磁测的资料综合分析而研制的。在 IGRF 模型中，地磁场的标量位用球谐级数表示，每 5 年一个版本。两种地磁模型的差异较大处出现在东南亚地区、非洲南端和南大西洋地区。尽管地磁模型的不同对于坐标偏移的量级没有影响（邓连生等，2015），然而不同地磁模型改正后对于长期 GNSS 基准站坐标时间序列的影响却不一致，IGRF 模型下的高阶项改正效果优于 DIPOLE 结果。然而 IGRF 模型表征的仅仅是由地核引起的地球主磁场的变化，未顾及地壳及大气层等引起的变化，其依然不尽完善。地磁场强处于相对稳定的水平，在同一电子密度值区域，能否最优表征地磁模型也关系着高阶项改正延迟的效果。因此，为进一步揭示电离层高阶项延迟的影响效果，局部区域地磁场的优化建模是必要的。

6.4 本章小结

本章研究了 GNSS 数据处理中未模型化误差对基准站坐标时间序列的影响，确定了地球辐射压改正、对流层投影函数、高阶项电离层延迟改正引起的基准站坐标、速度、周期特征等的变化，探讨了技术类误差与环境负载联合影响下的区域基准站坐标时间序列变化规律，所获得的结论能够为进一步理解坐标时间序列中反映的信号提供参考依据。

笔者首先分析了地球辐射压改正对 IGS 基准站坐标时间序列变化的影响，探究了不同地球辐射压模型影响的差异。结果表明，地球辐射压改正会导致基准站坐标和速度的变化，地球辐射压改正对长期基准站坐标变化的影响在毫米（mm）级，能够引起测站长期速度变化达 0.2mm/yr，且低纬度测站所受的影响较大；测站坐标变化高程方向较水平方向显著，其对平面坐标影响可达 3mm，高程方向达 4mm。改正地球辐射压可以降低大多数测站北、东坐标分量的加权均方根 wrms，并且可以解释 IGS 基准站坐标时间序列的部分周期信号。此外，不同地球辐射压模型对于基准站的影响存在差异，TUME 模型的结果略大于 NCLE 模型，NCLE 模型改正效果优于 TUME 模型。

其次，比较分析了两种常用对流层延迟投影函数对定位结果的影响。通过分析，可以得出以下结论：VMF1 和 GMF 模型会造成基准站坐标估值的不同，高程方向的坐标变化要显著于水平方向，对于引起的坐标变化没有明显的地域变化特征；总体而言，GMF 的 wrms 值要小于 VMF1，三个方向有超过 80% 的基准站 wrms 小于 VMF1 的结果，高程方向的差距显著于水平方向；最后通过对两种投影函数模型引起的周期振幅变化表明，两种投影函数引起的周年振幅变化显著于半周年振幅变化，可达 0.4mm。

最后，深入探讨了高阶项电离层延迟改正对全球 IGS 基准站坐标时间序列周期特征和噪声特征的影响。高阶项电离层延迟改正后，基准站的噪声类型变化不显著，而大部分基准站的噪声振幅有所降低，尤其是白噪声振幅降低最为明显。82% 的基准站 U 方向上白噪声振幅降低，68% 的基准站 N 方向闪烁噪声振幅降低。高阶项电离层延迟能够解释 IGS 基准站部分周期变化特征，改正后分别有超过 50% 和 65% 的基准站周年和半周年振幅降低。此外，从基准站坐标时间序列变化角度研究了不同地磁模型下高阶项电离层改正影响的差异。相较于 IGRF 模型，DIPOLE 地磁模型改正的高阶项电离层延迟对于基准站坐标时间序列的分析改善不明显，甚至会产生过大噪声，且以 N、E 方向噪声振幅增加更为突出，闪烁噪声振幅的增大量比白噪声明显，也会导致 N、E 方向周期估计振幅的增加。

第 7 章　观测墩热膨胀引起的基准站位置季节性变化

作为固连基岩和 GNSS 天线的重要组成部分，GNSS 观测墩可能会由于周围环境或观测墩表面温度的季节性和周日周期变化，产生规律性的周期位移，在 GNSS 坐标时间序列中表现为周年、半周年以及周日周期的上下振荡。Yan et al.（2009）研究表明，在部分温度季节性变化显著的中、高纬度地区，一些 GNSS 基准站的观测墩热弹性形变振幅可以超过 5 mm，且不同结构的观测墩热弹性形变也有显著差异（Haas et al., 2013）。对基准站观测墩热弹性形变进行精密建模、并将其从 GNSS 基准站坐标时间序列中有效分离，有助于认识 GNSS 坐标时间序列中部分非线性变化产生的物理机制，有望进一步提升环境负载模型对于坐标时间序列非线性位移的修正效果，削弱未模型化的地球物理效应对时间序列最优噪声模型构建的影响，从而有效提高基准站线性速度估值的准确性及可靠性。本章将基于天解坐标时间序列，着重讨论季节性尺度下观测墩热弹性形变信号的建模及其对时间序列的影响量化。

7.1　一种改进的 TEM 模型

通常，GNSS 观测墩的一端应直接固连在基岩上或者具有稳定结构的建筑物顶端，如图 7–1 给出的部分 IGS 基准站观测墩。由温度变化引起的观测墩的垂直方向热弹性形变可以用经典的线性膨胀模型描述（Dong et al., 2002; Romagnoli et al., 2003; Yan et al., 2009; 闫昊明等, 2010; 姜卫平等, 2015）：

$$\Delta L(t) = \alpha \cdot h \cdot [T(t) - T'] \tag{7-1}$$

其中，$T(t)$ 和 T' 分别为观测墩表面在 t 时刻的实测温度和年平均温度，实际计算中由环境温度替代，通过记录的气象文件得到；α 为观测墩材料的线性膨胀系数，h 为观测墩高度。

图 7–1　水平方向不对称的 IGS 基准站观测墩

为了与站坐标时间序列的时间分辨率对应，实际温度数据的采样率也选取为一天，将日温度数据取均值作为当日温度，即认为在季节尺度下，观测墩表面温度在一天时间内保持不变。在此假设下，大部分基准站观测墩由于其水平方向结构的对称性，水平方向的 TEM 形变可视为零。但对于一些结构较为特殊的 GNSS 基准站（如图 7-1 所示），其水平方向的不对称结构同样会引起观测墩的季节性的热弹性形变。

常见的不同材质观测墩主要有水泥观测墩、铁质桁架、钢管、铝合金桅杆等等，其线性膨胀系数如表 7-1 所示。可以看出，即使位于季节性温度变化相同的区域，相同高度的混凝土和铝制桅杆观测墩的热弹性形变量级可相差 2 倍，需对不同类型的测站观测墩进行区分。此外，为了保证基准站的稳定性，用于监测地壳形变的 GNSS 基准站观测墩应固定在基岩上，但在实际建设中，相当一部分基准站的观测墩并不是直接固连在基岩之上。例如在城市中，为了避免人为破坏的同时获取更好的观测值质量，基准站天线观测墩往往直接建在较高的建筑物顶部，如图 7-2 中的 JOZ2 站，天线固定在一个大楼楼顶水泥块顶部的铁质盖板上；在某些野外观测站，天线往往会架设在房顶上的金属制桅杆顶端，如图 7-1 中的 ZIMJ 站和图 7-3 中的 CRAR 站。这里，将直接固连 GNSS 天线的观测墩称为"狭义"的观测墩（如桅杆、水泥柱等），将支撑这部分"狭义"观测墩的稳定结构体称为"广义"的观测墩（如楼房、建筑物等）。这些支撑建筑物同样会因为季节性的温度变化产生 TEM 形变，且该形变量级可能比"狭义"观测墩本身的形变量还要大。然而，由 IGS 提供的 station_log 文件中往往仅给出了"狭义"观测墩的高度，大多未提供"广义"观测墩高度等信息。因此，在以往提取观测墩高度信息并估计 TEM 的研究中，忽略了这部分额外的观测墩高度，这会造成 TEM 形变的计算存在偏差（Yan et al., 2009; Hill et al., 2009; King and Williams, 2009）。

表 7-1　几种常见材质观测墩的线性膨胀系数

观测墩材质	混凝土	铁	不锈钢	铜	铝合金
线性膨胀系数 (10^{-6}/℃)	12	13	15	18	23

图 7-2　IGS 基准站 JOZ2 的观测墩结构示意图

图 7-3　IGS 基准站 CRAR 的观测墩结构示意图

基于此，我们提出了一种改进的顾及观测墩附属物高度的 TEM 模型：

$$TEM(t) = (\alpha_1 \cdot h_1 + \alpha_2 \cdot h_2) \cdot [T(t) - T'] \tag{7-2}$$

其中，α_1、h_1 为"狭义"观测墩本身的线性膨胀系数和高度，α_2、h_2 为观测墩附属建筑物的线性膨胀系数和高度。改进模型较原有模型更好地顾及了 GNSS 观测墩所在支撑物本身的 TEM 形变，计算结果更能反映真实的由温度变化引起的观测墩季节性形变。

7.2　模型有效性验证实验方案设计

7.2.1　实验方案设计

为了验证改进模型的有效性，本节拟选取短基线位置时间序列代替单一基准站的坐标时间序列作为研究对象，主要原因有两点：

第一，单一基准站坐标时间序列中非线性变化的来源较多，如部分测站由环境负载造成的影响可以达到几十毫米（Jiang et al., 2013）。作为影响量级相对较小的 TEM 信号很容易被其他信号所淹没，难以从坐标时间序列中分离。仅仅简单地将 TEM 模型值从基准站坐标时间序列中扣除、分析季节性信号振幅的减小程度，并不能排除该变化是由其他季节性信号贡献源造成的。短基线由于采用了双差观测值，得到的时间序列中可以削弱甚至消除绝大部分由与 GNSS 技术相关的系统误差引起的虚假季节性信号，如高阶电离层误差、卫星轨道误差等（King and Williams, 2009）。同时，由于基准站距离较近，短基线位置时间序列中由大尺度地球物理效应引起的季节性信号也几乎被完全抵消，如大气负载、非潮汐海洋负载、水文负载等，仅保留与测站区域环境相关的信号或误差，如观测墩或基岩的热弹性形变、多路径误差等（Hill et al., 2009）。

第二，参考框架的选取也会引起虚假的季节性信号，会被 EOP 参数和框架基准站坐标吸收，是坐标时间序列中非线性变化的主要来源之一（Collilieux et al., 2010, 2012）。采用短基线的相对位置时间序列验证 TEM 模型，可以有效地避免参考框架对时间序列非线性变化的影响，使得结果更加准确、可靠。

此外，短基线解本身毫米级的高精度也使得对于毫米级热形变的研究与量化结果更有可靠性。因此，选取了 6 组观测墩差异（高度、材质、结构等）较大的 GNSS 短基线（基线长 <2 km）作为研究对象，并选取了 1 组观测墩完全一致的短基线作为对照，处理了这 7 条基线从 2000 年 1 月 1 日到 2016 年 8 月 26 日之间的 GNSS 观测数据，分别得到了各基线 North（N）、East（E）、Up（U）和 Length（L）四个方向的位置时间序列。各基准站的选取标准包括：① IGS 基准站，在 2000 年以后有超过 2 年的连续观测时段；②各基线长度不超过 2 km，且高差不超过 120 m；③实验组各条基线的测站对观测墩高度超过 5 m 或者观测墩类型、结构有显著差异；④尽量远离构造活动活跃区域，以避免时间序列中出现过多的跳变。实验组选取观测墩高度或材质相差较大短基线是为了尽量放大由观测墩差异引起的信号，以免被其他未知信号淹没。各基线信息如表 7-2 所示。

表 7-2　各短基线的测站对位置、基线长度、观测墩等详细信息

IGS 基准站		基线长 (m)	高差 (m)	经度 (deg)	纬度 (deg)	观测墩			时段[3]
						基础	高度[1]	类型[2]	
实验组	TCMS[4]	6	0	121.0	24.8	房顶	1.9	SM	2005.001 −2012.270
	TNML					房顶	2.1	SM	
	ZIMJ[4]	14	5.1	7.5	46.9	房顶	4.0	CP	2003.001 −2010.295
	ZIMM					基岩	10.7	SM	
	JOZ2[4]	83	11.1	21.0	52.1	房顶	3.5	CP	2002.295 −2016.239
	JOZE					基岩	16.5	CP	
	HERT[4]	136	6.9	0.3	50.9	房顶	5.5	CP	2003.078 −2016.239
	HERS					基岩	12.0	SM	
	OBE2[4]	268	3.5	11.3	48.1	房顶	4.5	CP	2003.160 −2005.129
	OBET					房顶	10.0	CP	
	MCM4[4]	1100	117.9	166.7	−77.8	基岩	0.1	CP	2002.169 −2016.239
	CRAR					房顶	7.5	SM	
对照组	REYK[4]	1	0	338.0	64.1	房顶	13.5	CP	2000.001 −2007.261
	REYZ					房顶	13.5	CP	

注：1 该高度包含了观测墩本身及其附属结构的高度，单位为米

　　2 观测墩类型包含钢结构桅杆（SM）和混凝土柱（CP）两类

　　3 公共时段中，小数点前为年份，小数点后为当年的年积日

　　4 各条短基线参考站

实验组中，TCMS 和 TNML 基准站均位于一座约 8 m 高的大楼顶部，其中 TCMS 站观测墩是一个高度为 1.87 m 的钢桅杆，底部由高约 30 cm 的水泥墩包裹，TNML 站观测墩是一个 2.09 m 高的钢制桁架。ZIMJ 站的钢桅杆观测墩位于一座一层小屋的房顶，而

ZIMM 站则固定在一个约 9.2 m 高钢桁架的顶端，后者观测墩延伸至地面以下 1.5 m 深。类似地，JOZ2 站位于一座约 16.5 m 高的大楼房顶的水泥墩顶端，JOZE 站则固定在地面的水泥墩上，水泥墩高约 1 m 并向地下延伸约 2.5 m。HERS 站天线下的铁桁架观测墩高约 12 m（加上地下部分），且天线与桁架中轴线不重合，而 HERT 站天线则固定在一座水塔顶部角落的砖墙上，离地高度约为 5.5 m。

7.2.2　数据及 GNSS 处理策略

IGS 基准站的观测数据由 SOPAC 提供，采样率为 30 秒。观测墩的详细信息由测站 station_log 文件中提取，观测墩图片由 IGS 官网提供（http://www.igs.org），部分缺失信息通过联系在站负责人获取。计算 TEM 形变所需的测站环境温度可从气象文件中提取，将一天的平均温度作为当日温度。对部分缺少气象记录文件的测站（如 MCM4 和 CRAR），采用美国环境预报中心和国家大气研究中心提供的再分析资料（NCEP/NCAR Reanalysis）和欧洲中尺度天气预报中心（ECMWF）提供的温度数值模型代替，时间分辨率为 1 天，空间分辨率为 $2.5° \times 2.5°$，通过双线性内插得到所在测站的日温度时间序列。

GNSS 短基线数据采用 GAMIT 软件解算（Herring et al., 2010），解算策略及采用的模型包括：对于高差不超过 100 m 的基线，采用 L1_ONLY 策略解算基线，利用 IGS 提供的最终精密卫星轨道，不估计对流层延迟参数，采用 L1 和 L2 观测值估计整周模糊度，天线高度截止角为 15°，通过卡尔曼滤波得到 24 小时时段解。对于测站高差超过 100 m 的短基线 MCM4-CRAR，天顶对流层延迟参数每 2 小时估计一次，其余解算策略完全一致。

得到 N、E、U、L 四个方向的原始短基线位置时间序列后，需分别对其进行预处理，包括：①去除异常值，水平和垂直方向时间序列中仅保留序列中值 ± 0.01 m 和 ± 0.015 m、且不确定度 <0.1 m 的结果；②去除偶然误差，偶然误差定义为超过 4 倍均方根误差大小的结果，其中均方根误差由标准方差近似代替。为了不影响时间序列本身的时变噪声特性，不采用滑动平均等滤波方法。对于部分由于仪器更换引起的显著跳变，通过检查测站日志文件确定跳变大小，并修正时间序列，以削弱其对季节性信号和噪声特性的影响；对于难以确定原因的小量级跳变不作处理。

7.3　GNSS 短基线时间序列结果

图 7-4 至图 7-9 以及图 7-10 分别为实验组短基线 TCMS-TNML（后文简称 TCTN）、ZIMM-ZIMJ（ZMZJ）、JOZ2-JOZE（JOJO）、HERT-HERS（HEHE）、OBE2-OBET（OBOB）、MCM4-CRAR（MCCR）以及对照组短基线 REYK-REYZ（RERE）在 N、E、U、L 以及温度残差时间序列示意图。

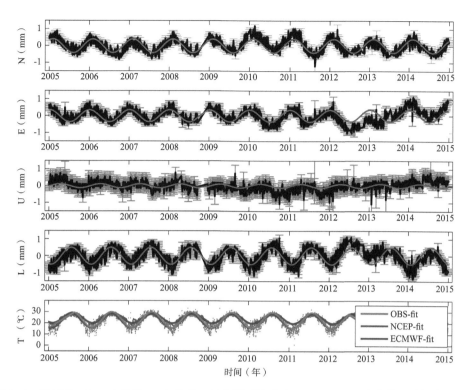

图 7-4　短基线 TCTN（长度 6 m）结果，从上到下依次为 N、E、U、L 方向位置时间序列（黑线为 GNSS，红线为正弦函数拟合结果）、温度时间序列（绿色为实际观测温度，紫色为 NCEP 地表温度，蓝色为 ECMWF 地表温度）

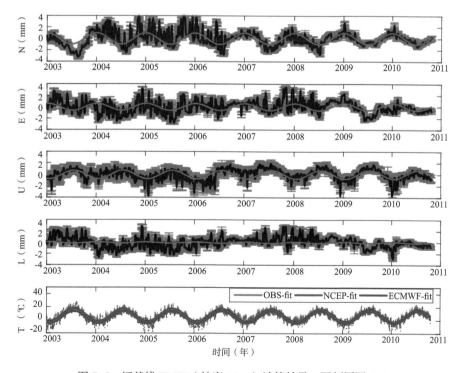

图 7-5　短基线 ZMZJ（长度 14 m）计算结果，图例同图 7-4

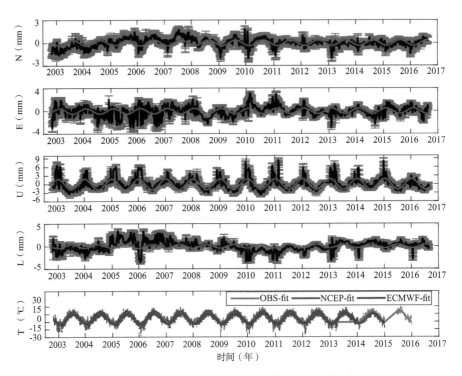

图 7-6　短基线 JOJO（长度 83 m）计算结果，图例同图 7-4

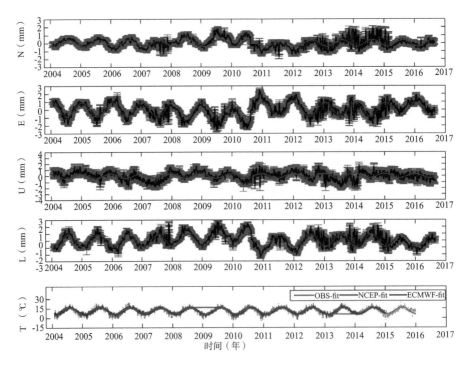

图 7-7　短基线 HEHE（长度 136 m）计算结果，图例同图 7-4

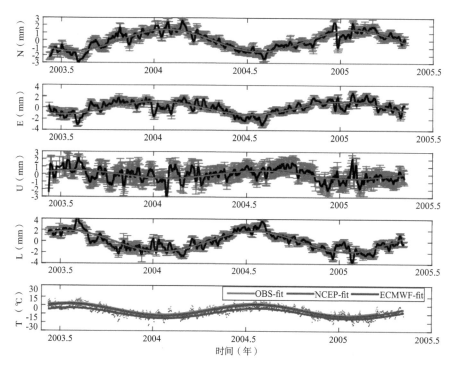

图 7-8　短基线 OBOB（长度 268 m）计算结果，图例同图 7-4

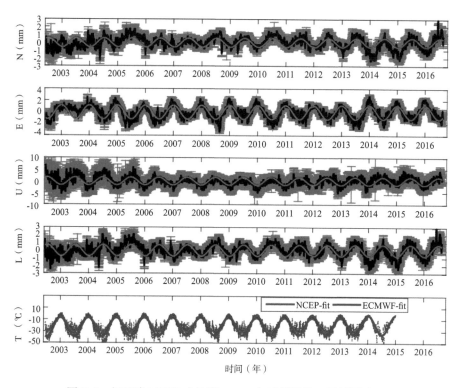

图 7-9　短基线 MCCR（长度 1100 m）计算结果，图例同图 7-4

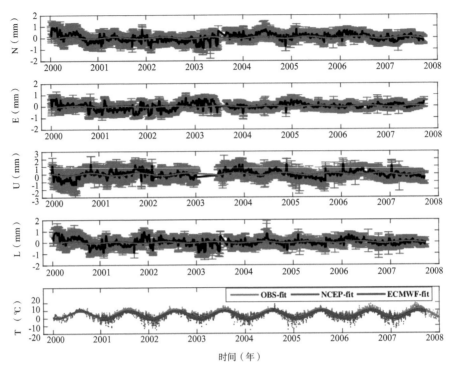

图 7-10　对照组短基线 RERE（长度 <1 m）计算结果，图例同图 7-4

　　总体来说，绝大部分实验组短基线（观测墩差异显著）各方向都存在显著的周年周期信号。作为比较，对照组短基线（观测墩无差异）则基本不存在周年信号，且时间序列噪声也明显更小。这表明，观测墩差异可能是造成短基线时间序列中周年信号的主要因素。对基线 TCTN 来说，其时间序列无论是周年信号振幅还是整体波动幅度均明显弱于其余实验组短基线，说明相较于观测墩高度差异，观测墩结构的差异引起的周年信号可能更小，而且这些差异还会造成时间序列中出现更为显著的噪声。基线 ZMZJ 的 N、E 方向时间序列在 2004 年 1 月至 2006 年 6 月期间要明显比其余时段震荡幅度大，相似的情况也出现于基线 JOJO（2005 年 1 月至 2007 年 6 月）和基线 HEHE（2013 年 10 月至 2015 年 2 月），这可能和观测值的质量有关。在基线 MCCR 的 U 方向上，2005 年 10 月之前的解不确定度要远高于其余时期。此外，在每年的 12 月份到第二年的 2 月份，基线 ZMZJ 和 JOJO 的 N、U 方向时间序列都会出现一个异常波峰（或波谷）。这一波动具有显著的年际特性且均发生在北半球的冬季，每年的持续时间在几个星期左右。吴继忠等（2012）利用精密单点定位方法处理了 ZIMJ 基准站数据时也出现了相似的结果，分析可能和该测站所在地区的强降雪或强降温引发的 GNSS 信号传播延迟有关。

7.4　噪声与季节性信号分析

　　为了对时间序列中的时变特性进行有效描述，通常采用一个包含了线性速度和截距、周年和半周年项以及随机过程的数学模型来对时间序列进行拟合（Dong et al., 2002;

Davis et al., 2012 ）：

$$y = a \cdot t + b + A_1 \cos(2\pi \cdot t + \varphi_1) + A_2 \cos(4\pi \cdot t + \varphi_2) + \varepsilon \qquad （7-3）$$

其中，y 为 t 时刻位移，a 和 b 分别为线性速度和截距，A_1、φ_1 为周年振幅、相位，A_2、φ_2 为半周年振幅、相位，ε 为随机过程即观测噪声。经典最小二乘方法可以估计出模型中的各个参数，但是其前提是假设随机过程为纯白噪声。但事实上，位置时间序列历元与历元直接并不是互相独立的，而是具有时间相关性，即存在有色噪声（Williams et al., 2004; Langbein, 2008）。因此，通常采用极大似然估计（Maximum Likelihood Estimation，MLE）方法，在假设随机过程为某一有色噪声或者多种有色噪声组合的前提下，可同时估计函数模型中各参数及噪声特性（Williams et al., 2008），广泛地应用于坐标时间序列分析领域。

7.4.1　线性速度和残差估计结果

首先，计算了短基线各方向位置时间序列的线性速度和残差序列的均方根误差，如表 7-3 所示。可以看出，由于公共误差和共模信号被削弱甚至消除，大部分短基线的线性速度大小都在 ±0.5 mm/yr 以内。特别地，位于南极洲大陆的 MCCR 基线（基线长超过 1 km）在 N 方向的线性速度可达到 -0.74 mm/yr，这可能和其他与测站环境相关的因素有关。短基线残差序列 RMS 平均值在 N、E、U、L 方向分别为 0.7、1.0、1.3 和 0.9 mm，显示出基线解较好的可靠性。此外，基线 JOJO 的残差 RMS 值平均是其余基线的 2-3 倍，尤其是 E 方向上。

表 7-3　短基线各方向位置时间序列的线性速度和残差 RMS 估计结果

基线	线性速度 (mm/yr)[①]				残差 RMS (mm)			
	N	E	U	L	N	E	U	L
TCTN	-0.1 ± 0.0	-0.1 ± 0.0	0.1 ± 0.0	0.1 ± 0.0	0.2	0.2	0.3	0.3
ZMZJ	-0.1 ± 0.0	-0.0 ± 0.0	0.3 ± 0.0	0.3 ± 0.0	1.2	1.2	1.0	1.1
JOJO	0.1 ± 0.0	0.1 ± 0.0	-0.2 ± 0.0	-0.1 ± 0.0	0.6	1.8	1.7	1.2
HEHE	-0.2 ± 0.0	0.2 ± 0.0	0.4 ± 0.0	-0.2 ± 0.0	0.7	0.8	1.0	0.8
OBOB	0.3 ± 0.1	0.0 ± 0.2	-0.4 ± 0.2	-0.2 ± 0.2	0.8	1.1	1.3	1.2
MCCR	-0.7 ± 0.0	0.4 ± 0.0	-0.0 ± 0.0	-0.7 ± 0.0	0.8	0.9	2.4	0.8
RERE	0.3 ± 0.0	-0.1 ± 0.0	0.4 ± 0.0	0.2 ± 0.0	0.6	0.7	1.2	0.7

注：不确定度为相应噪声模型的 2 倍中误差（95% 置信区间）

7.4.2　噪声特性分析

其次，基于 MLE 准则，采用 Hector 软件（Bos et al., 2013）估计不同随机模型假设下的噪声特性，并采用 Langbein（2004）提出的最优噪声模型估计方法，确定出了短基线各方向的最优噪声模型（Optimal Noise Model，ONM）及相应参数。根据以往短基线噪声特性的研究（Langbein, 2004, 2008; King and Williams, 2009; Hill et al., 2009），除了常见的闪烁（Flicker，FL）噪声和随机游走（Random Walk，RW）噪声外，还选取了幂律（Power-law，PL）噪声、带通（Band-pass，BP）噪声和一阶高斯马尔科夫（First-order Gauss-Markov，FOGM）噪声。将不同类型的有色噪声和白噪声组合为 7 种待选噪声模型，分别为 FL、RW、PL、FLRW、BPPL、BPRW 以及 FOGMRW（其中每个均包含白噪声）。最优噪声模型选取流程如图 7-11 所示，具体方法为：①分别计算 FL 及 RW 模型的 MLE 值，选取 MLE 值较大的模型作为零假设；②将 PL 与 FLRW 模型的 MLE 值分别与零假设作比较，如果 MLE 差值大于 2.6 则拒绝零假设，认为该模型更优，否则接受零假设，认为所选的复杂模型无效。若两模型均优于零假设，则选择 MLE 值较大者作为"最优"模型；③将 BPPL 与 FOGMRW 模型计算得到的 MLE 值与前面得到的"最优"比较，接受 BPPL 模型的阈值设为 2.6，接受 FOGMRW 模型的阈值设为 5.2，最终得到描述该时间序列随机过程的 ONM。

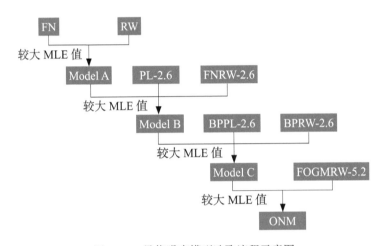

图 7-11　最优噪声模型选取流程示意图

根据以上准则，估计了短基线 N、E、U 三个方向位置时间序列的 ONM 及对应的噪声特性，分别如表 7-4、表 7-5、表 7-6 所示。可以看出，短基线各方向时间序列的最优噪声模型各异。除了公认的 FL 和 RW 以外，部分基线也出现了 BPPL 和 FOGMRW 等模型，如基线 ZMZJ 和 OBOB。总的来说，实验组短基线中约 78%（14/18）的位置时间序列的随机过程可由 BP 噪声或 RW 噪声描述。基线 JOJO 和 MCCR 时间序列的 ONM 主要是 FL 和 PL 噪声，而 FOGM 噪声则只出现于基线 ZMZJ 和 HEHE 中。对照组短基线的三个方向时间序列的 ONM 均为 RW 模型，这表明尽管观测墩运动已经由完全一致的观测墩抵消，但是时间序列中仍然表现出较为显著的随机游走特性，这一特性可能和观测墩本身有关。

表 7-4　各短基线 N 方向时间序列最优噪声模型及其振幅

N	TCTN	ZMZJ	JOJO	HEHE	OBOB	MCCR	RERE
ONM	*PL*	*BPPL*	*FL*	*FOGMRW*	*BPRW*	*FL*	*RW*
有色噪声	0.79 ± 0.05	BP: 0.12 ± 0.01 PL: 2.62 ± 0.11	1.66 ± 0.31	FOGM: 9.90 ± 0.27 RW: 0.86 ± 0.09	BP: 4.79 ± 0.72 RW: 0.00 ± 0.00	1.74 ± 0.13	0.54 ± 0.18
白噪声	0.10 ± 0.02	0.00 ± 0.00	3.69 ± 0.04	0.34 ± 0.01	2.12 ± 0.06	1.47 ± 0.02	3.11 ± 0.04

注：有色噪声和白噪声振幅单位均为 mm，下同

表 7-5　各短基线 E 方向时间序列最优噪声模型及其振幅

E	TCTN	ZMZJ	JOJO	HEHE	OBOB	MCCR	RERE
ONM	*FLRW*	*FOGMRW*	*FL*	*FL*	*BPRW*	*PL*	*RW*
有色噪声	FL: 0.71 ± 0.03 RW: 0.23 ± 0.05	FOGM: 20.92 ± 0.68 RW: 0.69 ± 0.16	4.40 ± 0.29	1.90 ± 0.13	BP: 0.10 ± 0.01 RW: 0.00 ± 0.00	4.05 ± 0.04	1.00 ± 0.29
白噪声	0.20 ± 0.01	0.60 ± 0.04	2.52 ± 0.04	1.37 ± 0.02	1.15 ± 0.04	0	5.79 ± 0.08

表 7-6　各短基线 U 方向时间序列最优噪声模型及其振幅

U	TCTN	ZMZJ	JOJO	HEHE	OBOB	MCCR	RERE
ONM	*FLRW*	*BPPL*	*BPPL*	*FOGMRW*	*BPRW*	*PL*	*BPRW*
有色噪声	FL: 0.53 ± 0.02 RW: 0.17 ± 0.05	BP: 0.11 ± 0.01 PL: 4.01 ± 0.19	BP: 0.61 ± 0.09 PL: 7.92 ± 1.65	FOGM: 10.99 ± 0.54 RW: 0.94 ± 0.10	BP: 0.37 ± 0.05 RW: 0.00 ± 0.00	0.01 ± 0.00	BP: 1.89 ± 0.21 RW: 5.77 ± 0.65
白噪声	0.16 ± 0.02	0.00 ± 0.00	1.23 ± 4.31	0.81 ± 0.02	1.86 ± 0.06	7.05 ± 0.07	3.98 ± 0.06

7.4.3　季节性信号

在估计各噪声模型特性的同时，得到了各短基线时间序列的季节项振幅和相位等信息，如表 7-7 所示。

表 7-7 各短基线位置时间序列和温度时间序列季节项估计结果

基线方向		周年周期		半周年周期		温度①	
		振幅 (mm)	相位 (deg)	振幅 (mm)	相位 (deg)	周年振幅	周年相位
TCTN	N	0.42 ± 0.03	*146②±4*	0.05 ± 0.02	−19 ± 23	7.0 ± 0.1	152 ± 1
	E	0.36 ± 0.05	172 ± 5	0.04 ± 0.02	−25 ± 27		
	U	0.17 ± 0.03	76 ± 9	0.00 ± 0.00	−		
	L	0.51 ± 0.03	*155±5*	−	−		
ZMZJ	N	**1.04③±0.13**	*174±7*	0.24 ± 0.13	−50 ± 24	9.5 ± 0.2	162 ± 1
	E	0.63 ± 0.10	*174±8*	0.34 ± 0.08	−30 ± 13		
	U	1.04 ± 0.20	*166±11*	0.20 ± 0.14	26 ± 40		
	L	0.11 ± 0.14	*172±8*	−	−		
JOJO	N	0.29 ± 0.10	134 ± 19	0.14 ± 0.44	−39 ± 35	11.3 ± 0.2	165 ± 1
	E	0.39 ± 0.16	*160±24*	0.12 ± 0.12	−32 ± 57		
	U	**1.86 ± 0.17**	*170±5*	0.97 ± 0.25	−46 ± 15		
	L	0.41 ± 0.15	*178±17*	−	−		
HEHE	N	0.40 ± 0.06	142 ± 8	0.04 ± 0.18	50 ± 45	5.4 ± 1.9	167 ± 21
	E	**0.96 ± 0.07**	*173±4*	0.11 ± 0.06	−42 ± 30		
	U	0.41 ± 0.06	194 ± 6	0.14 ± 0.04	−22 ± 17		
	L	**0.92 ± 0.05**	*168±2*	−	−		
OBOB	N	**1.17 ± 0.13**	*155±6*	0.43 ± 0.13	−6 ± 22	10.2 ± 0.5	162 ± 3
	E	**1.18 ± 0.12**	*175±6*	0.48 ± 0.12	−24 ± 14		
	U	0.65 ± 0.16	*155±14*	0.28 ± 0.15	−22 ± 14		
	L	**1.86 ± 0.13**	*165±8*	−	−		
MCCR	N	0.59 ± 0.03	*346±3*	0.05 ± 0.06	−7 ± 39	16.4 ± 0.3	357 ± 1 (South)
	E	**1.32 ± 0.07**	*355±3*	0.39 ± 0.07	47 ± 10		
	U	**1.62 ± 0.14**	*358±5*	0.71 ± 0.14	−10 ± 12		
	L	0.73 ± 0.08	*349±3*	−	−		
RERE	N	0.14 ± 0.10	10 ± 39	0.12 ± 0.21	−6 ± 43	5.8 ± 0.2	161 ± 2
	E	0.10 ± 0.18	44 ± 11	0.12 ± 0.16	−32 ± 81		
	U	0.28 ± 0.19	83 ± 37	0.15 ± 0.24	−42 ± 27		
	L	0.08 ± 0.09	149 ± 29	−	−		

注：①温度时间序列仅顾及周年项，振幅单位为℃，相位单位为 degree

②表中斜体表示与温度序列相位差在 15 度以内的方向

③黑体表示量级较大振幅

实验组和对照组 GNSS 短基线各方向时间序列的周年振幅中位数分别为 0.64 ± 0.13

mm 和 0.12 ± 0.14 mm，最大值出现在观测墩高度差最大的基线 JOJO 的 U 方向，振幅可以达到 1.86 ± 0.17 mm。考虑到 SOPAC 估计的单个测站坐标时间序列的周年振幅量级（如 IGS 站 JOZE 和 JOZ2 分别为 4.53 ± 0.10 mm 和 5.67 ± 0.20 mm），在削弱甚至消除了绝大部分共模误差和信号后，短基线时间序列周年振幅仍可接近 2 mm，该信号的地球物理效应来源建模及量化影响研究很有必要。在实验组的六组观测墩差异较大的短基线中，有 38%（9/24）的时间序列周年振幅超过 0.9 mm。作为比较，对照组基线 RERE 各分量的周年振幅则均不超过 0.3 mm。尽管 TCMS 和 TNML 两个测站的观测墩高度差异不超过 20 cm，但基线 TCT 的 N 方向周年振幅可以达到 0.42 ± 0.03 mm，是基线 RERE 同方向周年振幅的 3 倍。这表明，除了高度差，不同观测墩结构的差异也可能会引起短基线时间序列周年信号产生差异。实验组短基线各方向时间序列的周年相位则有着相似的规律，即在每年的一月或六月达到极值。根据计算结果，78%（14/18）的短基线位置时间序列与温度时间序列间的相位差异在 ±15° 内。

对于缺失了测站环境温度记录文件的 MCCR 和 CRAR 测站，可采用 NCEP 再分析数据资料集和 ECMWF 提供的地表温度格网数据作为代替，通过双线性内插得到测站近似温度。Boccara et al.（2009）的研究表明，南极洲大陆由 NCEP 和 ECMWF 数值模型得到的地表温度与实际温度的平均差异分别为 –0.42 K 和 1.51 K，对本书的研究结果影响不大。需要说明的是，GNSS 位置时间序列周年振幅较大的基线 JOJO 和 MCCR 均拥有较大的温度周年振幅，而对于实验组中 GNSS 平均周年振幅最小的基线 HEHE，其温度的周年变化大小仅有其他基线的 1/3 到 1/2。这表明，温度变化也可能是决定短基线位置时间序列周年振幅大小的重要因素。

表 7-8 给出了本书估计的部分季节项振幅和其他学者的计算结果比较情况。总体来说，本书的计算结果与其他学者的结果基本一致，例如短基线 HEHE 的 N、E、U 三个方向的周年振幅，三种结果间的较差分别不超过 0.14、0.09 和 0.12 mm。但是，本书短基线 HEHE、ZMZJ 和 JOJO 的季节项估计结果要明显优于 King and Williams（2009），尤其是在参数的不确定度估值上。这是由于本书处理了跨度更长的时间序列，这三条短基线的时间序列长度分别为 King and Williams（2009）结果中的 3.4、2.2 和 3.5 倍。此外，本书在估计季节项时，选取了更能够描述时间序列中随机过程噪声特性的最优噪声模型（如 BP、FOGM 等噪声模型），使得采用 MLE 方法估计各项参数不确定度的结果更为准确、可靠。

表 7-8　本书季节性振幅估计结果与其他学者计算结果的比较

基线	振幅		*King and Williams*, 2009	*Wilkinson* et al., 2013	本书结果
HEHE	周年	N	0.54 ± 0.10	0.50 ± 0.01	0.40 ± 0.06
		E	1.04 ± 0.16	1.05 ± 0.01	0.96 ± 0.07
		U	0.30 ± 0.22	0.42 ± 0.00	0.41 ± 0.06
	半周年	N	0.03 ± 0.08	–	0.04 ± 0.18
		E	0.20 ± 0.12	–	0.11 ± 0.06
		U	0.03 ± 0.16	–	0.14 ± 0.04

基线	振幅		*King and Williams*, 2009	*Wilkinson* et al., 2013	本书结果
ZMZJ	周年	N	1.08 ± 1.46	–	**1.04 ± 0.13**
		E	0.59 ± 1.34	–	**0.63 ± 0.10**
		U	0.68 ± 0.38	–	1.04 ± 0.20
	半周年	N	0.29 ± 0.88	–	**0.24 ± 0.13**
		E	0.30 ± 0.80	–	**0.34 ± 0.08**
		U	0.21 ± 0.28	–	0.20 ± 0.14
JOJO	周年	N	0.17 ± 0.14	–	0.29 ± 0.10
		E	0.36 ± 0.18	–	0.39 ± 0.16
		U	2.25 ± 0.92	–	**1.86 ± 0.17**
	半周年	N	0.16 ± 0.10	–	0.14 ± 0.44
		E	0.17 ± 0.12	–	0.12 ± 0.12
		U	0.99 ± 0.56	–	0.97 ± 0.25

7.5 TEM 对短基线时间序列的影响

在验证改进的 TEM 模型有效性之前，需要进行一个假设，即短基线 GNSS 位置时间序列中的季节性信号主要是与观测墩的热弹性形变有关。这种热弹性形变不仅和季节性的温度变化正相关，而且应该与观测墩高度、材质以及结构有关。

在本章的实验中，选取的对象普遍是距离为几米、几十米至多 1 km 的超短基线，在利用双频观测值得到的基线解位置时间序列中，绝大部分与 GNSS 技术相关的系统误差和大规模的地球物理效应均可以有效削弱，甚至消除，而这些正是坐标时间序列中季节性信号的主要来源。此时，短基线位置时间序列中残余的信号仅剩下与测站环境相关的信号或误差，例如 TEM、TEB 或者多路径效应等。虽然多路径误差是 GNSS 精密数据处理中的主要误差来源，且在短基线时间序列中难以完全消除，但是 King and Williams（2009）分析认为，多路径误差对短基线 ZMZJ、JOJO 和 HEHE 位置时间序列中季节性信号的贡献非常有限。Wilkinson et al.（2013）的计算结果也支持了相似的结论，认为 HERS 测站的多路径误差并不是其坐标时间序列中周年信号的主要来源。对比不同观测墩高度差异的实验组短基线坐标时间序列的周年振幅，并结合 7.4 节中对坐标时间序列和温度时间序列周年振幅间的相关性分析，我们认为：由季节性温度变化引起的同一短基线测站、不同高度和结构的观测墩热弹性形变，是短基线坐标时间序列显著季节性信号的主要贡献源，尤其是在垂直方向上。

7.5.1 垂直方向季节性信号解释

基于此，利用改进的 TEM 模型计算得到了垂直方向 TEM 位移，并将其和 GNSS 短基线位置时间序列进行了对比，如图 7-12 所示，两组序列相应的季节项参数估计结果如

表 7-9 所示。

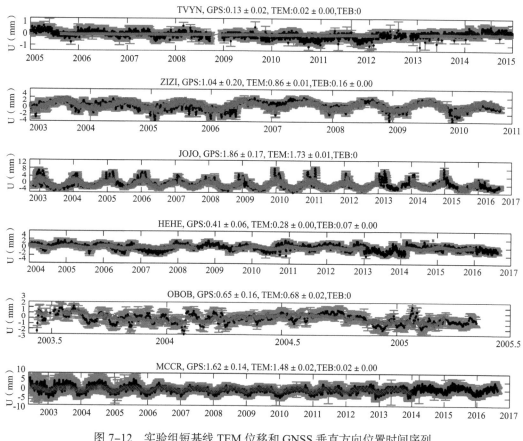

图 7-12　实验组短基线 TEM 位移和 GNSS 垂直方向位置时间序列

（黑线：GNSS 序列，红线：TEM 序列）

表 7-9　实验组短基线 TEM 位移和 GNSS 时间序列季节项参数估值对比

基线			TCTN	ZMZJ	JOJO	HEHE	OBOB	MCCR
周年	振幅	GNSS	0.17 ± 0.03	1.04 ± 0.20	1.86 ± 0.17	0.41 ± 0.06	0.65 ± 0.16	1.62 ± 0.14
		TEM	0.02 ± 0.00	0.86 ± 0.01	1.73 ± 0.01	0.28 ± 0.00	0.68 ± 0.02	1.48 ± 0.02
	Ratio		11.8%	84.1%	93.0%	70.4%	104.6%	91.4%
	相位	GNSS	76 ± 9	−14 ± 11	−10 ± 5	14 ± 9	−25 ± 14	−20 ± 5
		TEM	−20 ± 1	−18 ± 1	−13 ± 2	−25 ± 1	−19 ± 1	−23 ± 1
半周年	振幅	GNSS	0.00 ± 0.00	0.20 ± 0.14	0.97 ± 0.25	0.14 ± 0.04	0.28 ± 0.15	0.71 ± 0.14
		TEM	0	0.02 ± 0.01	0.07 ± 0.08	0.01 ± 0.01	0.06 ± 0.03	0.18 ± 0.02
	Ratio		−	10.0%	7.2%	7.1%	21.4%	25.4%
	相位	GNSS	−	26 ± 40	−46 ± 15	−22 ± 16	−22 ± 14	−10 ± 12
		TEM	−	59 ± 34	74 ± 24	−76 ± 12	−52 ± 15	−14 ± 2

从图 7-12 中和季节项参数的估计结果可以看出，在时间域内，由改进的 TEM 模型得到的垂向位移结果和由 GNSS 观测数据得到的短基线垂向位置时间序列结果间有着较为明显的一致性，特别是观测墩差异较大的基线 ZMZJ 和 JOJO。例如，基线 ZMZJ 的 GNSS 垂向和 TEM 位移时间序列的周年振幅分别为 1.04 ± 0.20 和 0.86 ± 0.01 mm，周年相位分别为 –14 ± 11 和 –18 ± 1 度。实验组中，各短基线 TEM 位移占 GNSS 位移周年振幅的百分比中位数为 88%，且除了基线 TCTN 和 HEHE 外的各基线两个时间序列的相位差都在 ± 6 度以内。对半周年周期来说，TEM 位移对 GNSS 垂向时间序列的贡献显著低于周年周期，平均贡献百分比只有约 9%，且两者半周年相位间并无显著规律。对于基线 MCCR 来说，测站 MCM4 的观测墩直接固定于基岩上，观测墩高度近似为 0。也就是说，基线 MCCR 垂向位置时间序列中的季节性信号仅和观测墩差异有关，其 TEM 和 GNSS 位移时间序列的周年振幅比（91.4%）也基本印证了这一结论。为了验证改进 TEM 模型的有效性，根据各基线观测墩信息，计算了传统 TEM 模型得到的周年振幅并和 GNSS 位移周年振幅相比，发现平均占比仅有 46%。这表明，改进的 TEM 模型顾及了基准站观测墩本身及其附属物高度，较以往模型能更为准确、有效地描述 GNSS 观测墩受环境温度季节性变化引起的热弹性形变。

7.5.2　水平方向季节性信号解释

除了垂直方向，基线 ZMZJ、OBOB 和 MCCR 的 N、E 方向，以及基线 HEHE 的 E 方向均出现了振幅超过 0.5mm 的周年周期信号，OBOB 的东西方向周年振幅甚至达到了 1.2mm。造成水平方向周年信号的潜在贡献源主要包括：

第一，观测墩受季节性环境温度变化引起的水平方向位移。部分基准站观测墩为非中心对称结构，如 HERS、ZIMJ 和 JOZ2 站，这些固体材料也会受季节性温度变化的影响，产生周期性的热胀冷缩位移。此外，HERT 站观测墩固连于建筑物边缘，这些混凝土结构体可能会受阳光直射等因素影响产生热形变。以 ZIMJ 站为例，其温度周年振幅为 9.5℃，支撑天线的水平方向观测墩长度不超过 1 米，取线性膨胀系数为 $15 \times 10^{-6}/℃$，采用简单的线性膨胀模型估算出水平方向的周年信号振幅仅为 0.14 mm，而 ZIMM 站观测墩在水平方向的各向对称性结构意味着水平方向 TEM 季节性振幅为 0，这一量级远小于观测到的基线 ZMZJ 南北方向 1.04 mm、东西方向 0.63 mm 的振幅。这一方面表明，目前的线性 TEM 模型远不能解释水平方向的 GNSS 短基线时间序列周年振幅，需要建立更为精细化的 TEM 模型对水平方向的季节性信号进行模拟和修正；另一方面则说明，该水平方向周年信号可能仍有其他的贡献源。

第二，由于本节的时间序列采样率仅为一天，难以捕捉到小于 1 天的周期性信号，根据信号的混频原理，由周日温度变化引起的 TEM 高频信号很有可能混叠为虚假的长周期信号，如图 7-13 所示。尤其对于那些水平方向非对称结构的观测墩，其在一天内由于受到太阳直射的原因，会产生显著的周日周期性的 TEM 位移（Haas et al., 2013），该信号有可能会在日解时间序列中混频为虚假的周年及半周年周期信号。

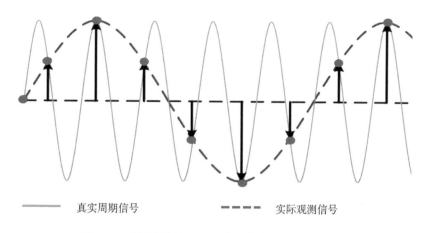

—— 真实周期信号　　- - - 实际观测信号

图 7-13　周日周期的 TEM 形变信号混叠效应示意图

除此之外，其他未模型化因素的影响，如对流层延迟建模误差、土壤湿度变化等局部效应也有可能是引起 GNSS 短基线时间序列水平方向季节性信号的原因。

7.6　本章小结

GNSS 基准站观测墩的热膨胀效应是 GNSS 坐标时间序列中非线性变化的主要贡献源之一。传统 TEM 位移的建模及其对 GNSS 坐标时间序列的量化研究主要存在两个问题：一是模型不够精确，仅考虑了观测墩本身高度而忽略了观测墩附属部分；二是 TEM 影响量化结果受干扰严重，难以将仅有毫米量级的 TEM 信号从 GNSS 坐标时间序列中有效分离；基于此，本章提出了一种改进的 TEM 位移计算模型，顾及了不同类型、结构的观测墩及其附属建筑物高度，并设计了短基线对比实验，对该模型的有效性进行了验证，显著削弱甚至消除了大部分 GNSS 系统误差、环境负载等坐标时间序列中非线性变化的主要贡献源的影响。结果表明，短基线位置时间序列中存在显著的周年、半周年周期信号，最大周年振幅可达 1.86 ± 0.17 mm，各方向坐标时间序列在时间域内与测站环境温度变化一致。除了以往常见的 FL 和 RW 噪声，有约 60% 的基线方向时间序列的随机过程可用 BP 或 FOGM 噪声描述。此外，根据改进的 TEM 模型计算的位移序列平均可解释 84% 的垂向周年振幅，较之前模型提高了 80% 以上。这证明，顾及观测墩本身及其附属部分高度的改进 TEM 模型较原有模型更能准确描述 GNSS 天线观测墩的热弹性形变，可对单测站坐标时间序列的非线性变化进行有效改正。最新的研究成果表明，即使在经过环境负载和基岩热膨胀效应模型改正后，全球范围内的 IGS 基准站坐标时间序列 N、E、U 三个方向分别仅有 63%、60% 和 70% 的周年振幅能得到有效解释（Xu et al., 2017）。本章的研究结论有助于更好地理解坐标时间序列中与温度相关的非线性变化的形成机制，并进一步解释坐标时间序列中残余的周年振幅。

虽然基于短基线 GNSS 位置时间序列验证改进 TEM 模型的有效性，可以排除大部分与 GNSS 技术类系统误差（如高阶电离层延迟误差）和大规模地球物理效应（如环境负载）对结果的干扰，得到的 TEM 位移对位置时间序列的贡献量化结果更加真实、可靠，但是短基线时间序列中仍然存在着其他误差源（如多路径误差）的影响，这些误差或信号仍可能会使 TEM 位移难以完全解释短基线时间序列中的垂向周年振幅。例如，基线 TCTN 的 TEM 周年振幅占比仅有不到 12%。此外，虽然基线 ZMZJ、HEHE 和 JOJO 坐标时间序列水平方向的周年信号可能由非中心对称的观测墩结构引起（如测站 ZIMJ、HERS、JOZ2），但尚未建立精确的水平方向 TEM 模型，这也是未来的工作重点。

第 8 章 观测墩热膨胀引起的基准站周日周期变化

在不同的应用领域，时间序列产品的时间分辨率有着明显差异：例如，IGS 提供的用于建立和维持地球参考框架的 SINEX 文件中，基准站坐标时间序列的时间分辨率一般为每周一解；用于季节性信号及长期趋势分析的基准站坐标时间序列则普遍为每天一解；根据 MERRA2 模型计算的用于坐标时间序列修正的地表水文负荷位移最高时间分辨率可达 1 小时；而用于地表、建筑物形变监测的连续运行基准站坐标时间序列的时间分辨率一般可达几赫兹甚至几十赫兹。因此，需要在不同的时间分辨率尺度下，分别讨论观测墩热弹性形变引起的基准站坐标的季节性和周日周期变化。

除了季节性温度变化，由日照等因素引起的周日周期的温度变化同样可能会造成观测墩的热弹性形变，不同材质、结构的周日 TEM 水平方向位移最大可达 3 mm（Langbein, Haas et al., 2013），对于高度较大的混凝土或钢制结构体（如电视塔、桥墩等）的影响尤为显著（Breuer et al., 2008, 2015; Chen et al., 2018）。研究观测墩热弹性形变引起的基准站坐标周日变化，对基于 GNSS 坐标时间序列的科学与工程应用有重要的意义。一方面，目前在形变监测领域，基于 GNSS 技术本身的监测精度可以达到几个毫米（Chen et al., 2018），但是毫米级的天线观测墩周日变化会造成难以获得监测体本身的真实形变量（Breuer et al., 2015），需将其从时间序列中有效提取并剔除。另一方面，目前绝大部分基于 GNSS 坐标时间序列的地学应用都是以一天为采样周期，根据信号传播理论，在时间采样率不足的情况下，卫星轨道误差和海洋、大气潮汐等引起的高频信号会在 GNSS 天解坐标时间序列中混叠为虚假的长周期信号（Penna and Stewart, 2003; Penna et al., 2007; Griffiths and Ray, 2013），如周年、半周年周期，量级可达几个毫米（Stewart et al., 2005; King et al., 2008）。同样地，由日温度变化引起的天线观测墩周日或亚周日形变也有可能混叠为虚假的周年、半周年信号（Munekane, 2012），使时间序列中非线性变化的物理解释产生偏差甚至错误，而这部分研究目前鲜有文献涉及。

基于此，本章的目的是利用 GNSS 技术有效提取并量化由温度日变化引起的不同结构、材质的观测墩热弹性形变，讨论 TEM 周日信号对位置时间序列中由混叠效应引起的虚假长周期信号影响，并着重探寻 TEM 引起的水平方向位移的变化规律，结论有望更好地用于 GNSS 坐标时间序列中非线性变化的机制解释和 GNSS 形变监测等科学与工程应用领域。

8.1 实验设计

8.1.1 可行性分析

相对于传统基于测距仪、全站仪或垂直摆倾斜仪等仪器研究观测墩位置受温度变化的影响（Langbein, 2004; Haas et al., 2013; 管啸，2013），利用 GNSS 观测数据研究 TEM 引起的基准站位置周日变化的可行性主要涉及两个方面的问题：一是 GNSS 结果的精度和时间序列分辨率能否满足要求，二是如何将 TEM 周日信号从其他非线性信号源和噪声中有效提取、分离出来。

利用 GNSS 短基线位置时间序列研究 TEM 引起的周期性变化有着显著优势。因此，本节仍将基于 GNSS 短基线研究 TEM 的周日周期变化规律。随着 GNSS 精密数据处理理论与方法的不断发展和完善，目前由 GNSS 得到的基线向量精度在水平方向上可优于 2–3 mm，垂直方向上优于 3–5 mm，对于基线长度不超过 200 米的超短基线，其精度会更高。关于时间分辨率的问题，一方面由于基线时段解的精度及模糊度的固定成功率与观测时段长度有很大关系，所以应尽量选择较长的观测时段进行解算；另一方面，若观测时段过长，得到的时间序列难以有效反映出一天内的变化，尤其是在日温差变化较大的夏季。图 8-1 给出了 ZMZ2 测站 2014 年 7 月间的环境温度时间序列，时间分辨率为 0.5 小时，可以看出在 3 号、17–18 号和 25 号，日温差最大可以超过 12 摄氏度，4 个小时内的温度变化最大不超过 5 摄氏度。因此，综合考虑 GNSS 基线解的精度及其时间分辨率，本节将选择 4 小时作为观测时段长度，使得到的基线解时间序列既有足够的精度，又可以反映观测墩位置在一天之内的形变。

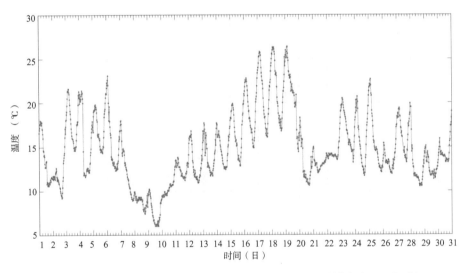

图 8-1　2014 年 7 月间 ZMZ2 测站记录的环境温度（分辨率为 0.5 小时）

在得到时间分辨率为 4 小时的基线位置时间序列后，需有效地将由温度变化引起的观测墩位移信号从时间序列中提取出来。相对于噪声量级，TEM 周日变化的最大振幅可能仅有几个毫米，而且有较为显著的时变特性，所以采用普通的谐波拟合方法难以有效捕捉时变周日周期信号。因此，本节拟采用可处理非连续时间序列的 SSA 方法，通过选取合适的窗口长度，将原始时间序列重构并提取出时变周期信号，并研究该信号特性及其与温度变化之间的联系。

8.1.2 实验对象选取

同样按照 7.2 节基准站的选取原则，本节选取了 9 组观测墩差异较为显著的 GNSS 短基线（基线长度不超过 150 米）对作为研究对象，并选取 3 组观测墩无任何差异的短基线作为对照，各短基线基准站详细信息如表 8-1 所示。

表 8-1　各实验组和对照组短基线基准站信息

组	基线	长度 (m)	基准站	经度	纬度	公共观测区间	观测值数
A	MDMD	0.0	MAD2[a]	355.75	40.43	2014-01-01 至 2016-12-31	6310
			MADR	355.75	40.43		
	TITI	0.0	TID1[a]	148.98	−35.40	2012-01-01 至 2016-12-31	10346
			TIDB	148.98	−35.40		
	Y2YR	3.9	YAR2[a]	115.35	−29.05	2012-01-01 至 2016-12-31	10043
			YARR	115.35	−29.05		
	OUOU	3.1	OUS2[a]	170.51	−45.87	2013-01-01 至 2016-12-31	9614
			OUSD	170.51	−45.87		
B	WAWR	3.1	WTZA[a]	12.88	49.14	2012-01-01 至 2016-12-31	10592
			WTZR	12.88	49.14		
	WAWZ	1.5	WTZA[a]	12.88	49.14	2012-01-01 至 2016-12-31	10513
			WTZZ	12.88	49.14		
	MTMT	10.7	MATE[a]	16.70	40.65	2012-01-01 至 2016-12-31	10685
			MAT1	16.70	40.65		
C	Y2Y3	18.2	YAR2[a]	115.35	−29.05	2012-01-01 至 2016-12-31	10221
			YAR3	115.35	−29.05		
	ZMZ2	18.8	ZIMM[a]	46.88	7.47	2012-01-01 至 2016-12-31	10774
			ZIM2	46.88	7.47		
	ZMZJ	14.2	ZIMM[a]	46.88	7.47	2012-01-01 至 2016-12-31	7363
			ZIMJ	46.88	7.47		
D	HEHE	136.5	HERT[a]	0.33	50.87	2012-01-01 至 2016-12-31	10781
			HERS	0.34	50.87		
	JOJO	84.4	JOZE[a]	21.03	52.10	2012-01-01 至 2016-12-31	9957
			JOZ2	21.03	52.10		

注：a 振幅单位为 mm，相位单位为 degree，限于篇幅，未列出相位估值的不确定度

本节将所有短基线分为 A、B、C、D 三组，其中 A 为对照组，其余为实验组。同时，将所有基准站的观测墩分为两个部分，一部分是位于天线正下方的广义观测墩，称为观测墩一；另一部分是位于广义观测墩下方的观测墩附属物或者广义观测墩的地下部分，称为观测墩二。各基线观测墩的详细信息如表 8-2 所示。

表 8-2　对照组 A 和实验组 B、C、D 中各短基线的观测墩详细信息

基线分组依据		基线	基准站	观测墩一		观测墩二		水平方向
				类型	高度	类型	高度	
A	同一个观测墩或无观测墩	MDMD	MAD2[a]	铜支架	0.2	房顶	5.2	Y
			MADR		0.2		5.2	Y
		TITI	TID1[a]	水泥墩	1.0	地下	5.0	Y
			TIDB		1.0		5.0	Y
		Y2YR	YAR2[a]	无	0.0	地下	5.0	−
			YARR		0.0		5.0	−
		OUOU	OUS2[a]	水泥墩	1.5	房顶	16	Y
			OUSD		1.5		16	Y
B	观测墩高度一致，材质、结构相似	WAWR	WTZA[a]	钢桅杆	0.8	房顶	6.7	Y
			WTZR		0.8		6.7	N
		WAWZ	WTZA[a]	钢桅杆	0.8	房顶	6.7	Y
			WTZZ		0.8		6.7	Y
		MTMT	MATE[a]	水泥墩	1.2	房顶	4.0	Y
			MAT1		0.3		4.0	Y
C	观测墩材质相似，高度相差约1米	Y2Y3	YAR2[a]	无	0.0	地下	5.0	Y
			YAR3	水泥墩	1.0		5.0	Y
		ZMZ2	ZIMM[a]	钢桁架	9.2	地下	1.5	Y
			ZIM2		9.0		1.0	Y
		ZMZJ	ZIMM[a]	钢桁架	9.2	地下	1.5	Y
			ZIMJ	钢桅杆	1.5	房顶	5.0	N
D	观测墩材质、结构差异大，高差超过4米	HEHE	HERT[a]	混凝土	0.5	房顶	5.0	N
			HERS	钢桁架	8.0	地下	5.0	N
		JOJO	JOZE[a]	水泥墩	1.0	地下	2.5	Y
			JOZ2	钢桅杆	1.5	房顶	15.0	N

注：a 振幅单位为 mm，相位单位为 degree，限于篇幅，未列出相位估值的不确定度

　　A 组的三条短基线中，MDMD 和 TITI 均为零基线，即采用完全一致的天线和观测墩，而基线 Y2YR 的两个基准站均位于地面基岩上，无地面观测墩，如图 8-2 所示。因此，A 组的基线解中基本可以排除观测墩因素的干扰。B 组的三条短基线 OUOU、WAWR 和 WAWZ 中，各基线的两个基准站分别位于同一栋房顶的同样高度的观测墩顶端，观测墩高度差均基本为 0。但 WTZZ 和 WTZA 两个测站的观测墩一与 WTZR 在水平结构上略有差异，即 WTZR 观测墩顶端的金属圆盘与支撑它的金属杆的中心轴线并不是完全重合，如图 8-3 所示。C 组的三条基线 MTMT、Y2Y3 和 ZMZ2 则是拥有相似的观测墩结构和材质，但观测墩高度相差均在 1 米左右。其中，基线 MTMT 的两个观测墩

位于同一座房顶的不同水泥观测墩顶，高度相差约 0.9 米；基线 Y2Y3 的观测墩一个固定在地面，另一个固定在 1 米高的水泥观测墩顶端（如图 8-2）；而基线 ZMZ2 的观测墩总高差虽仅有 1 米，但两个基准站分别固定在两个不同的高度超过 9 米、地下长度超过 1 米的钢制桁架顶端，如图 8-4 所示。D 组的三条基线 ZMZJ、HEHE 和 JOJO 则是观测墩差异最大的一组，无论是水平还是垂直方向。基线 ZMZJ 不仅观测墩高差在垂直方向超过了 7 米，而且两个观测墩无论是结构还是材质完全不同，此外 ZIMJ 站的观测墩在水平方向也并非中心对称（如图 8-4）。

图 8-2　YAR2、YAR3 和 YARR 基准站（南半球）观测墩示意图

图 8-3　位于同一座楼顶的 WTZA、WTZR 和 WTZZ 基准站观测墩

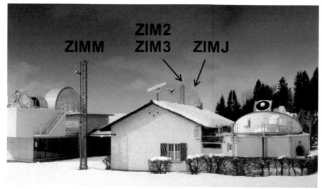

图 8-4　位于桁架顶端的 ZIM2、ZIMM 站和位于房顶的 ZIMJ 站

8.1.3 数据及处理策略

除了观测时段由 24 小时缩短为 4 小时，各 GNSS 短基线的数据处理策略、时间序列异常值和偶然误差的处理方法与 7.2.2 节一致，即相对于之前的短基线位置日解时间序列，本节得到的时间序列时间分辨率为 1/6 天，数据量扩大了 6 倍。由于本节选取的短基线距离均不超过 150 米，且基线高程差均不超过 100 米，因此在解算过程中不估算对流层延迟参数。

8.2　GNSS 短基线位置时间序列

各实验组和对照组短基线 N、E 和 U 方向 4 小时时段解时间序列分别如图 8-5、图 8-6 和图 8-7 所示。总体来看，各短基线时间序列在水平方向的解算精度略高于垂直方向。就同一个方向看，对照组 A 的时间序列更接近于纯白（或有色）噪声，而在实验组中，随着观测墩高度、材质或结构差异越大，得到的时间序列无论是信号（季节性周期）还是噪声振幅都越显著。从时间域上看，实验组（如基线 MTMT 和 HEHE 的 N、E 方向，基线 ZMZJ 和 JOJO 的三个方向）出现了较为显著的季节性信号，基线 MTMT 在垂直方向甚至出现了亚季节性信号。此外，基线 HEHE 从 2012 年 8 月至 2015 年 2 月间在 N 方向出现了比较明显的系统误差，这可能和观测值质量或观测环境有关。

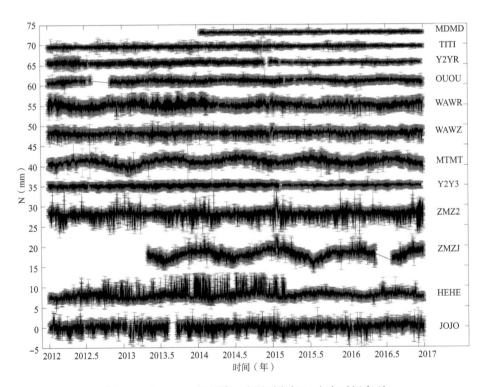

图 8-5　各 GNSS 短基线 4 小时时段解 N 方向时间序列

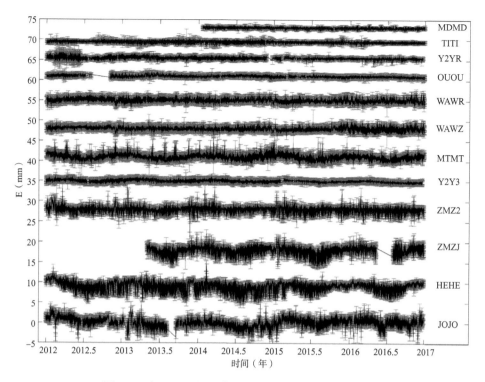

图 8-6　各 GNSS 短基线 4 小时时段解 E 方向时间序列

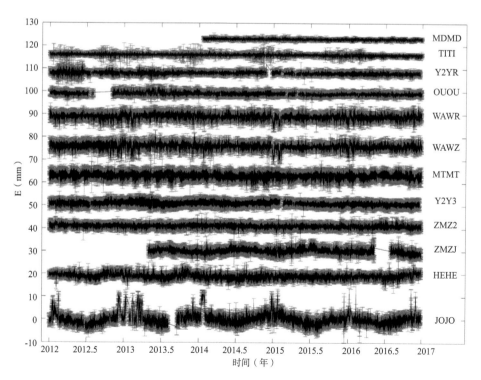

图 8-7　各 GNSS 短基线 4 小时时段解 U 方向时间序列

根据 GNSS 短基线位置时间序列的结果，我们认为，无论是 GNSS 短基线时间序列中的周期性信号还是噪声，都与观测墩显著相关。具体包括：

①在实验组 B、C、D 中，随着观测墩高度差异（垂直方向）或结构差异（水平方向）的显著性越来越大，时间序列的季节性信号也越发显著，而观测墩毫无差异的对照组基线则无明显特征。

②若一组基线基准站观测墩高度相差不大，其结构的细微差异或观测墩本身较高的高度会引起时间序列中噪声振幅的显著增大，这部分可称之为观测墩引起的噪声（Monument Wander，MW）。比如说，同样是 B 组中拥有一致观测墩一的基线，WAWR 和 WAWZ 的时间序列噪声水平要高于 OUOU，这正是由 WTZA、WTZR 和 WTZZ 三个基准站观测墩二结构的细微差异引起。同样地，虽然观测墩高差均在 1 米左右，但基线 Y2Y3 时间序列的噪声振幅要明显弱于基线 ZMZ2，无论是在水平还是垂直方向上，这也是由 ZIMM、ZIM2 两个基准站近 9 米高的桁架观测墩本身的噪声引起。

8.3　高频 TEM 信号混叠效应对虚假季节性信号的贡献

根据周期信号的混叠理论，任一高频信号在采样率有限的情况下可能混频为低频信号，混频信号的周期与信号本身的周期和采样率有关。在 GNSS 时间序列领域，表现为主潮汐分量 K1（周期 23.93 h）、P1（周期 24.07h）高频信号会在 GNSS 的 24 小时时段解时间序列中混叠为虚假的长周期信号（周期分别为 365.26 天、365.24 天）；K2 分量（周期 11.97 h）会混频为周期为 182.63 天的信号（Penna and Stewart, 2003）。King et al.（2008）的研究成果证实，GNSS 坐标时间序列中的部分未模型化高频信号会混叠为虚假的周年、半周年信号，最大振幅可达 5mm。同样地，坐标时间序列中由温度日变化引起的 TEM 周日信号也可能混叠为虚假的周年、半周年信号（King and Williams, 2009; Munekane, 2013）。这不仅会在地球物理负载低阶球谐系数的估计中引入误差，而且会使坐标时间序列季节性信号的解释出现错误（姜卫平等，2016）。因此，本节将讨论观测墩热膨胀引起的周日信号混叠效应是否会对季节性信号产生影响。

虽然短基线时间序列中已排除了大部分季节信号误差源的影响，但仍有很多未知来源的周期性信号难以模型化，尤其是大于 1 天周期的信号，会影响混叠效应的量化研究。因此，结合 King et al.（2008）的研究思路，本节提出了一种量化 TEM 引起的周日、半周日信号的混叠效应对季节性信号的影响的方法，具体步骤包括：①分别计算各基线 24 小时时段解（记为解 X）和 4 小时时段解（记为解 Y），两种时段解的解算策略除时段长度以外完全一致；②将解 X 线性内插为 4 小时时段解（记为解 Z），虽然内插过程会不可避免地影响时间序列精度，但是其对功率谱中显著周期的影响有限；③将 Y、Z 两组解时间序列对齐后作差，得到差分后的 4 小时时段解（记为 DBS）。从理论上讲，解 X 和解 Z（即使进行了内插）仅能反映出周期大于 2 天的信号，而解 Y 中除了周期超过 2 天的信号，还可以反映出周期为 8h 至 48h 间的周日、亚周日信号。如果假设不存在混叠效应，即高频和低频信号间互不干扰，那么差分后的解 DBS 中超过 2 天的周期信号都应该被消除，即差分解中应该仅存在来自于解 Y 的周日和半周日等高频信号；反之，从结果中反推，如果差分解中仍存在残余的周年、半周年信号，那么意味着假设不成立，即这部分长周期信号是由周日、亚周日信号混叠而来，再通过对比解 X 和解 Y 中周年、半周年周期信号的振幅、相位等信息，量化混频的虚假长周期信号的大小。

根据以上思路，得到了各条短基线 4 小时时段差分解 DBS，其 N、E、U 方向的功率谱密度分别如图 8-8、图 8-9、图 8-10 所示。可以看出，在经过差分后，三个实验组中的基线 DBS 时间序列无论是在水平方向还是垂直方向上（如 Y2Y3 和 WAWR 的 N 方向、HEHE 的 E 方向、ZMZJ 和 JOJO 的 U 方向）均存在显著的残余周年信号，部分基线水平方向上（如 ZMZ2 的 N 方向、HEHE 的 E 方向）也在周年信号的第 2 至第 8 个谐波对应的频率达到了较为明显的峰值。而作为对比，A 组中的基线则未表现出显著周期。这表明，经过 24 小时解和 4 小时解的差分，并没有完全消除短基线时间序列中的周年、半周年信号。亦即，由 TEM 引起的周日、半周日高频信号仍然会在 24 小时时段解时间序列中混频为一部分虚假的周年、半周年信号，尤其是对于观测墩差异较明显的 C、D 组短基线，在水平方向上混叠效应更为显著。这部分虚假周年、半周年信号若不能有效削弱、消除，将会使坐标时间序列中非线性信号的地球物理机制解释出现偏差甚至错误，尤其是那些位于中、高纬度地区季节性温度变化和日温差较大的测站更是如此，从而导致测站运动模型失真。

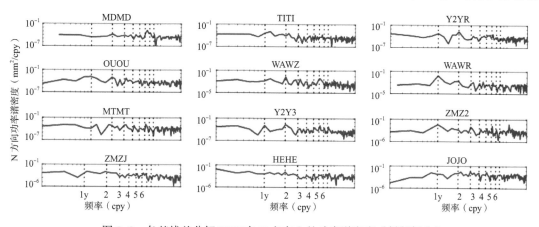

图 8-8　各基线差分解 DBS 在 N 方向上的功率谱密度（低频部分）

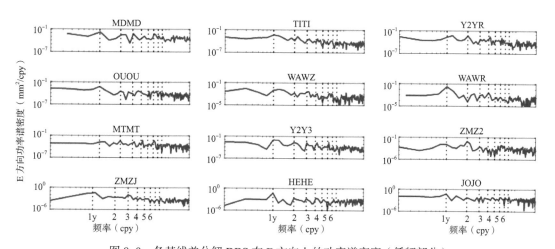

图 8-9　各基线差分解 DBS 在 E 方向上的功率谱密度（低频部分）

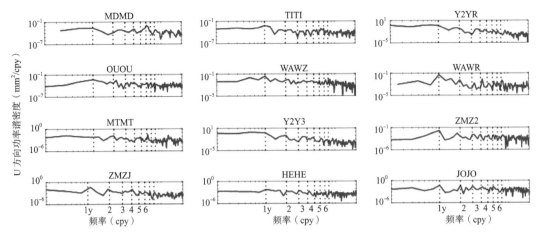

图 8-10　各基线差分解 DBS 在 U 方向上的功率谱密度（低频部分）

为了量化这部分因为采样率不足、并由高频 TEM 信号引起的坐标时间序列虚假季节性信号的影响，选择 FN+WN、RW+WN 和 PL+WN 三种待选噪声模型组合，利用 Hector 软件（Bos et al., 2013）分别估计了短基线 4 小时时段解和 24 小时时段解在相应最优噪声模型下的周年和半周年振幅、相位，结果如表 8-3 所示。

表 8-3　各短基线 4 小时和 24 小时时段解时间序列的季节项估计结果

组 / 基线		方向	4 小时时段解[a]				24 小时时段解[a]			
			周年		半周年		周年		半周年	
			振幅	相位	振幅	相位	振幅	相位	振幅	相位
A	MDMD	N	0.01 ± 0.00	−153	0.01 ± 0.00	−139	0.00 ± 0.00	90	0.00 ± 0.00	28
		E	0.02 ± 0.01	13	0.01 ± 0.00	74	0.01 ± 0.03	−8	0.05 ± 0.02	55
		U	0.03 ± 0.01	78	0.02 ± 0.01	151	0.04 ± 0.02	155	0.02 ± 0.01	137
	TITI	N	0.01 ± 0.00	51	0.01 ± 0.00	45	0.02 ± 0.01	−57	0.02 ± 0.01	39
		E	0.01 ± 0.00	−19	0.01 ± 0.00	29	0.02 ± 0.01	22	0.02 ± 0.01	88
		U	0.01 ± 0.01	163	0.01 ± 0.01	62	0.02 ± 0.02	−50	0.02 ± 0.01	−52
	Y2YR	N	0.08 ± 0.01	30	0.01 ± 0.01	−12	0.07 ± 0.01	54	0.03 ± 0.01	−149
		E	0.06 ± 0.01	44	0.02 ± 0.01	171	0.05 ± 0.01	85	0.03 ± 0.01	−52
		U	0.06 ± 0.02	−54	0.03 ± 0.01	126	0.40 ± 0.03	−136	0.21 ± 0.02	64
B	OUOU	N	0.23 ± 0.02	−180	0.02 ± 0.01	−105	0.23 ± 0.02	176	0.04 ± 0.01	136
		E	0.10 ± 0.01	175	0.02 ± 0.01	−106	0.03 ± 0.01	150	0.05 ± 0.01	−121
		U	0.09 ± 0.03	16	0.08 ± 0.03	−53	0.17 ± 0.03	64	0.13 ± 0.02	−6
	WAWR	N	0.26 ± 0.04	16	0.07 ± 0.03	−174	0.25 ± 0.03	43	0.06 ± 0.02	−147
		E	0.13 ± 0.04	−127	0.09 ± 0.03	−77	0.09 ± 0.03	153	0.08 ± 0.02	−88
		U	0.19 ± 0.09	−149	0.14 ± 0.07	−84	0.25 ± 0.06	−106	0.12 ± 0.04	−106

组 / 基线		方向	4 小时时段解 [a]				24 小时时段解 [a]			
			周年		半周年		周年		半周年	
			振幅	相位	振幅	相位	振幅	相位	振幅	相位
B	WAWZ	N	0.09 ± 0.03	28	0.05 ± 0.02	124	0.10 ± 0.02	40	0.06 ± 0.02	28
		E	0.07 ± 0.03	−82	0.08 ± 0.02	−83	0.04 ± 0.02	−102	0.12 ± 0.02	−118
		U	0.22 ± 0.08	−143	0.13 ± 0.06	−89	0.30 ± 0.06	−106	0.12 ± 0.04	−106
C	MTMT	N	0.64 ± 0.15	−154	0.10 ± 0.05	−161	0.62 ± 0.02	−155	0.03 ± 0.01	−141
		E	0.50 ± 0.12	19	0.08 ± 0.04	−113	0.52 ± 0.01	20	0.05 ± 0.01	−49
		U	0.07 ± 0.01	170	0.10 ± 0.01	78	0.10 ± 0.03	144	0.18 ± 0.02	76
	Y2Y3	N	0.02 ± 0.00	−44	0.02 ± 0.00	2	0.01 ± 0.01	144	0.02 ± 0.01	−113
		E	0.20 ± 0.01	71	0.04 ± 0.01	175	0.15 ± 0.01	88	0.04 ± 0.01	−146
		U	0.26 ± 0.03	25	0.03 ± 0.01	−165	0.21 ± 0.03	−148	0.24 ± 0.02	92
	ZMZ2	N	0.20 ± 0.04	1	0.11 ± 0.03	2	0.36 ± 0.03	17	0.18 ± 0.03	−32
		E	0.27 ± 0.04	−4	0.08 ± 0.03	136	0.43 ± 0.03	9	0.09 ± 0.03	163
		U	0.05 ± 0.02	−163	0.03 ± 0.02	−31	0.08 ± 0.03	56	0.03 ± 0.02	0
D	ZMZJ	N	1.11 ± 0.25	16	0.21 ± 0.10	−149	1.03 ± 0.04	16	0.14 ± 0.03	−164
		E	0.61 ± 0.04	22	0.14 ± 0.03	−128	0.46 ± 0.03	14	0.09 ± 0.03	−125
		U	0.63 ± 0.19	−166	0.14 ± 0.07	13	0.63 ± 0.04	−155	0.06 ± 0.03	72
	HEHE	N	0.43 ± 0.05	−122	0.06 ± 0.03	−113	0.44 ± 0.05	−118	0.06 ± 0.03	5
		E	0.64 ± 0.11	31	0.13 ± 0.07	163	0.75 ± 0.08	24	0.14 ± 0.05	169
		U	0.39 ± 0.09	−9	0.24 ± 0.07	−127	0.34 ± 0.06	−6	0.25 ± 0.04	−125
	JOJO	N	0.24 ± 0.04	−118	0.08 ± 0.03	−63	0.26 ± 0.03	−134	0.06 ± 0.02	−125
		E	0.45 ± 0.10	42	0.19 ± 0.07	163	0.54 ± 0.06	3	0.11 ± 0.04	−172
		U	1.80 ± 0.24	8	0.25 ± 0.13	45	1.70 ± 0.09	2	0.22 ± 0.06	−133

注：a 振幅单位为 mm，相位单位为 degree，限于篇幅，未列出相位估值的不确定度

根据计算结果，由 TEM 周日信号混叠引起的虚假周年振幅最大可达 0.16mm，出现在基线 ZMZ2 的 N、E 方向；虚假半周年振幅最大可达 0.21mm，出现在基线 Y2Y3 的 U 方向。对于不同组中的短基线，其观测墩差异越大（尤其是在水平方向上），高频 TEM 信号引起的虚假周年振幅也越大；对于水平方向对称的观测墩，相应的短基线几乎不存在水平方向上的周日 TEM 信号，因此其引起的虚假低频信号振幅的量级也很小，甚至为 0。若以 4 小时时段解得到的季节性信号振幅为"真值"，实验组中短基线 N、E、U 方向 24 小时时段解中产生的虚假周年（半周年）振幅占整个低频信号振幅的中位数分别为 7%（25%）、25%（36%）和 32%（14%）。换言之在水平方向上，有平均 7% 的 N 方向、

25% 的 E 方向周年振幅是由 TEM 引起的周日及亚周日信号混叠引起；此外，有 25% 和 36% 的 N、E 方向半周年振幅也是由该高频信号的混叠效应引起。该结论表明，一方面，短基线日解时间序列中的部分水平方向季节性信号可以用季节性温度变化引起的观测墩水平方向季节性形变解释；另一方面，由日温度变化引起的 TEM 形变高频信号的混叠效应也会贡献为部分虚假的水平方向季节性信号，尤其是对于那些观测墩水平方向非对称结构的基线对（如 ZMZ2、HEHE、JOJO 等）更是如此。

8.4 时间序列周日信号分析

基于以上讨论结果，为了尽量削弱日解时间序列中由高频 TEM 信号引起的虚假周年、半周年信号对结果的影响，同时避免内插、时间序列作差过程中引入其他的误差源，后文在研究周日、半周日等高频信号时将采用 4 小时时段解的短基线位置时间序列。

8.4.1 时变周期信号的提取

本节将讨论时间序列中时变周期信号的提取方法。目前，分析长时间尺度坐标时间序列中的季节性周期信号可以采用极大似然估计方法，同时估计季节信号周期、振幅和噪声特性等参数。此外，也可以采用 SSA、小波分析等方法研究时变周期信号的特性。本节采用的可处理缺失数据时间序列的 SSA 方法由经典 SSA 方法发展而来（Schoellhamer，2001）。SSA 可将一维的时间序列（长度为 N）根据窗口长度 M 转换为 N–M+1 行 M 列的矩阵，通过分解、重构、组合，将原始序列分离为不同频率的时变信号，如图 8–11 所示。为尽量分解出原序列中细节的同时不影响计算效率，本书取 M=540，并将前 20 个分量中的周日、半周日信号进行重组，得到重构后的时间序列。

图 8–12 随机给出了部分基线重构前后的位置和温度时间序列，长度为约一个月，其中蓝色为原始时间序列，红色为采用 SSA 方法重构后的信号。总体来看，基于 SSA 方法可以有效提取原始位置时间序列中的时变周期信号，两者在时间域内几乎可以完全重合，尤其是对于周日、半周日周期信号较为显著的 D 组短基线，SSA 方法可以将绝大部分的周日、半周日信号从原始序列中提取出来。和前文中基于谐波函数的 MLE 参数估计方法相比，SSA 方法虽然可以捕捉到更多的周期信号，而且顾及了周期信号的时变特性，尤其是在分析高频信号时优势明显，但是这种滤波方法会将一些我们关注的特殊信号当作异常值剔除掉。例如在图 8–13 中，在 6 月 23 日当天出现的 N 方向以及 6 月 29 日、7 月 6 日出现的 U 方向异常峰值在经过 SSA 方法提取后会被滤除，造成分析结论失真。MLE 参数估计方法虽然得到的参数更为直观，但是参数求解的过程中本就会损失一部分的原始信号，且只能将低频和高频信号同时用角频率不同的三角函数谐波表示，这不仅使参数估计时间显著提升，而且拟合结果与实际观测值间的匹配程度并不是很好。因此，本节在采用 4 小时时段解的基础上，将研究时段分割为时间跨度较短的时间序列，可以在保留原始信号特性的基础上，尽量削弱了季节尺度的周期性信号对短周期信号的影响。

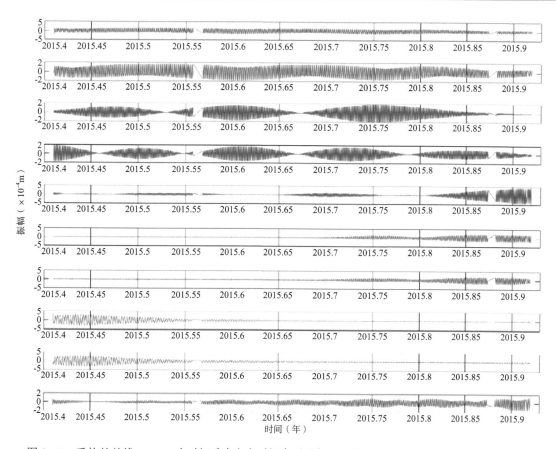

图 8-11　重构的基线 JOJO 4 小时解垂直方向时间序列（仅显示前 10 个分量，2015 年 6 月—11 月）

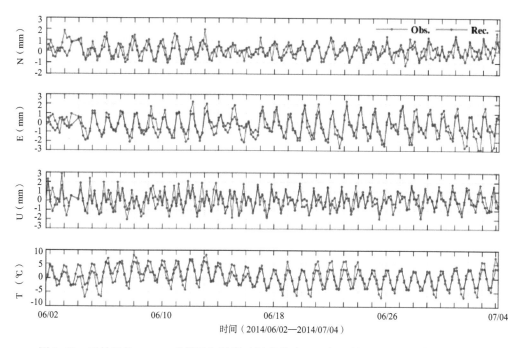

图 8-12　重构后的 HEHE 基线解和温度时间序列（2014 年 6 月 2 日—2014 年 7 月 4 日）

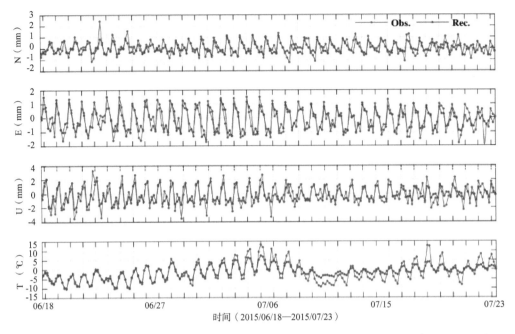

图 8-13 重构后的 JOJO 基线解和温度时间序列（2015 年 6 月 18 日—2015 年 7 月 23 日）

8.4.2 观测墩差异对时间序列周日信号的影响分析

从图 8-12 和图 8-13 可以看出，对于观测墩高度和结构差异均较大的实验组 D 中的短基线来说，无论是水平方向还是垂直方向都存在较为显著的周日信号，部分基线（如 JOJO 的 E 方向）还出现了明显的半周日周期特性。相比之下，零基线和观测墩无差异的短基线则更多地表现出时变噪声特性。实验组中短基线的周期性变化与日温度变化规律基本一致：即在每天的正午 12 点至下午 4 点之间温度达到最高时，短基线位置时间序列也达到极（大）值，在夜里 12 点至第二天凌晨 4 点温度最低时，位置时间序列也达到极（小）值。在时间域内，短基线位置时间序列与温度时间序列的强相关性表明，基线解中的高频周日、半周日信号有可能是由温度驱动的观测墩差异引起。

8.4.2.1 垂直方向信号来源分析

从图 8-7 中的结果看，随着各实验组中观测墩垂向高度差异的逐渐增大，短基线时间序列中的垂向位移（Baseline Vertical Deformation，BVD）的离散程度（振幅）也越来越大——无论这是由观测墩高度差异引起的信号或者是与观测墩本身结构和材质有关的噪声。

本节先取基线 Y2Y3、Y2YR 以及 WAWR、WAWZ 的时段解进行分析。根据图 8-2，Y2Y3 和 Y2YR 的基线长度均在十米以内，基线解解算结果较为可靠。其中，Y2YR 基线两端的基准站 YAR2 和 YARR 的天线均直接固定在地面基岩上，而 YAR3 站则有约 1 米高的水泥观测墩，两条基线除观测墩高差外无任何差异。图 8-14 中截取了三个不同时间段内（2 月、7 月和 8 月）基线 Y2Y3 和 Y2YR 三个方向的时段解时间序列，可以明显看出，在垂直方向上，有着 1m 观测墩高差的 Y2Y3 基线时间序列的离散程度更高，即周日信号（或噪声水平）更为显著。换言之，在其他条件相似甚至完全相同的情况下，观测墩高度差异可能是引起短基线时间序列垂向高频信号的来源之一。

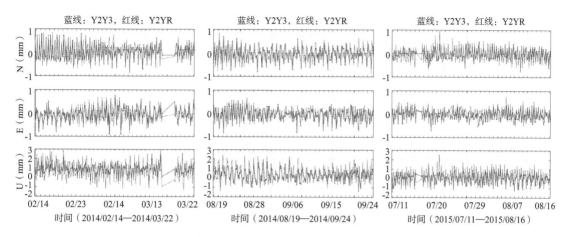

图 8-14　短基线 Y2Y3 和 Y2YR 部分时段内的 4 小时解时间序列

在观测墩高差相似时，一定高度的观测墩本身可能引起的 MM 或 MW 也需对比研究。图 8-15 给出了短基线 WAWR 和 WAWZ 部分时段内的时段解时间序列（2 月、6 月、8 月）。相对于 Y2Y3，WAWR 和 WAWZ 在垂直方向上的高度差均不超过 10cm，WTZA、WTZR 和 WTZZ 三个基准站的金属杆观测墩均固定于同一栋楼顶的平台边缘，且长度基本相同，因此两条基线 WAWR 和 WAWZ 在垂直方向上的时间序列的变化趋势和离散程度基本一致。但同样对比观测墩无高差的基线 Y2Y3 与 WAWZ 发现，Y2Y3 的垂向时间序列在 2 月份基本在 –1 到 3 mm 间振荡，同时间段内的 WAWZ 振荡幅度则显著较大（–3 到 4 mm）。此外，通过对比基线 WAWZ 在不同季节的垂向时间序列，发现在冬季时的振荡程度（振幅超过 2 mm）要比夏季（振幅约 1 mm）明显。这表明，基线 WAWZ 所在的高约 7 米的混凝土建筑物本身受温度变化产生的形变或噪声会影响对垂向时间序列中时变特性，尤其是在冬季室内外温差较大的季节，该现象尤为明显。

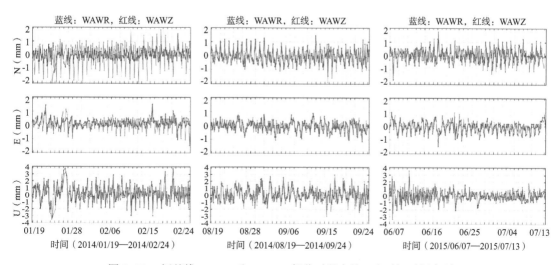

图 8-15　短基线 WAWR 和 WAWZ 部分时段内的 4 小时解时间序列

前文已证实了短基线解垂向时间序列中超过 80% 的周年周期信号可以用基准站天线观测墩及其附属建筑物的热弹性形变来解释，这些材料也有可能产生由温度日变化产生的热弹性形变。图 8-16 分别给出了观测墩垂向高差较大的基线 HEHE 和 JOJO 的部分时段解时间序列，在温度变化日振幅约为 5~8 摄氏度的 6、7 月份，垂向时间序列的周日变化振幅分别可达 1~2 mm 和 2~3 mm。反观观测墩高度基本一致的组 C 和零基线的组 B，其垂向位移周日振幅不超过 1 mm，尤其是在日夜温差较大的夏季和冬季。例如，在垂直方向上，基线 ZMZJ 的观测墩高度差不足 1 m，ZMZ2 的观测墩高度差超过了 4 m，因此在昼夜温差变化较大的夏季（6 月至 8 月），基线 ZMZJ 的垂向位移时间序列高频信号振幅要大于同时期的 ZMZ2 振幅。事实上，即使在一天时间内的温度变化超过 10 摄氏度，结构较为稳定的钢筋混凝土建筑物整体也很难产生较为量级较大的变形，但是受日照直射时间较长的建筑物表面边缘与内部的温差仍然可能导致固连于建筑物边缘的 GNSS 基准站位置产生周日周期的位移（Santamaría-Gómez, 2013）。

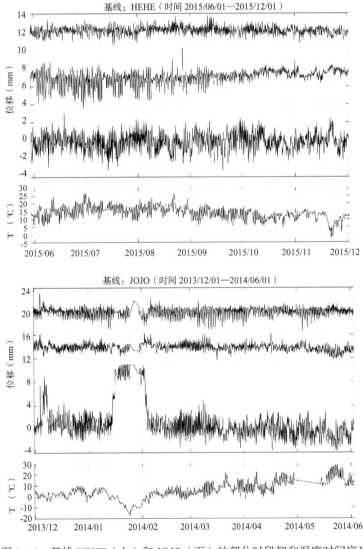

图 8-16　基线 HEHE（上）和 JOJO（下）的部分时段解和温度时间序列

　　垂向时间序列中周日周期位移的大小除了与观测墩垂向高差有关，还和日间温度变化的大小有关。这里（图 8-17）仅给出了周日振幅较明显的基线 JOJO 和 ZMZJ 一天内不同时间段内的垂向位移和环境温度分布，并建立了相同时段内的垂向位移和温度间的线性关系。对于基线 JOJO，中午 12 点和下午 4 点时的温度较高，此时垂向位移普遍大于 2 mm，位移与温度的线性关系约为 1.3 mm/10℃，在日间温度可达到 35 摄氏度的夏季，垂直向下的位移甚至超过 5 mm；而在夜间温度较低的午夜 12 点和凌晨 4 点，位移开始朝垂直向上的方向移动，最大变化可达 3.1 mm。相似地，基线 ZMZJ 在温度极高的下午 12 点至 4 点和温度极低的深夜 12 点至 4 点时，垂向最大位移可达 −3 mm 至 4 mm，但位移与温度的线性关系仅为 0.8 mm/10℃，这可能是基线 ZMZJ 垂向观测墩高差仅为 JOJO 的 1/3 左右造成的。对比观测墩垂向高度无显著差异的实验组 B 中的基线 OUOU 与 WAWZ 发现，即使白天温度较高、夜间温度较低，基线解的垂向位移并无显著变化，这进一步印证了短基线垂直方向的周日位移主要是由温度日变化引起的基准站周日周期的 TEM 差异造成。

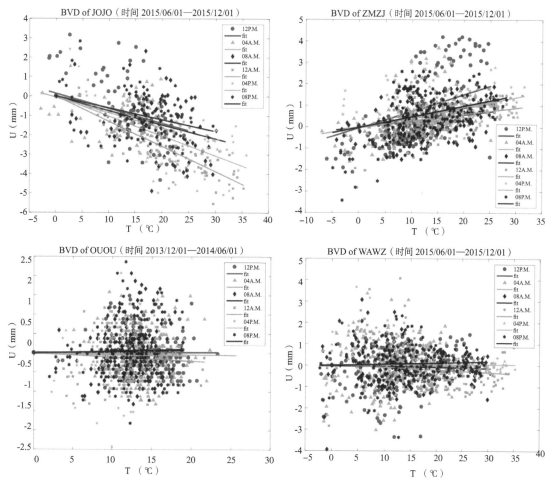

图 8-17　组 D 基线 JOJO（左上）、ZMZJ（右上）与组 B 基线 OUOU（左下）、
WAWZ（右下）的垂向位移与温度分布

8.4.2.2　水平方向信号来源分析

由图 8-12、图 8-13 可知，实验组短基线水平方向的周日周期信号主要由温度日变化引起，较大日间位移变化仅出现在那些观测墩水平方向结构不对称的基线。如图 8-18 所示，由于太阳直射的升温作用，观测墩表面在东西方向上产生昼夜性的温度差，在日照时间较长的夏季和夜间温度较低的冬季时尤为明显，导致观测墩产生周期性的热弹性形变，尤其是那些观测墩结构非中心对称的基准站。

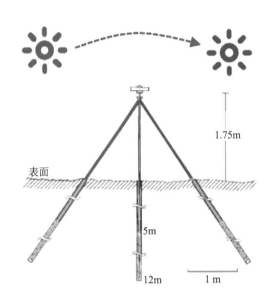

图 8-18　由日照直射的温度日变化引起的水平方向 TEM 形变示意图

（1）基线 WAWR 和 WAWZ

首先，分析基线 WAWR 和 WAWZ 这两条基线的结果。如图 8-18 所示，WTZR 站的天线固定在一个直径约 15 cm 金属盘上，金属盘和支撑它的金属杆的垂向轴线并非重合，且金属杆轴线位于金属盘的正北方向。也就是说，除了基准站 WTZR 的观测墩在水平方向的非对称结构以外，这两条基线没有其他的显著区别。对比图 8-15 中基线 WAWR 和 WAWZ 的水平方向时间序列，可以看出 N 方向上非对称结构的 WAWR 的周日周期信号要显著大于水平方向无区别的基线 WAWZ，日间变化平均在 2-3 mm，量级平均是同时段 WAWZ 日间变化的 2 倍以上，而 E 方向和 U 方向时间序列则无明显区别。

图 8-19 给出了 2013 年 12 月至 2014 年 6 月间一天之内不同时间段 WAWR 和 WAWZ 两条基线水平位移分布。可以看出，基线 WAWZ 不同时间段的水平位移无明显规律，南北和东西方向大部分观测值均落在 ±1 mm 之内。相比之下，WAWR 的水平方向位移分布得更为离散，尤其是南北方向，大部分观测值落在 -1.5 mm 至 +2 mm 之间。同时，WAWR 不同时间段内的水平位移更有规律性：在夜间 8 点至深夜 12 点位移主要分布在西侧和北侧，而在中午 12 点至下午 4 点间分布在东侧和南侧。这表明，由于观测墩水平方向上的非对称性，由太阳直射引起的观测墩表面温度日变化引起的 TEM 周日信号可能是短基线坐标时间序列水平方向高频信号的主要来源之一。

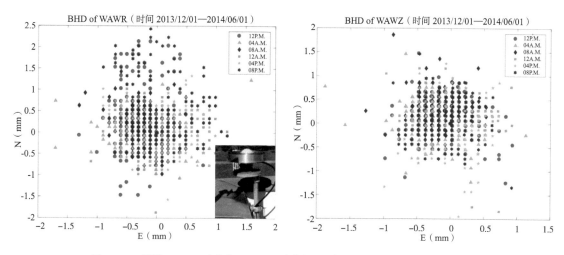

图 8-19　基线 WAWR（左）、WAWZ（右）不同时间段的水平方向位移分布

（2）基线 ZMZJ 和 ZMZ2

　　类似的水平周日信号也出现在了观测墩水平结构差异更大的基线 ZMZ2 和 ZMZJ 时间序列中，如图 8-20 所示。由于基准站 ZIMJ 观测墩在水平方向上的不对称性，基线 ZMZJ 位置时间序列在 E 方向的周日信号振幅（普遍在 2mm 左右）显著高于观测墩均为中心对称结构的基线 ZMZ2（小于 1mm）。同时，在日温差较小的 11 月，E 方向周日信号的振幅也明显比 7-9 月的小，这进一步证实了观测墩水平方向的不对称性是引起短基线位移时间序列东西方向周日周期变化的主要原因。

　　图 8-21 给出了 2015 年 6 月至 11 月间一天之内不同时间段 ZMZJ 和 ZMZ2 两条基线水平位移分布。可以看出，无论是哪条基线，水平方向的位移在一天内不同时段内的分布均具有明显的方向性。对于观测墩水平差异较大的基线 ZMZJ，在凌晨 4 点到 8 点环境温度在当天最低时，水平位移中心在西南方向，最大位移可达 5.5 mm；随着温度的提升，在中午 12 点到下午 4 点时逐渐向东偏北方向移动，最大位移可达 2 mm；到了晚上 8 点至深夜 12 点间，温度又重新降低，水平位移也随之向西偏移，但偏移量并不是很大。虽然基线 ZMZ2 的两个观测墩结构基本一致，但是若其中任意一个观测墩出现水平 TEM 位移，都会影响最终的基线解水平位移结果。整体来看，基线 ZMZ2 水平位移的量级略小于基线 ZMZJ，这是因为 ZIMM 和 ZIM2 站的两个近 10 米高的桁架观测墩较为稳定，尤其是在水平方向上产生的热弹性形变较 ZIMJ 站更小。基线 ZMZ2 的水平位移分布在其他时段内的方向性和基线 ZMZJ 类似，但是在正午 12 点时分，水平位置会突然向南方向整体偏移约 2 mm，最大偏移量可达 4 mm，并且在下午 4 点左右重新向北偏回。这可能与基准站 ZIMM 的观测墩结构有关：为了保证桁架的水平方向稳定性，在观测墩离地高度约 2 米处安装了一根长约 2 米的水平金属杆，并与旁边的房子固连，金属杆方向约为南北方向偏西 10 至 15 度，在正午时分随着太阳直射金属杆表面温度被迅速抬升，向约正南方向产生一定的热弹性形变（房子的一端固定）。

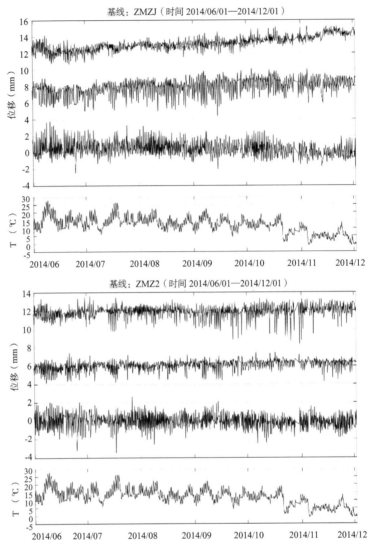

图 8-20　基线 ZMZJ（上）和 ZMZ2（下）的部分时段解和温度时间序列

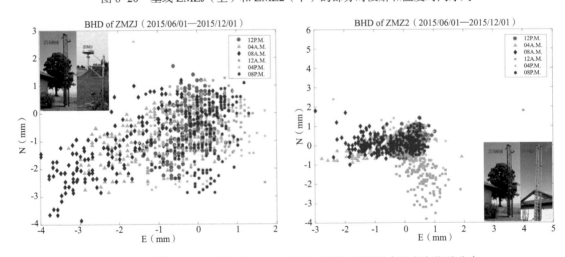

图 8-21　基线 ZMZJ（左）和 ZMZ2（右）不同时间段的水平方向位移分布

（3）基线 HEHE 和 JOJO

类似的周期性变化特征也存在于观测墩差异较大的基线 HEHE 和 JOJO 的水平方向时间序列，如图 8-12、图 8-13、图 8-16 所示。在日温度变化普遍超过 10 摄氏度的 6、7、8 月间，基线 HEHE 的东西方向时间序列出现了较其他季节更为显著的周日周期信号，振幅平均可达 2 mm，南北方向振幅在 1 mm 左右；在 2014 年 6 月间，当日温度变化不超过 5 摄氏度时（14 号至 18 号），水平方向的周日信号振幅也显著削弱，尤其是东西方向。同样地，在 2015 年 6 月中旬至 7 月中旬间，基线 JOJO 在 E 方向表现出振幅超过 1 mm 的周日信号，甚至存在半周日周期特性，N 方向周日信号则不明显；在日温差较小的 7 月 9 日至 14 日间，E 方向周日信号振幅明显比日温差较大的 6 月 30 日至 7 月 7 日间的振幅要小。

图 8-22 给出了 2013 年 12 月至 2014 年 6 月间一天之内不同时间段 HEHE 和 JOJO 两条基线水平位移分布。类似地，水平位移分布有着较为显著的方向特性。对于基线 HEHE，在温度较高的正午 12 点至下午 4 点间，水平位移基本落在正西方向，最大位移可达 3.5 mm；在温度较低的夜间 4 点至早上 8 点间，水平位移基本落在正中至东方向 1 mm 之间。这种周日周期的变化可能是由于 HERS 站本身天线中心轴线与观测墩中心轴线不重合导致，由太阳直射等因素产生的温度日变化会随着东西方向的日出、日落产生东西方向的周期性 TEM 位移。同样，基线 JOJO 由于位于楼顶的基准站 JOZ2 观测墩结构在水平方向的不对称性，其水平位移也出现了类似的分布特征，在温度高的白天偏向正西方向，在温度低的夜间偏向东南方向，日夜最大位移变化可超过 5 mm。

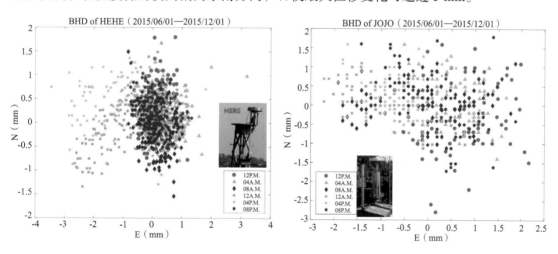

图 8-22　基线 HEHE（左）和 JOJO（右）不同时间段的水平方向位移分布

8.5　其他误差源的影响

除了周日周期的 TEM 位移外，与 GNSS 技术相关的系统误差也可能是短基线时间序列中虚假周日、半周日信号的主要来源（King and Williams，2009），如多路径效应、天线相位中心模型误差、对流层延迟建模误差等等。此外，周日信号还可能存在其他未知误差源，因此本节仅简单讨论部分系统误差对本书结果可能造成的影响。

解算过程中发现，在 2012 年 9 月至 2015 年 2 月期间，基线 HEHE 的 N 方向时间序列无论是日解还是 4 小时时段解（如图 8-5 所示）中均出现了较为显著的波动，较其他时段平均偏移普遍在 3 至 5 mm，而同时段 E 和 U 方向则不明显。以 2014 年 3 月 15 日至 4 月 20 日间的 4 小时时段解为例，采用 SSA 方法提取出高频信号，如图 8-23 所示。结果表明，利用 SSA 方法提取的高频信号并不能有效描述该异常波动，亦即这些振荡更可能是"系统误差"而非"高频信号"，如多路径效应误差等。

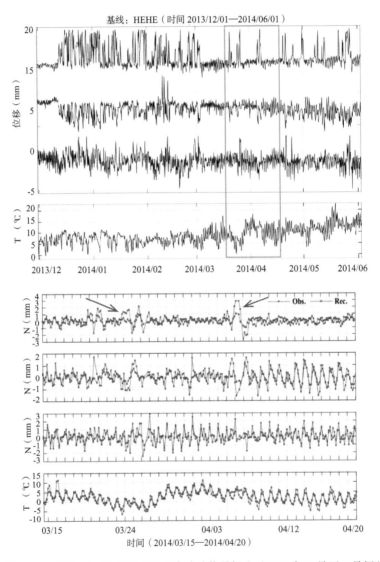

图 8-23　基线 HEHE 水平方向异常波动信号提取（2014 年 3 月至 4 月间）

同时间段的基线 HEHE 水平位移分布（如图 8-24 所示）也表现出了与其他观测墩差异明显的短基线不一样的特征。从图中可以看出，虽然正午 12 点至 4 点时段和其他时段的水平位移依然有显著的东西方向分布特征，但是系统误差的出现导致在全天时段内，北方向出现最大约 5 mm 的整体偏移，这无疑会干扰与温度变化相关的水平方向周日信号的有效解释。

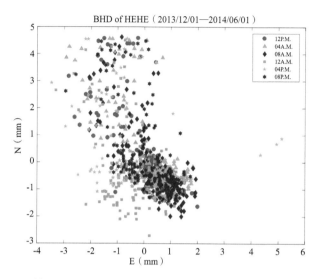

图 8-24　基线 HEHE 的水平方向位移分布（2013 年 12 月至 2014 年 5 月）

此外，由于基线 MTMT 所在基准站 MATE 和 MAT1 的观测条件较差，在 2012 年至 2017 年间的多路径 RMS 值显著高于其他时期和其他短基线基准站（如图 8-25 所示），受多路径效应影响较为显著。反观图 8-7 中基线 MTMT 和 Y2Y3 的时间序列，虽然两条基线观测墩垂向高差均仅有 1 米左右，但 MTMT 时间序列噪声更大，且存在显著的亚季节性周期信号特征，这一现象很有可能和基线 MTMT 的多路径效应影响较大有关。

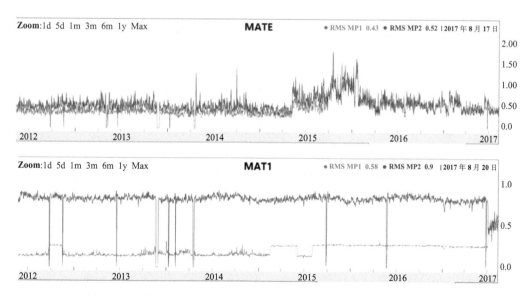

图 8-25　测站 MATE 和 MAT1 的多路径效应 RMS 值（来自 IGS 官网）

8.6 本章小结

本章选取了 12 对长度小于 150 米、观测墩差异较大的 GNSS 短基线作为研究对象，根据观测墩高度、结构的差异大小将实验组 9 条基线分为三组（一组观测墩高度无差异但水平结构略有差异，一组观测墩高差约 1 米但水平方向为对称结构，一组观测墩高度差异超过 5 米且材质、水平方向结构各不相同），并选择 3 条零基线作为对照，分别计算得到了各 GNSS 短基线 24 小时天解和 4 小时时段解坐标时间序列，量化了观测墩热弹性形变引起的基准站周日周期位移，并研究了周日 TEM 位移在 GNSS 短基线位置时间序列中的特征，包括其在不同季节、一天内不同时段的变化规律，揭示了时间序列中部分高频周日、半周日信号的形成机制。主要结论如下：

①由环境温度日变化引起的 TEM 周日周期位移是 GNSS 短基线位置时间序列中周日、半周日信号的主要来源之一，对于观测墩高度或水平结构差异较大的短基线，高频信号尤为明显。

②在垂直方向上，TEM 周日周期位移主要与温度变化趋势一致，且与日温度变化量、观测墩高度差异呈线性正相关关系。对于同一条基线来说，温度日变化越大（如北半球的夏季、冬季），其垂向周日振幅就越显著。例如，在温度日变化超过 8 摄氏度的 6、7 月份，观测墩高度差异较大的 HEHE 和 JOJO 垂向周日变化振幅分别可达 1~2 mm 和 2~3 mm。此外，通过分析一天之内不同时间段的垂向位移分布随温度的变化，发现垂向位移达到极大（小）值对应的都是日间温度最高的正午至午后时段（或最低的夜间至凌晨时段）。例如，对于基线 JOJO，中午 12 点至下午 4 点时的温度较高，此时垂向位移普遍分布在参考位置向上 2 mm 处，位移与温度变化的线性关系约为 1.3 mm/10℃；而在夜间温度较低的午夜 12 点至次日凌晨 4 点，垂向位移开始朝反方向移动至参考位置向下 3 mm，较日间平均位移达 5 mm。

③在水平方向上，由太阳直射引起的观测墩表面温度的日周期变化会引起水平方向 TEM 位移，对于观测墩水平方向非对称结构的基准站影响尤为明显，在短基线时间序列中表现为 N、E 方向显著的周日信号，振幅最大可达 3 mm（基线 ZMZJ 的 E 方向，夏季）。此外，各实验组短基线水平方向位移在一天之内不同时段的分布均具有明显的方向性，具体的方向规律与该基线观测墩的水平朝向有关。例如，对于观测墩水平差异较大的基线 ZMZJ，在当天环境温度最低时（凌晨 4 点到 8 点），其水平位移中心在参考位置的西南方向，最大偏移可达 5.5 mm；中午 12 点到下午 4 点，随着温度的提升，水平位置逐渐向东偏北方向移动，最大偏移量可达 2 mm；到了晚上 8 点至次日 0 点，温度又重新降低，水平位移也随之向西方向偏移。

④由温度日周期变化引起的 TEM 周日（半周日）信号会由于采样率不足的原因，在 24 小时日解时间序列中混叠为虚假的周年、半周年周期信号，尤其是在水平方向上。这不仅会造成在地球物理负载低阶球谐系数的估计中引入误差，而且会使坐标时间序列季节性信号的解释出现错误。定量研究结果表明，各实验组短基线中，有平均 7% 的 N 方向、25% 的 E 方向周年振幅是由周日及亚周日 TEM 信号的混叠效应引起，有 25% 的 N 方向、36% 的 E 方向半周年振幅也是由高频 TEM 信号混叠引起。

第 9 章　基岩热膨胀引起的 GNSS 基准站位置季节性变化

弹性材质的地球浅层地表有较强的热传导特性，因此地表温度的季节性周期变化会通过热传导的方式传递至地下，但在传导过程中会产生衰减。这样会在垂直方向上形成温度差，从而产生弹性热应力与形变（Ben-Zion and Leary, 1986; Prawirodirdjo et al., 2006; Tsai, 2011）。此外，由于地形差异等因素造成的水平方向地表温度梯度同样会引起浅层地壳水平方向上的热弹性形变（Fang et al., 2015; Xu et al., 2017）。根据已有 TEB 模型，量化由温度季节性变化引起的地表三维位移，有助于在环境负载等因素的基础上，进一步解释 GNSS 坐标时间序列中存在的非线性信号，尤其是在水平方向上。因此，本章的目的是基于全球范围内的高时空分辨率的地表温度数据，采用统一弹性地球模型下的三维基岩热膨胀模型，计算由温度变化引起的基岩热膨胀位移时间序列，并分析其空间分布特性。

9.1　地表温度数据的选取

无论是基于半空间模型还是统一球模型下的 TEB 位移计算，温度数据都是关键的输入数据。从严格意义上来讲，TEM 模型中的温度应为观测墩表面温度，但实际中通常采用随站观测记录的气温数据来近似替代，得到了不错的效果。在 TEB 模型中，引起形变的是垂直方向不同浅层弹性地壳层的温度差和水平方向上的温度梯度，这两者的共同驱动源都是地表温度的周期性变化。目前，常用的日平均全球温度格网数据来源主要包括：欧洲中期天气预报中心（European Centre for Medium-Range Weather Forecasts, ECMWF）提供的再分析数据集，其中最新的从 1979 年以来的数据为 ERA-Interim（以下简称 ECMWF 数据），目前处于实时更新状态；美国气象环境预报中心（National Centers for Environmental Prediction, NCEP）和美国国家大气研究中心（National Center for Atmospheric Research, NCAR）提供的再分析数据集（NCEP/NCAR Reanalysis Ⅱ）经由 NCEP 下属的气候预报中心（Climate Prediction Center, CPC）再处理得到的 CPC 全球每日温度格网产品；以及美国国家航空航天局（National Aeronautics and Space Administration, NASA）根据 MODIS-Terra 观测数据计算并发布的全球地表温度格网（最新版本 MOD11C1 version 6）。其中，NCEP 数据可提供全球范围内 0.5°×0.5° 空间分辨率、从 1979 年以来的每日最大和最小地表温度格网数据，通过相加并求平均值，得到每天的日均地表温度（https://www.esrl.noaa.gov/psd/data/gridded/data.cpc.globaltemp. html）；ECMWF 数据则可以提供最高空间分辨率为 0.125°×0.125° 的地表温度格网，时间分辨率为每天四个，分别为 0 点、6 点、12 点和 18 点（https://apps.ecmwf.int/datasets/

data/interim-full-daily）；由 NASA 提供的全球 MODIS Land surface temperature 覆盖时间范围为 2000 年 3 月以来，空间分辨率为 $0.05° × 0.05°$，时间分辨率为每天一个（http://icdc.cen.uni-hamburg.de/1/daten/land/modis-landsurfacetemperature/）。

总体来讲，这些再分析模型的输入数据基本一致，包括卫星观测数据、地面观测数据、探空气球数据等等，只是不同机构在融合、同化观测数据的过程中采用了不同的物理模型、参数选择、时空分辨率（Saha et al., 2010; Dee et al., 2011; Rienecker et al., 2011），造成这些数值模型在不同区域内的结果略有差异（Mooney et al., 2011; Wang et al., 2015）。例如，ECMWF 数据的 2 m 高地表温度数据主要来源于地表天气观测值，并在同化过程中尽量吸收可用地面气象变量；作为对比，NCEP 数据则更多地同化探空数据而非地面观测数据，因此其在估计大气温度时的精度要优于地表气温的估计精度。Simmons et al.（2004）的分析结果表明，根据 ECMWF 和 NCEP 数据得到的 2 m 高地表月平均温度在全球范围内有着较好的一致性，即使在部分异常地区与实际观测数据之间的绝对差值也不超过 1.5 摄氏度，但全球范围内 ECMWF 数据的表现更为优异。

9.1.1 不同地表温度数值模型间的比较

为了比较不同来源的地表温度数值模型间的差异，本节分别选取了 ECMWF 和 NCEP 数据的 2 m 高地表温度，空间分辨率均为 $0.5° × 0.5°$，时间范围从 2000 至 2018 年。其中，ECMWF 数据可以提供一天之内 0 点、6 点、12 点以及 18 点四个时刻的数据，而 NCEP 数据仅提供当天最高及最低温度。因此，分别取 ECMWF 数据每天的正午 12 点 2 m 高地表温度、NCEP 数据每天 2 m 高地表最高及最低温度的平均值来进行对比。

将 ECMWF、NCEP 由 2000—2018 年间全球地表温度格网序列按照周年三角函数进行拟合，得到 ECMWF、NCEP 数据全球地表温度的周年振幅和相位，分别如图 9-1 至图 9-4 所示。其中，由于 NCEP 数据的 CPC 产品未提供海洋及南极洲大陆的地表温度，将所有时间范围内的温度均设为空值，拟合结果中周年振幅均为 0。可以看出，在全球陆地范围内，ECMWF 和 NCEP 的地表温度周年振幅表现出了较为一致的空间分布特征。无论是南北半球，低纬度地区（纬度低于 30 度）的温度周年振幅基本不超过 10℃，在较为炎热干旱的北非及中东半岛最大也不超过 15℃。随着纬度的升高，温度周年振幅逐渐增大，例如在北美洲、东欧及东亚地区，周年振幅普遍在 15 至 20℃ 之间。此外，内陆地区的振幅也普遍高于沿海地区，例如在北美的西海岸、欧洲西部、英格兰群岛等区域，这可能与当地的海洋性气候有关。特别地，在俄罗斯中东部、西亚与中亚等内陆区域，温度周年振幅可超过 25℃，在东西伯利亚地区甚至可以超过 30℃。

至于周年相位，ECMWF 和 NCEP 数据在全球范围内表现出了较好的一致性，特别是在北半球的中、高纬度地区。差异较大的区域主要是非洲中部、南亚印度半岛西南部等低纬区域。由于在计算过程中将极地地区温度设置为 0，因此得到的 NCEP 数据周年相位在南极地区失真。

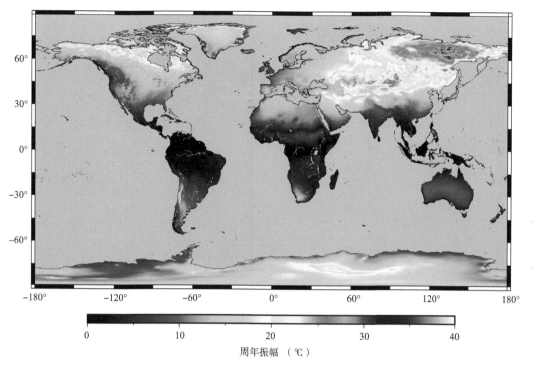

图 9-1　ECMWF 数据（2000—2018 年间地表温度周年振幅分布）

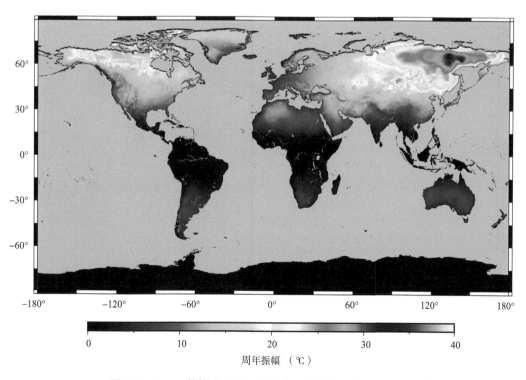

图 9-2　NCEP 数据（2000—2018 年间地表温度周年振幅分布）

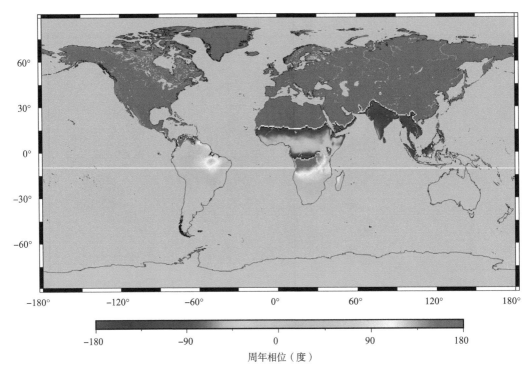

图 9-3　ECMWF 数据（2000—2018 年间地表温度周年相位分布）

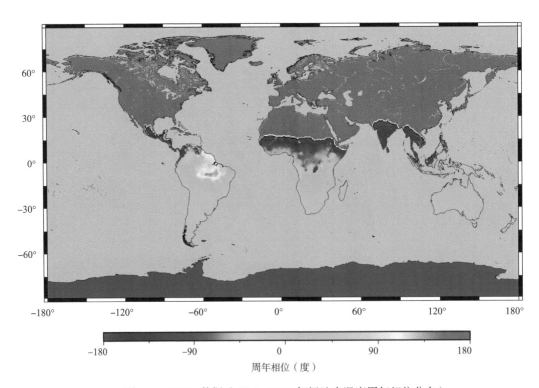

图 9-4　NCEP 数据（2000—2018 年间地表温度周年相位分布）

　　此外，部分地区 ECMWF 和 NCEP 数据之间仍存在着显著差异，如南美洲的太平洋沿岸地区、中亚地区、我国新疆地区等。图 9-5 给出了 NCEP 温度周年振幅相对于 ECMWF 的偏差。根据计算结果，全球范围内 NCEP 相较于 ECMWF 的温度周年振幅偏差中位数为 -2.59℃。偏差较大地区主要是内陆地区，如我国新疆地区、中亚及西亚地区、格陵兰岛东南部、中西伯利亚、非洲中部等区域，以及南美洲中南部和安第斯山脉西麓，可以达到将近 6℃。

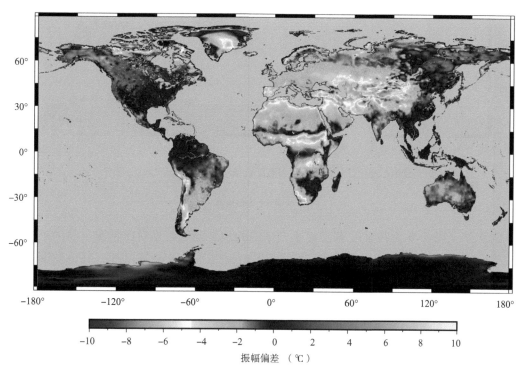

图 9-5　NCEP 相对于 ECMWF 数据温度周年振幅的偏差分布

9.1.2　地表温度数值模型与实测温度的比较

　　上节比较了 ECMWF 和 NCEP 数据间的整体差异，本节将格网数据内插至具体地面基准站位置，比较不同地表温度数值模型间与实测温度数据的差异。在全球不同洲际内随机选取了几个分布均匀的、具有气象传感器的 IGS 基准站，分别将基于 ECMWF 和 NCEP 格网数据内插得到的基准站地表 2 m 处大气温度和实际观测环境温度进行了对比，各基准站位置如图 9-6 所示（见图中★）。其中，ECMWF 和 NCEP 格网数据的空间分辨率均为 $2.5°\times2.5°$，时间分辨率为每天一个，跨度从 2000 年到 2014 年，采用双线性内插方法得到各 IGS 基准站 ECMWF 和 NCEP 温度时间序列。实际温度数据由 SOPAC 提供的气象文件（M 文件）中得到，取每天正午 12 点时的温度作为该日温度，时间分辨率为每天一个。

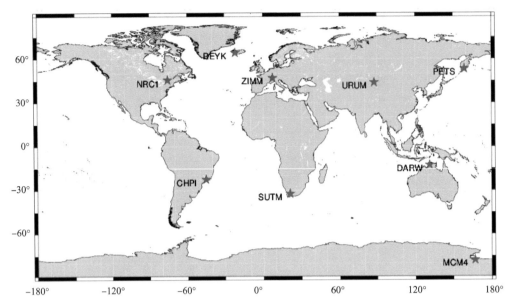

图 9-6　用于比较不同地表温度数值模型的 IGS 基准站分布

注：★表示各基站位置

　　图 9-7 至图 9-9 为各 IGS 基准站不同来源的地表温度数据对比情况。总的来看，除了位于南极洲大陆的 MCM4 站和位于南半球大洋洲的 DARW 站以外，其他基准站由数值模型计算出的地表温度与实测温度在时间域内的变化规律基本一致，但数值模型间和实测数据存在较为显著的系统偏差。例如，位于北美的 NRC1、欧洲的 ZIMM 和 REYK、东亚的 PETS 无论是 NECP 还是 ECMWF 的地表温度数据，其与实测环境温度数据均符合得较好。但对位于非洲的 SUTM、南美的 CHPI 和亚洲中部的 URUM 站来说，实际观测温度和数值模型得到的结果间的偏差均超过了 5 摄氏度。在位于大洋洲低纬地区的 DARW 站，虽然 NCEP 数据与实测数据符合较好，但 ECMWF 数据则出现了明显的偏差，尤其是在振幅方面。这可能是由于采用的地表温度数值模型（如 ECMWF）同化了较多的北美洲、欧洲的地面观测数据，而相对来说，非洲、南美和亚洲等地的温度观测站点较少。类似地，在地面观测站点更为稀疏的极地地区，MCM4 站全年实测平均温度在零下 40 摄氏度左右，而 NCEP 和 ECMWF 数据得到的年平均气温仅有零下 20 摄氏度，这显然是不够准确的。

　　尽管 NCEP 和 ECMWF 等数值模型的绝对精度在部分观测值稀疏区域较差，我们仍然可以将其作为输入数据计算 TEB 位移。TEB 位移主要由温度在季节性尺度内相对于年平均温度的变化所驱动，因此 TEB 位移的大小主要与温度的年际相对变化量有关，而非温度的绝对大小。换言之，只要根据数值模型计算的地表温度与实测温度间周年振幅大小一致，即可保证由此计算出 TEB 位移的可靠性。因此，采用周期为周年的三角函数对各温度时间序列进行了拟合，计算了相应的周年振幅和相位，如表 9-1 和图 9-10 所示。

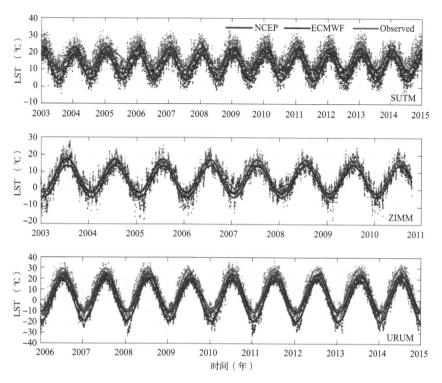

图 9-7　基准站 SUTM、ZIMM、URUM 不同来源的地表温度数据对比
（实心点为采样点，实线为对应数据的周年周期拟合曲线，图 9-8、9-9 同，不再另行说明）

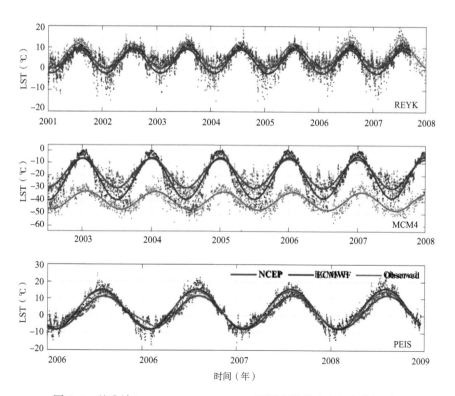

图 9-8　基准站 REYK、MCM4、PETS 不同来源的地表温度数据对比

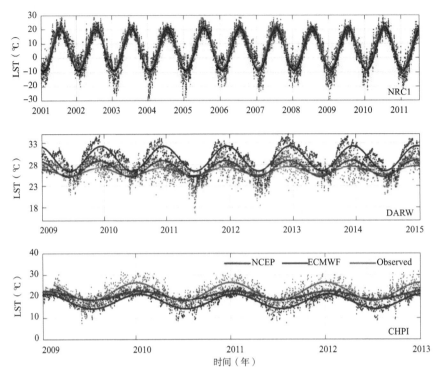

图 9-9　基准站 NRC1、DARW、CHPI 不同来源的地表温度数据对比

表 9-1　各基准站 NCEP、ECMWF 和实测温度数据的周年振幅和相位信息

基准站	纬度	NCEP		ECMWF		实测数据	
		振幅	相位	振幅	相位	振幅	相位
MCM4	−77.84	11.6 ± 0.2	337 ± 1	16.4 ± 0.3	357 ± 1	7.1 ± 0.3	337 ± 2
SUTM	−32.38	6.4 ± 0.1	329 ± 1	7.2 ± 0.1	339 ± 1	7.9 ± 0.2	348 ± 2
CHPI	−22.69	2.0 ± 0.1	345 ± 2	3.5 ± 0.1	346 ± 1	4.3 ± 0.2	357 ± 2
DARW	−12.84	1.9 ± 0.1	23 ± 2	2.9 ± 0.1	15 ± 1	1.0 ± 0.1	25 ± 5
URUM	43.81	17.4 ± 0.2	167 ± 1	19.1 ± 0.1	166 ± 0	19.2 ± 0.2	170 ± 1
NRC1	45.45	14.4 ± 0.2	144 ± 1	15.3 ± 0.2	160 ± 1	15.1 ± 0.2	161 ± 1
ZIMM	46.88	9.8 ± 0.2	161 ± 1	9.2 ± 0.2	159 ± 1	9.5 ± 0.2	162 ± 1
PETS	53.02	9.6 ± 0.2	149 ± 1	11.7 ± 0.2	153 ± 1	10.7 ± 0.2	153 ± 1
REYK	64.14	4.5 ± 0.1	161 ± 2	5.5 ± 0.2	156 ± 2	5.8 ± 0.2	161 ± 2

可以看出，除了位于南极洲的 MCM4 站以外，其他测站的模拟温度周年振幅和相位均与实测数据基本一致，其中温度偏差在 0.1 至 2.3 摄氏度之间，相位偏差在 0 至 19 度之间。其中，ECMWF 数据与实测数据的吻合程度较 NCEP 数据更好，尤其是在温度周年振幅上，和实测周年振幅差值均值仅有 1.6 摄氏度，由模型本身精度引起的 TEB 结果偏差可忽略不计。但是对于 MCM4 站，无论是 NCEP 还是 ECMWF 数据，其周年温度

振幅与实测振幅间的偏差都在 4 摄氏度以上，ECMWF 甚至能达到 9 摄氏度。这表明，采用 ECMWF 等数值模型提供的地表温度数据可以有效保证计算得到的 TEB 位移整体精度，但在南极洲大陆等地面观测数据较为稀疏的区域，TEB 位移结果可能会失真。

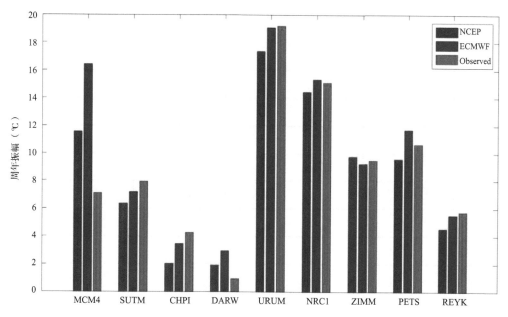

图 9-10　各 IGS 站 NCEP、ECMWF 和实测温度的周年振幅（按纬度高低排列）

9.2　基岩热弹性形变引起的基准站位移

根据以上结果，我们选取与实测温度数据周年振幅结果更为接近的 ECMWF 数据来计算 TEB 位移。由于地形的起伏会影响水平方向上的温度梯度分布，理论上采用的格网数据空间分辨率越高，越能够反映地表温度在水平方向上的变化细节。综合考虑运算效率，本节采用了 ECMWF 提供的 $0.5° \times 0.5°$ 分辨率的地面 2 m 处温度格网数据，取当天 12 点的温度，时间分辨率为每天一个，跨度从 2000 年 1 月 1 日至 2018 年 12 月 31 日。取球谐系数阶数 $n=40$。

9.2.1　时域周期特性

根据 TEB 位移计算公式，无论是水平方向和垂直方向的 TEB 位移均和地表温度数据的周期特性一致，即显著的周年周期特性，以及部分测站半周年及亚季节性周期（Fang et al., 2015）。因此，本节根据计算的全球 $0.5° \times 0.5°$ 分辨率格网点、时间跨度从 2000 年至 2018 年的 TEB 位移时间序列，通过双线性内插得到 9.1.2 节中的 8 个 IGS 基准站（除去地表温度数据精度较差的 MCM4 站）该时间段内 N、E、U 三个方向上的 TEB 位移，分别如图 9-11、图 9-12、图 9-13 所示。

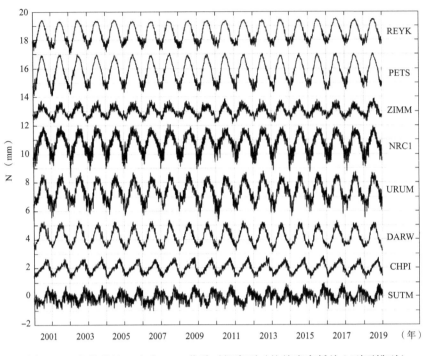

图 9-11　各基准站 N 方向 TEB 位移时间序列（按纬度高低从上到下排列）

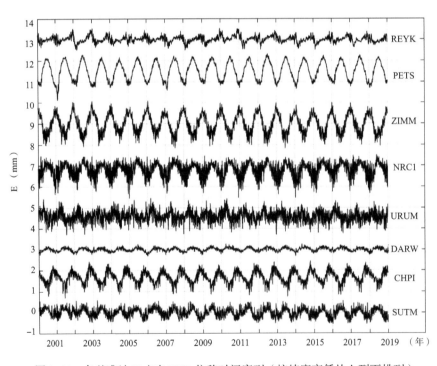

图 9-12　各基准站 N 方向 TEB 位移时间序列（按纬度高低从上到下排列）

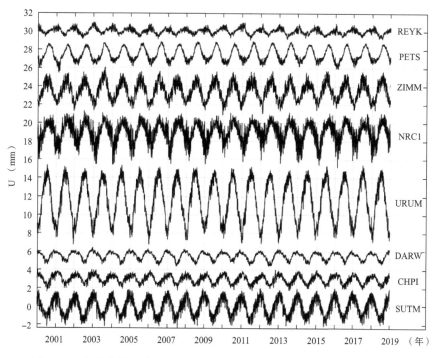

图 9-13　各基准站 N 方向 TEB 位移时间序列（按纬度高低从上到下排列）

　　从实际模型计算结果看出，N、E、U 三个方向上的 TEB 位移时间序列都表现出了显著的周年周期特性。例如，位于北半球的各基准站垂向 TEB 位移均在每年夏季温度最高时达到极大值，在每年冬季温度较低时达到极小值；而南半球测站的规律刚好相反。从周期信号的振幅大小看，U 方向 TEB 位移的周年振幅较大，量级普遍在 2 mm 左右，在 URUM 站可以超过 3 mm；而水平方向上的振幅则相对较小，N、E 方向上振幅量级普遍在 1.5 mm 和 1 mm 左右。此外，在赤道附近的 DARW 基准站由于温度周年振幅较小，所以计算出的 TEB 位移振幅也较小，无论是在水平还是垂直方向上。

9.2.2　全球 TEB 位移空间分布特征

　　为了分析 TEB 位移在全球和区域范围内的空间分布特征，在计算出格网点 TEB 位移从 2000 年 1 月 1 日至 2017 年 12 月 31 日的时间序列后，采用余弦三角函数（频率为 1 cpy，即周年周期）进行拟合，计算了全球范围内的 N、E、U 三个方向上的 TEB 位移周年振幅、相位，分别如图 9-14 至图 9-19 所示。

　　根据计算结果，除去温度拟合结果较差的南极洲大陆，全球由 TEB 位移引起的 N、E、U 三个方向周年振幅中位数分别为 0.45 mm、0.13 mm 和 0.48 mm。其中，最大振幅分别可以达到 1.77 mm、1.55 mm 和 3.72 mm，分别位于伊朗东南部地区、俄罗斯远东雅库茨克地区以及俄罗斯东西伯利亚地区。同一格网的 U 方向振幅平均为 N 方向和 E 方向的 1.1 倍和 4.7 倍。将全部格网分为低纬度、中纬度和高纬度地区，发现 U 方向振幅与纬度相关性程度较高，高纬度地区 N、E、U 方向周年振幅中位数分别为 0.39 mm、0.34 mm、1.56 mm，中纬度地区分别为 0.37 mm、0.11 mm、0.52 mm，低纬度地区分别为 0.49 mm、

0.09 mm、0.33 mm。由于采用 ECMWF 数据在南极洲大陆与实测数据相差过大，因此本节将不讨论南极洲地区结果。

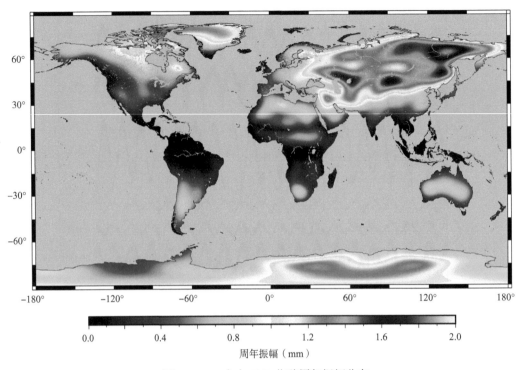

图 9-14 N 方向 TEB 位移周年振幅分布

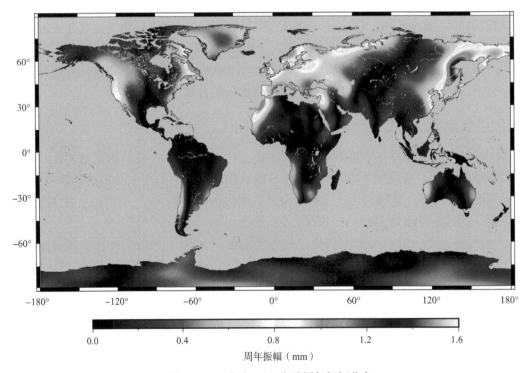

图 9-15 E 方向 TEB 位移周年振幅分布

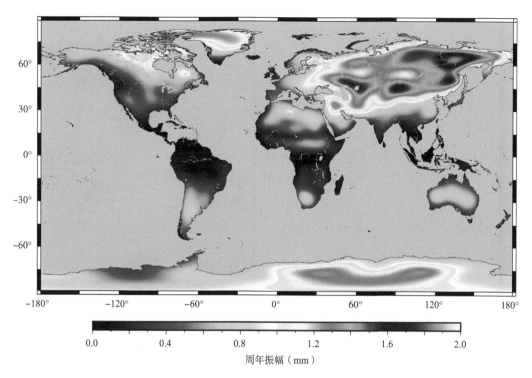

图 9-16　U 方向 TEB 位移周年振幅分布

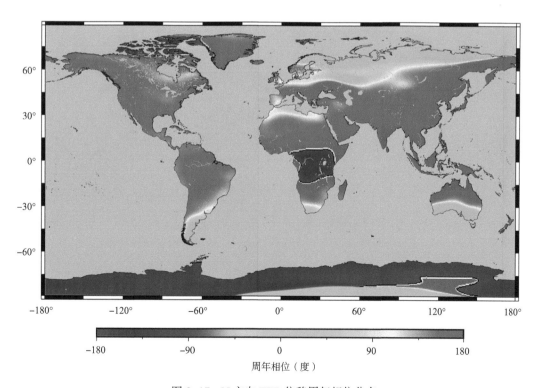

图 9-17　N 方向 TEB 位移周年相位分布

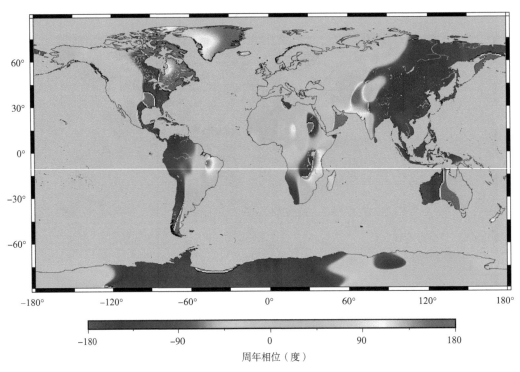

图 9-18　E 方向 TEB 位移周年相位分布

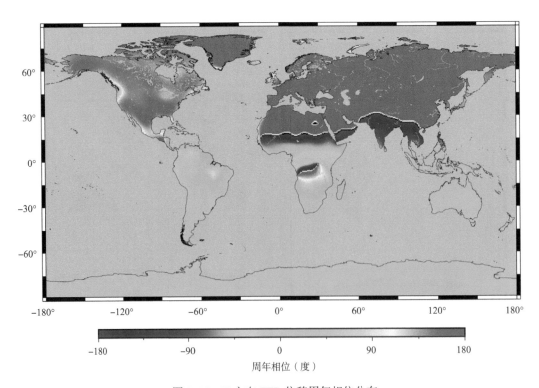

图 9-19　U 方向 TEB 位移周年相位分布

从空间分布上看，U 方向 TEB 周年振幅与地表温度周年振幅的分布有较强的一致性，即中、高纬度区域振幅显著高于低纬度地区、内陆地区振幅显著高于沿海地区，同时振幅较大的区域主要在中亚、西亚、我国新疆及东北地区以及西伯利亚大部分地区，这一特征与 Xu et al.（2017）基于 NASA 提供的 LST 格网数据计算的结果一致。除去南亚、东南亚等低纬地区，整个亚洲大陆的 U 方向 TEB 周年振幅普遍超过 2 mm，在哈萨克斯坦、我国新疆、俄罗斯远东地区大部振幅甚至超过 3 mm；除去南边小部分区域外，格陵兰岛振幅整体超过了 1.6 mm；欧洲西部及北部沿海地区振幅在 1 mm 左右而在东欧等内陆地区振幅逐渐增加至 1.6 至 2 mm；北美洲则呈现出由南到北、由沿海到内陆区域振幅递增的趋势，在加拿大中、北部及阿拉斯加地区振幅普遍超过 1.5 mm；非洲大陆由于横跨了南北半球，其垂向振幅分布特征为南北大、中部小，最大不超过 2 mm；在南美洲地区，除了南部中纬度地区振幅超过 1.5 mm 外，其余部分普遍小于 1 mm；大洋洲大陆则表现出内陆地区振幅（约 1.5 mm）显著高于沿海地区（约 0.8 mm）的特征。与 U 方向的周年振幅不同，周年相位则表现出了与纬度分布的强相关性，规律与温度分布一致，即北半球与南半球异相（相位差接近 180 度）。

水平方向上 TEB 位移周年振幅分布则与垂直方向有较大差异，这主要和全球范围内的地表温度水平梯度分布有关。南北方向的 TEB 位移周年振幅在不同地区的特性表现各异，振幅较大区域主要分布在赤道北侧的非洲大陆地区，并向东沿着中东半岛延伸至巴基斯坦、南亚北部、青藏高原及我国的西北和东北地区，一直到俄罗斯远东地区的鄂霍次克海沿岸，振幅普遍高于 1 mm，在伊朗东部和巴基斯坦境内振幅可达 1.6 mm。欧洲地区 N 方向振幅不超过 0.5 mm，巴尔干半岛最大不超过 0.8 mm；北美洲除了阿拉斯加东南部区域能达到将近 1.5 mm 外，其他区域则普遍不超过 1 mm，并表现出沿海地区高于内陆地区、东北高纬度地区低于西南中纬度地区的分布特性；在南半球大陆上，从 S10° 到 S30° 区域的振幅可以达到 0.6 至 1 mm（如南美洲中部、非洲南部、大洋洲北部地区），其余大部分地区则不超过 0.5 mm。相对而言，东西方向的周年振幅量级则较小，全球范围内基本在 0.4 mm 左右，部分振幅较大区域分布在加拿大东北沿岸地区、西欧沿海地区、斯堪的纳维亚半岛、摩洛哥境内以及俄罗斯远东鄂霍次克海沿岸地区，最大能达到 1.2 mm 以上。此外，欧亚大陆整体呈由西向东振幅逐渐减小、在西伯利亚地区又逐渐增大的趋势。

从周年相位上看，N、U 方向的相位表现出较为明显的由赤道向两极地区的南北方向整体相位变化趋势，而 E 方向相位结果则在各个大陆上表现出显著的东西方向的整体变化趋势。

9.2.3　中国大陆区域 TEB 位移空间分布特征

从上一节的分析结果看，我国及周边地区所处的欧亚大陆无论是水平还是垂直方向上的 TEB 位移周年振幅量级都比较大，因此本节将单独讨论中国大陆及周边区域的 TEB 位移空间分布特征。

图 9-20、图 9-21、图 9-22 分别给出了中国区域 N、E、U 三个方向的 TEB 周年振幅分布。总体来看，与全球 TEB 振幅大小相似，中国区域 TEB 垂向振幅量级也显著高

于 N、E 方向。南北方向上，中国区域振幅均超过 1 mm，整体呈现出西南高东北低的趋势，振幅不足 1 mm 的区域主要分布在新疆北部、黑龙江西北部以及与蒙古接壤的地区。较大的 TEB 周年振幅主要分布在青藏高原、云贵高原、新疆东南部、甘肃、黄土高原以及长白山、武夷山地区等高海拔区域，其中最大振幅可达 1.7 mm，出现在喜马拉雅山脉。其余大部分地区的振幅则普遍位于 1.0 至 1.3 mm 之间。

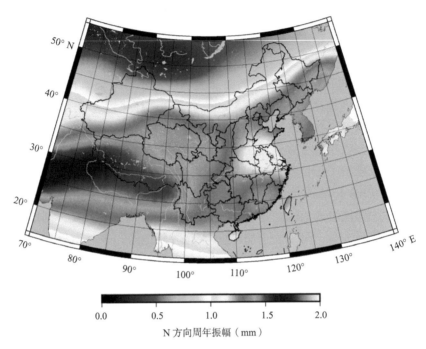

图 9-20　中国区域 N 方向 TEB 位移周年振幅分布

相对而言，东西方向上的 TEB 周年振幅量级较小，平均仅有南北方向振幅的 1/3 至 1/2。从分布上看，全国大部分地区的东西方向振幅呈现西低东高的趋势，大小普遍在 0.8 mm 以内，其中仅有华北平原、东北平原、内蒙古中东部以及江浙地区的振幅在 0.4 至 0.8 mm 之间。振幅较大地区主要分布在黑龙江与吉林东北部与俄罗斯接壤地区，量级可以达到 1 mm 左右。

垂向 TEB 周年振幅（如图 9-22）则与地表温度周年振幅（如图 9-23）有着相似的空间分布。根据计算结果，最大垂向 TEB 振幅可达 3.3 mm，位于我国新疆东北部与蒙古接壤区域。整体而言，垂向 TEB 振幅呈现由东南向西北逐渐增加的趋势，即：在北纬 25 度以南及四川盆地的振幅普遍低于 1 mm，在北纬 25 至 40 度之间振幅增加至约 2 mm，而在新疆、内蒙古、东北大部以及青海北部地区，振幅普遍高于 2.5 mm，在黑龙江中北部和新疆西北部地区甚至超过了 3 mm。

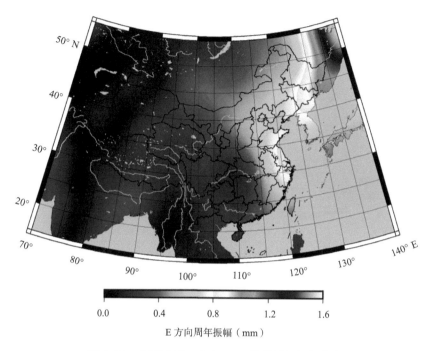

图 9-21　中国区域 E 方向 TEB 位移周年振幅分布

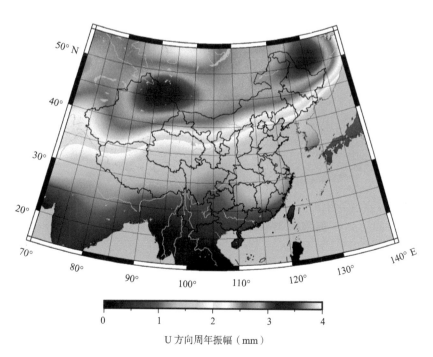

图 9-22　中国区域 U 方向 TEB 位移周年振幅分布

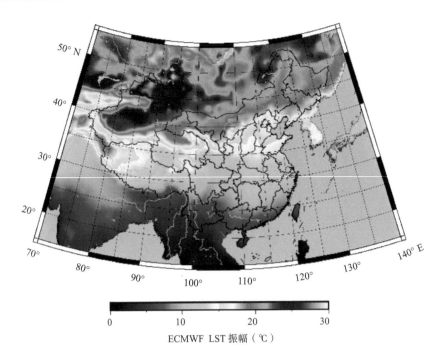

ECMWF LST 振幅（℃）

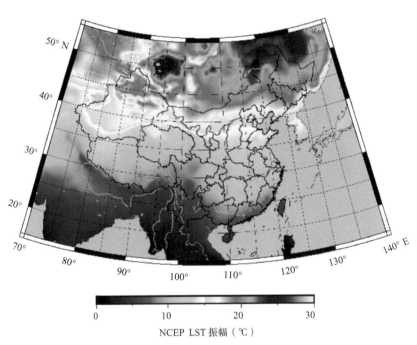

NCEP LST 振幅（℃）

图 9-23　中国区域地表温度周年振幅分布

　　需要指出的是，虽然本书选择了全球范围内表现较好的 ECMWF 数值模型提供的地表温度格网数据计算三维 TEB 位移，但这些数值模型在不同区域内的精度可能会有差异，例如在北美洲大陆 NCEP 数据与实测数据的符合程度会更高（Saha et al., 2010），导致计算出的 TEB 位移结果也会存在一定的系统偏差。

9.3　本章小结

本章首先比较了不同来源的地表温度数值模型在全球范围内的差异，并与 IGS 基准站的实测温度进行了比较，选择了与实测温度数据更为接近的 ECMWF 提供的 $0.5° \times 0.5°$ 分辨率全球地表温度，基于统一弹性地球模型下的基岩热膨胀模型，计算了 2000 年至 2019 年间由基岩热膨胀效应引起的三维地表位移，分析了 TEB 位移时间序列的周期特性及其在全球范围内、中国周边区域的空间分布特征。主要结论如下：

（1）作为计算 TEB 位移的输入数据源，ECMWF 和 NCEP 提供的地表温度表现出了较为一致的空间分布特征。全球陆地范围内，NCEP 相对于 ECMWF 的温度周年振幅偏差中位数为 −2.59℃。偏差较大的主要是内陆地区，如我国新疆、中亚及西亚、格陵兰岛东南部、中西伯利亚、非洲中部以及南美洲中南部和安第斯山脉西麓等区域，最大可以达到将近 6℃。

（2）地表温度数值模型与实测温度的对比结果表明，除了位于南极洲的基准站外，其他测站的模拟温度与实测数据基本一致，温度偏差在 0.1 至 2.3℃ 之间。其中，ECMWF 数据与实测数据的吻合程度较 NCEP 数据更好，与实测数据温度周年振幅差异的均值仅有 1.6℃。

（3）基于 ECMWF 数据计算了全球范围 $0.5° \times 0.5°$ 分辨率的 TEB 三维位移时间序列，跨度从 2000 年 1 月 1 日至 2018 年 12 月 31 日。结果表明，N、E、U 三个方向上的 TEB 位移时间序列都表现出了显著的周年周期特性，最大周年振幅可以达到 1.77、1.55 和 3.72 mm，分别位于伊朗东南部地区、俄罗斯远东雅库茨克地区以及俄罗斯东西伯利亚地区。全球范围内，N、E、U 三个方向 TEB 位移周年振幅中位数分别为 0.45、0.13 和 0.48 mm，同一格网 U 方向振幅分别为 N、E 方向的 1.1 和 4.7 倍。

（4）分析了中国区域 TEB 位移振幅的空间分布特征。结果表明，在南北方向上，TEB 振幅普遍达到 1 至 1.3 mm，整体呈现出西南高东北低的趋势，振幅较大主要分布在青藏高原、云贵高原、新疆东南部、甘肃、黄土高原以及长白山、武夷山地区等高海拔区域，可达 1.7 mm。东西方向上的 TEB 周年振幅较小，全国大部分地区普遍在 0.8 mm 以内。在垂直方向上，TEB 振幅整体呈现由东南向西北逐渐增加的趋势，在北纬 25 至 40 度之间振幅约 2 mm，而在新疆、内蒙古、东北大部以及青海北部地区，振幅普遍高于 2.5 mm，在黑龙江中北部和新疆西北部地区最大振幅可达 3.3 mm。

参考文献

Abraha K E, Teferle F N, Hunegnaw A, et al. GNSS related periodic signals in coordinate time-series from Precise Point Positioning[J]. Geophysical Journal International, 2016, 208(3): 1449-1464.

Agnew DC(1992) The time-domain behaviour of power-law noises. Geophys Res Lett 19(4):333–336.

Al-Shaery A, Zhang S, Rizos C. An enhanced calibration method of GLONASS inter-channel bias for GNSS RTK[J]. GPS Solutions. 2013, 17(2):165-173.

Altamimi Z, Rebischung P, Métivier L, et al. ITRF2014: A New Release of the International Terrestrial Reference Frame Modeling Nonlinear Station Motions [J]. Journal of Geophysical Research: Solid Earth, 2016, 121(8): 6109-6131.

Amiri-Simkooei A R, Tiberius C C J M, Teunissen P J G. Assessment of noise in GPS coordinate time series: Methodology and results[J]. Journal of Geophysical Research Solid Earth, 2007, 112(B7):141-158.

Amiri-Simkooei A. Noise in Multivariate GPS Position Time-Series[J]. Journal of Geodesy, 2009, 83(2): 175-187.

Ammar GS, Gragg WB(1988) Superfast solution of real positive definite Toeplitz systems. SIAM J Matrix Anal Appl 9:61–76.

Angelen J H V, Broeke M R V D, Wouters B, et al. Contemporary(1960–2012) Evolution Of The Climate And Surface Mass Balance Of The Greenland Ice Sheet[J]. Surveys in Geophysics, 2014, 35(5):1155-1174.

Banville S, Collins P, Lahaye F. GLONASS ambiguity resolution of mixed receiver types without external calibration[J]. GPS Solutions. 2013, 17(3):275-282.

Bar-Sever YE. A new model for GPS yaw attitude[J]. Journal of Geodesy. 1996, 70(11):714-723.

Bassiri, S., and G. A. Hajj. Higher-order ionospheric effects on the global positioning systems observables and means of modeling them, Manuscripta Geodtica, 18, 280-289, 1993.

Behr JA, Hudnut KW, King NE. Monitoring structural deformation at Pacoima Dam, California using continuous GPS[C]. In: Proceedings of the ION GNSS 1998, 15-18 Sept, Nashville, TN, 1998:59-68.

Bender PL, Larden DR. GPS carrier phase ambiguity resolution over long baselines[C]. In: Proceedings of the First International Symposium on Precise Positioning with the Global Positioning System, Rockville, MD, USA, 15-19 April, 1985:357-362.

Bennett RA. Global Positioning System measurements of crustal deformation across the Pacific-North American plate boundary in southern California and northern Baja, Mexico[D]. Cambridge: University of Cambridge, 1995.

Ben-Zion Y, Leary P. Thermoelastic strain in a half-space covered by unconsolidated material[J]. Bulletin of the Seismological Society of America, 1986, 76(5): 1447-1460.

Berger J. A note on thermoelastic strains and tilts[J]. Journal of Geophysical Research, 1975, 80(2): 274-277.

Bergmann-Wolf I, Zhang L, Dobslaw H. Global Eustatic Sea-Level Variations for the Approximation of Geocenter Motion from Grace[J]. Journal of Geodetic Science, 2014, 4(1).

Beutler G, Brockmann E, Gurtner W, et al. Extended orbit modeling techniques at the CODE processing center of the International GPS Service for geodynamics (IGS): theory and initial results[J]. Manuscripta Geodaetica. 1994, 19(6):367-386.

Beutler G, Gurtner W, Bauersima I, et al. Efficient computation of the inverse of the covariance matrix of simultaneous GPS carrier phase difference observations[J]. Manuscripta Geodaetica. 1986, 11:249-255.

Bhanderi D D V, Bak T. Modeling Earth Albedo for Satellites in Earth Orbit[J]. AIAA Guidance, Navigation, and Control Proceedings, 2005.

Blewitt G. Carrier phase ambiguity resolution for the Global Positioning System applied to geodetic baselines up to 2000 km[J]. Journal of Geophysical Research Solid Earth. 1989, 94(B8):10187-10203.

Blewitt, G., Lavallee, D., Clarke, P., and Nurutdinov K., A new global mode of earth deformation: seasonal cycle detected, Science 294, 2342(2001), doi: 10.1126/science.1065328.

Blewitt G and Lavallée D. Effect of Annual Signals on Geodetic Velocity[J]. Journal of Geophysical Research Solid Earth, 2002, 107(B7): ETG 9-1-ETG 9-11.

Blewitt G, Kreemer C, Hammond W C, et al. Midas Robust Trend Estimator for Accurate GPS Station Velocities without Step Detection[J]. Journal of Geophysical Research: Solid Earth, 2016, 121(3): 2054-2068.

Blick,G.,Donnelly,N.,Jordan,A.,The Practical Implications and Limitations of the Introduction of a Semi — Dynamic Datum —A New Zealand Case Study. Geodetic Reference Frames，International Association of Geodesy Symposia 134，DOI 10.1007/978-3-642-00860-3_18:115-120.

Bloßfeld M, Seitz M, Angermann D. Non-linear station motions in epoch and multi-year reference frames[J]. Journal of Geodesy, 2014, 88(88):45-63.

Boccara G, Hertzog A, Basdevant C, et al. Accuracy of NCEP/NCAR reanalyses and ECMWF analyses in the lower stratosphere over Antarctica in 2005[J]. Journal of Geophysical Research: Atmospheres, 2008, 113: D20115.

Bock Y, Abbot RI, Counselman III CC, et al. Establishment of three-dimensional geodetic control by interferometry with the Global Positioning System[J]. Journal of Geophysical Research Solid Earth. 1985, 90(B9):7689-7703.

Bogusz J, Klos A. On the significance of periodic signals in noise analysis of GPS station coordinates time series[J]. GPS Solutions, 2016, 20(4): 655-664.

Böhm J, Niell A, Tregoning P, et al. Global Mapping Function (GMF): A new empirical mapping function based on numerical weather model data[J]. Geophysical Research Letters, 2006, 33(L7): L07304.

Bos M S, Fernandes R M S, Williams S D P, et al. Fast error analysis of continuous GNSS observations with missing data[J]. Journal of Geodesy, 2013, 87(4):351-360.

Breuer P, Chmielewski T, Górski P, et al. Monitoring horizontal displacements in a vertical profile of a tall industrial chimney using Global Positioning System technology for detecting dynamic characteristics[J]. Structural Control and Health Monitoring, 2015, 22(7): 1002-1023.

BrualdiRA, SchneiderH(1983) Determinantal identities: Gauss, Schur, Cauchy, Sylvester,Kronecker, Jacobi,Binet,Laplace, Muir, and Cayley. Linear Algebra Appl 52(53):769–791.

Bruni S, Zerbini S, Raicich F, et al. Detecting Discontinuities in GNSS Coordinate Time Series with Stars: Case Study, the Bologna and Medicina GPS Sites[J]. Journal of Geodesy, 2014, 88(12): 1203-1214.

Brunner FK, Hartinger H, Troyer L. GPS signal diffraction modelling: the stochastic SIGMA-δ model[J]. Journal of Geodesy. 1999, 73(73):259-267.

Cai C, Gao Y. Modeling and assessment of combined GPS/GLONASS precise point positioning[J]. GPS Solutions. 2013, 17(2):223-236.

Carrère L, Lyard F. Modeling the barotropic response of the global ocean to atmospheric wind and pressure forcing-comparisons with observations[J]. Geophysical Research Letters, 2003, 30(6), 1275.

Chanard K, Fleitout L, Calais E, et al. Toward a global horizontal and vertical elastic load deformation model derived from GRACE and GNSS station position time series[J]. Journal of Geophysical Research: Solid Earth, 2018, 123(4): 3225-3237.

Chang X, Yang X, Zhou T. MLAMBDA: a modified LAMBDA method for integer least-squares estimation[J]. Journal of Geodesy. 2005, 79(9):552-565.

Chen H, Jiang W, Ge M, et al. An enhanced strategy for GNSS data processing of massive networks[J]. Journal of Geodesy. 2014, 88(9):857-867.

Chen J, Famigliett J S, Scanlon B R, et al. Groundwater Storage Changes: Present Status from GRACE Observations[J]. Surveys in Geophysics, 2015:1-21.

Chen Q, Dam T V, Sneeuw N, et al. Singular Spectrum Analysis for Modeling Seasonal Signals from GPS Time Series[J]. Journal of Geodynamics, 2013, 72(12): 25-35.

Clarke, P. J., Lavallée, D. A., Geoff, B., & Tonie, V. D. Basis functions for the consistent and accurate representation of surface mass loading. Geophysical Journal International, 2007, 171(1):1-10.

Collilieux X, van Dam T, Ray J, et al. Strategies to Mitigate Aliasing of Loading Signals While Estimating GPS Frame Parameters[J]. Journal of Geodesy, 2012, 86(1): 1-14.

Counselman III CC, Abbot RI, Gourevitch SA. Centimeter-level relative positioning with GPS[J]. Journal of Surveying Engineering. 1983, 109(2):81-89.

Counselman III CC, Gourevitch SA. Miniature interferometer terminals for earth surveying: ambiguity and multipath with Global Positioning System[J]. IEEE Transactions on Geoscience and Remote Sensing. 1981, GE-19(4):244-252.

Dach R, Schaer S, Hugentobler U, et al. Combined multi-system GNSS analysis for time and frequency transfer[C]. In: Frequency and Time Forum (EFTF), 2006, 20th European, IEEE, 530-537.

Dai L. Dual-frequency GPS/GLONASS real-time ambiguity resolution for medium-range kinematic positioning[C]. In: Proceedings of the ION GNSS 2000, 19-22 Sept, Salt Lake City, UT, 2000:1071-1080.

Davis J L, Wernicke B P, Bisnath S, et al. Subcontinental-Scale Crustal Velocity Changes Along the Pacific-North America Plate Boundary[J]. Nature, 2006, 441(7097): 1131.

Dee D P, Uppala S M, Simmons A J, et al. The ERA-Interim reanalysis: Configuration and performance of the data assimilation system[J]. Quarterly Journal of the royal meteorological society, 2011, 137(656): 553-597.

Defraigne P, Baire Q. Combining GPS and GLONASS for time and frequency transfer[J]. Advances in Space Research. 2011, 47(2):265-275.

Deng L, Jiang W, Li Z, et al. Assessment of Second- and Third-Order Ionospheric Effects on Regional Networks: Case Study in China with Longer CMONOC GPS Coordinate Time Series[J]. Journal of Geodesy, 2017, 91(2): 207-227.

Desai, S. D., 2002, "Observing the pole tide with satellite altimetry," J. Geophys. Res., 107(C11), 3186, doi:10.1029/2001JC001224.

Didova O, Gunter B, Riva R, et al. An Approach for Estimating Time-Variable Rates from Geodetic Time Series[J]. Journal of Geodesy, 2016, 90(11): 1207-1221.

Dill, R., and H. Dobslaw. Numerical simulations of global-scale high-resolution hydrological crustal deformations[J]. Journal of Geophysical Research: Solid Earth, 2013(118): 5008-5017.

Ding X, Chen Y, Huang D, et al. Slope monitoring using GPS: a multi-antenna approach[J]. GPS World. 2000, 11(3):52-55.

Dobslaw H, Bergmann-Wolf I, Forootan E, et al. Modeling of present-day atmosphere and ocean non-tidal de-aliasing errors for future gravity mission simulations[J]. Journal of Geodesy, 2016:1-14.

Dong D, Bock Y. Global Positioning System Network analysis with phase ambiguity resolution applied to crustal deformation studies in California[J]. Journal of Geophysical Research Atmospheres. 1989, 94(B4):3949-3966.

Dong D, Fang P, Bock Y, et al. Anatomy of Apparent Seasonal Variations from GPS-Derived Site Position Time Series[J]. Journal of Geophysical Research: Solid Earth, 2002, 107(B4): 2075.

Dow J M, Neilan R E, Rizos C. The International GNSS Service in a Changing Landscape of GlobalNavigation Satellite Systems[J]. Journal of Geodesy, 2009, 83(3-4): 191-198.

Fang M, Dong D, and Hager B H. Displacements Due to Surface Temperature Variation on a Uniform Elastic Sphere with Its Centre of Mass Stationary[J]. Geophysical Journal International, 2014, 196(1): 194-203.

Farrell W E. Deformation of the Earth by Surface Loads [J], Reviews of Geophysics and Space Physics, 1972, Vol.10, No.3, PP.761-797.

Feigl KL, Agnew DC, Bock Y, et al. Space geodetic measurement of crustal deformation in central and southern California, 1984-1992[J]. Journal of Geophysical Research Atmosphere. 1994, 98(B12):21677-21712.

Ferland R, Piraszewski M. The IGS-combined station coordinates, earth rotation parameters and apparent geocenter[J]. Journal of Geodesy, 2009, 83(3-4): 385-392.

Ferry N, Parent L, Garric G, et al. GLORYS2V1 global ocean reanalysis of the altimetric era (1992–2009) at meso scale[J]. Mercator Ocean-Quaterly Newsletter, 2012, 44.

Fliegel HF, Gallini TE, Swift ER. Global positioning system radiation force model for geodetic application[J]. Journal of Geophysical Research Atmospheres. 1992, 97(B1):559-568.

Frei E, Beutler G. Rapid static positioning based on the fast ambiguity resolution approach FARA: theory and first results[J]. Manuscripta Geodaetica. 1990, 15(6):325-356.

Freymueller J T. Seasonal Position Variations and Regional Reference Frame Realization[M]// Geodetic Reference Frames. Springer Berlin Heidelberg, 2009: 191-196.

Fritsche, M., Dietrich, R., Knöfel, C., Rülke, A., Vey, S., Rothacher, M., Steigenberger, P. Impact of higher-order ionospheric terms on GPS estimates. Geophys. Res. Lett. 32(23), L23311, 2005.

Fu Y and Freymueller J T. Seasonal and Long-Term Vertical Deformation in the Nepal Himalaya Constrained by GPS and GRACE Measurements[J]. Journal of Geophysical Research: Solid Earth, 2012, 117(B3): B03407.

Gabor MJ, Nerem RS. GPS carrier phase ambiguity resolution using satellite-satellite single differences[C]. In: Proceedings of the ION GNSS 1999, 14-17 Sept, Nashville, TN, 1999:1569-1578.

Garcia-Fernandez M, Desai S D, Butala M D, et al. Evaluation of different approaches to modeling the second-order ionospheric delay on GPS measurements. Journal of Geophysical Research, 118(12): 7864-7873, 2013.

Gazeaux J, Williams S, King M, et al. Detecting Offsets in GPS Time Series: First Results from the Detection of Offsets in GPS Experiment[J]. Journal of Geophysical Research: Solid Earth, 2013, 118(5): 2397-2407.

Ge M, Gendt G, Rothacher M, et al. Resolution of GPS carrier-phase ambiguities in precise point positioning (PPP) with daily observations[J]. Journal of Geodesy. 2008, 82(7):389-399.

Gegout P, Boy J P, Hinderer J, et al. Modeling and observation of loading contribution to time-variable GPS sites positions[M]//Gravity, geoid and earth observation. Springer, Berlin, Heidelberg, 2010: 651-659.

Gelaro R, McCarty W, Suárez M J, et al. The modern-era retrospective analysis for research and applications, version 2 (MERRA-2)[J]. Journal of Climate, 2017, 30(14): 5419-5454.

Geng J, Bock Y. GLONASS fractional-cycle bias estimation across inhomogeneous receiver for PPP ambiguity resolution[J]. Journal of Geodesy. 2016, 90(4):379-396.

Goebell S, King M A. Effects of azimuthal multipath asymmetry on long GPS coordinate time series. GPS solutions, 2011, 15(3): 287-297.

Gohberg IC, Semencul AA(1972) On the inversion of finite Toeplitz matrices and their continuous analogs. Mat Issled 7(2):201–223.

Griffiths J and Ray J R. Sub-Daily Alias and Draconitic Errors in the IGS Orbits[J]. GPS solutions, 2013, 17(3): 413-422.

Gruszczynska M, Rosat S, Klos A, et al. Multichannel Singular Spectrum Analysis in the Estimates of Common Environmental Effects Affecting GPS Observations[J]. Pure and Applied Geophysics, 2018, 175(5): 1805-1822.

Gu S, Shi C, Lou Y, et al. Ionospheric effects in uncalibrated phase delay estimation and ambiguity-fixed PPP based on raw observable model[J]. Journal of Geodesy. 2015, 89(5):447-457.

Gu Y, Yuan L, Fan D, et al. Seasonal crustal vertical deformation induced by environmental mass loading in mainland China derived from GPS, GRACE and surface loading models[J]. Advances in Space Research, 2017, 59(1): 88-102.

Gualandi A, Serpelloni E, Belardinelli M E. Blind source separation problem in GPS time series[J]. Journal of Geodesy, 2015: 1-19.

Guo J, Zhao Q, Geng T, et al. Precise orbit determination for COMPASS IGSO satellites during yaw maneuvers[C]. In: China Satellite Navigation Conference (CSNC) 2013 proceedings. Springer, Berlin, 2013, 245:41-53.

Haas R, Bergstrand S, Lehner W. Evaluation of GNSS monument stability[M]//Reference Frames for applications in Geosciences. Springer, Berlin, Heidelberg, 2013: 45-50.

Habrich H, Neumaier P, Fisch K. GLONASS data analysis for IGS[C]. In: Proceedings of IGS Workshop and Symposium, University of Berne, 2004.

Hackel S, Steigenberger P, Hugentobler U, et al. Galileo orbit determination using combined GNSS and SLR observations[J]. GPS Solutions. 2015, 19(1):15-25.

Hackl M, Malservisi R, Hugentobler U, et al. Estimation of velocity uncertainties from GPS time series: Examples from the analysis of the South African TrigNet network[J]. Journal of Geophysical Research Atmospheres, 2011, 116(B11):148-151.

Hammond WC, Thatcher W. Northwest Basin and Range tectonic deformation observed with the Global Positioning System, 1999-2003[J]. Journal of Geophysical Research Atmospheres. 2005, 110(B10):265-307.

Han S, Dai L, Rizos C. A new data processing strategy for combined GPS/GLONASS carrier phase-based positioning[C]. In: Proceedings of the ION GNSS 1999, 14-17 Sept, Nashville, TN, 1999:1619-1628.

Hatch R. Instantaneous ambiguity resolution[C]. In: Proceedings of the KIS Symposium, Banff, Canada, 11 Sept., 1990.

He H, Li J, Yang Y, et al. Performance assessment of single- and dual-frequency BeiDou/GPS single-epoch kinematic positioning[J]. GPS Solutions. 2014, 18(3):393-403.

He X, Montillet J P, Fernandes R, et al. Review of Current GPS Methodologies for Producing Accurate Time Series and Their Error Sources[J]. Journal of Geodynamics, 2017, 106: 12-29.

Hernández-Pajares M, Aragón-Ángel À, Defraigne P, et al. Distribution and mitigation of higher-order ionospheric effects on precise GNSS processing. Journal of Geophysical Research, 119(4): 3823-3837, 2014.

Herring TA, Dong D. Measurement of diurnal and semidiurnal rotational variations and tidal parameters of Earth[J]. Journal of Geophysical Research Atmosphere. 1994, 99(B9):18051-18071.

Herring,T.A., King,R.W., McClusky,S.C. Introduction to GAMIT/GLOBK,Release10.4. Massachusetts Institute of Technology, Cambridge, 2010.

Hill E M, Davis J L, Elósegui P, et al. Characterization of site-specific GPS errors using a short-baseline network of braced monuments at Yucca Mountain, southern Nevada[J]. Journal of Geophysical Research Solid Earth, 2009, 114(B11): B11402.

Hoque, M. M., and N. Jakowski.Estimate of higher order ionospheric errors in GNSS positioning. Radio Sci. 43, RS5008, doi:10.1029/2007RS003817, 2008.

Hosking JRM(1981) Fractional differencing. Biometrika 68:165–176.

Huang L, Lu Z, Zhai G, et al. A new triple-frequency cycle slip detecting algorithm validated with BDS data[J]. GPS Solutions. 2015. doi:10.1007/s10291-015-0487-8.

Hudnut KW, Behr JA. Continuous GPS monitoring of structural deformation at Pacoima Dam, California[J]. Seismological Research Letters. 1998, 69(4):299-308.

Hugentobler U, Schaer S, Dach R, Meindl M, Urschl C. Routine processing of combined solutions for GPS and GLONASS at CODE. In: Meindl M(ed) Celebrating a decade of the International GNSS Service. Workshop and Symposium 2004. Astronomical Institute, University of Berne, Berne, Switzerland, 2005.

Ijssel JVD, Visser P, Rodriguez EP. CHAMP precise orbit determination using GPS data[J]. Advances in Space Research. 2003, 31(8):1889-1895.

Jazaeri S, Amiri-Simkooei AR, Sharifi MA. Fast integer least-squares estimation for GNSS high-dimensional ambiguity resolution using lattice theory[J]. Journal of Geodesy. 2012, 86(2):123-136.

Jekeli C. The determination of gravitational potential differences from satellite-to-satellite tracking[J]. Celestial Mechanics & Dynamical Astronomy, 1999, 75(2):85-101.

Jiang W, Deng L, Li Z, et al. Effects on noise properties of GPS time series caused by higher-order ionosphericcorrections. Advances in Space Research, 2014, 53(7): 1035-1046.

Jiang W, Li Z, van Dam T, et al. Comparative analysis of different environmental loading methods and their impacts on the GPS height time series. Journal of Geodesy, 2013, 87(7): 687-703.

Jin S, Dam T V, Wdowinski S. Observing and understanding the Earth system variations from space geodesy[J]. Journal of Geodynamics, 2013, 72(12):1-10.

Jin, S.G., Wang, J., Park, P.H. An improvement of GPS height estimates: stochastic modelling. Earth Planets Space 57(4), 253-259, 2005.

Johnson C W, Fu Y, Bürgmann R. Stress models of the annual hydrospheric, atmospheric, thermal, and tidal loading cycles on California faults: Perturbation of background stress and changes in seismicity[J]. Journal of Geophysical Research Solid Earth, 2017, 122(12): 10605-10625.

Kang Z, Nagel P, Pastor R. Precise orbit determination for GRACE[J]. Advances in Space Research. 2003, 31(8):1875-1881.

Kaplan ED, Hegarty CJ. Understanding GPS: principles and applications[M]. Boston: Artech House, 2006;

Kedar, S., G. A. Hajj, B. D. Wilson, and M. B. Heflin, The effect of the second order GPS ionospheric correction on receiver positions, Geophys. Res. Lett., 30(16), 1829, doi:10.1029/2003GL017639, 2003.

Keong J. Determining heading and pitch using a single difference GPS/GLONASS approach[D]. Calgary: University of Calgary, 1999.

Khodabandeh A. GPS Position Time-Series Analysis Based on Asymptotic Normality of M-Estimation[J]. Journal of Geodesy, 2012, 86(1): 15-33.

Kim D, Langley RB. Instantaneous real-time cycle-slip correction of dual-frequency GPS data[C]. In: Proceedings of the international symposium on kinematic systems in geodesy, geomatics and navigation, 5-8 June, Banff, Alberta, Canada, 2001.

Kim, S.B., T. Lee and I. Fukumori, 2007. Mechanisms Controlling the Interannual Variation of Mixed Layer Temperature Averaged over the Nio- 3 Region. J. Climate, 20, 3822-3843, doi: 10.1175/JCLI4206.1.

King M A, Bevis M, Wilson T, et al. Monument-antenna effects on GPS coordinate time series with application to vertical rates in Antarctica[J]. Journal of Geodesy, 2012, 86(1): 53-63.

Kistler B R, Kalnay E, Collins W, et al. The NCEP-NCAR 26 reanalysis: Monthly means CD-ROM and documentation[J]. Bull.amer.meteor.soc, 2015, 82(2):247-268.

Kleusberg A. Comparing GPS and GLONASS[J]. GPS World. 1990, 1(6):52-54.

Klos A, Bos M S, and Bogusz J. Detecting Time-Varying Seasonal Signal in GPS Position Time Series with Different Noise Levels[J]. GPS Solutions, 2018, 22(1): 21.

Knocke PC, Ries JC, Tapley BD(1988) Earth radiation pressure effects on satellites.Proceedings of AIAA/AAS Astrodynamics Conference: 577-587.

Kouba J. A simplified yaw-attitude model for eclipsing GPS satellites[J]. GPS Solutions. 2009, 13(1):1-12.

Kozlov D, Tkachenko M. Centimeter-level, real-time kinematic positioning with GPS+GLONASS C/A receivers[J]. Navigation. 1998, 45(2):137-147.

Kümpel H J, Lehmann K, Fabian M, et al. Point stability at shallow depths: experience from tilt measurements in the Lower Rhine Embayment, Germany, and implications for high-resolution GPS and gravity recordings[J]. Geophysical Journal International, 2010, 146(3):699-713.

Langbein, J., & Svarc, J. L. Evaluation of temporally correlated noise in Global Navigation Satellite System time series: Geodeticmonument performance[J]. Journal of Geophysical Research: Solid Earth, 2019(124): 1-18.

Larochelle S, Gualandi A, Chanard K, et al. Identification and Extraction of Seasonal Geodetic Signals Due to Surface Load Variations[J]. Journal of Geophysical Research: Solid Earth, 2018, 123(12): 11031-11047.

Laudau H, Euler HJ. On-the-fly ambiguity resolution for precise differential positioning[C]. In: Proceedings of the

ION GNSS 1992, 16-18 Sept, Albuquerque, NM, 1992:607-613.

Lavallée, D. A., P. Moore, P. J. Clarke, E. J. Petrie, T. van Dam, and M. A. King(2010), J2: An evalu- ation of new estimates from GPS, GRACE, and load models compared to SLR, Geophys. Res. Lett., 37, L22403, doi:10.1029/2010GL045229.

Li M, Qu L, Zhao Q, et al. Precise point positioning with the BeiDou navigation satellite system[J]. Sensors. 2014, 14(1):927-943.

Li Y, Xu C, Yi L, et al. A Data-Driven Approach for Denoising GNSS Position Time Series[J]. Journal of Geodesy, 2018(92): 905-922.

Li Z, Chen W, Jiang W, et al. The Magnitude of Diurnal/Semidiurnal Atmospheric Tides (S1/S2) and Their Impacts on the Continuous GPS Coordinate Time Series[J]. Remote Sensing, 2018, 10: 1125.

Lindlohr W, Wells D. GPS design using undifferenced carrier beat phase observations[J]. Manuscripta Geodaetica. 1985, 10:255-295.

Liu J, Ge M. PANDA software and its preliminary result of positioning and orbit determination[J]. Wuhan University Journal of Natural Sciences. 2003, 8(2):603-609.

Lonchay M, Bidaine B, Warnant R. An efficient dual and triple frequency preprocessing method for Galileo and GPS signals[C]. In: Proceedings of the 3rd international colloquium-scientific and fundamentals aspects of the GALILEO programme, Copenhagen, Denmark, 2011.

Lou Y, Liu Y, Shi C, et al. Precise orbit determination of BeiDou constellation: method comparison[J]. GPS Solutions. 2016, 20(2):259-268.

Lu G. Statistical quality control for kinematic GPS positioning[C]. In: Proceedings of the ION GNSS 1991, 11-13 Sept, Albuquerque, NM, 1991:903-914.

Lyard, F., Lefevre, F., Letellier, T., Francis, O. Modelling the global ocean tides: modern insights from FES2004. Ocean Dynamics. 56(5-6), 394-415, 2006.

Ma, F., Xi, R., and Xu, N. Analysis of railway subgrade frost heave deformation based on GPS[J]. Geodesy and Geodynamics,2016, 7(2), 143-147.

Mader G. Kinematic GPS phase initialization using the ambiguity function[C]. In: Proceedings of the Sixth International Geodetic Symposium on Satellite Positioning, Columbus, Ohio, USA, 17-20 March, 1992:712-719.

Mao A, Harrison C G A, Dixon T H. Noise in GPS coordinate time series[J]. Journal of Geophysical Research: Solid Earth, 1999, 104(B2): 2797-2816.

Márquez-Azúa B, Demets C. Crustal velocity field of Mexico from continuous GPS measurements, 1993 to June 2001: Implications for the neotectonics of Mexico[J]. Journal of Geophysical Research Atmospheres. 2003, 108(B9):149-169.

Martin C, Rubincam D(1996) Effects of Earth albedo on the LAGEOS I satellite. Journal ofGeophysical Research 101(B2): 3215-3226.

Melbourne WG. The case for ranging in GPS-based geodetic systems[C]. In: Proceedings of the First International Symposium on Precise Positioning with the Global Positioning System, Rockville, MD, USA, 15-19 April, 1985:373-386.

Mémin A, Watson C, Haigh I D, et al. Non-linear motions of Australian geodetic stations induced by non-tidal ocean loading and the passage of tropical cyclones[J]. Journal of Geodesy, 2014, 88(10):1-14.

Menemenlis D, Campin J M, Heimbach P, et al. ECCO2: High resolution global ocean and sea ice data synthesis[J]. Mercator Ocean Quarterly Newsletter, 2008, 31(October): 13-21.

Meng X, Roberts GW, Cosser E, et al. Real-time bridge deflection and vibration monitoring using an integrated GPS/accelerometer/pseudolite system[C]. In: Proceedings of the 11th International Symposium on Deformation Measurements, International Federation of Surveyors (FIG), Commission 6-Engineering Surveys, Working Group 6.1, Santorini, Greece, May 2003.

Ming F, Yang Y, Zeng A, et al. Spatiotemporal Filtering for Regional GPS Network in China Using Independent Component Analysis[J]. Journal of Geodesy, 2017, 91(4): 1-22.

Monge BM, Rodríguez-Caderot G, Lacy MCD. Multifrequency algorithms for precise point positioning: MAP3[J]. GPS Solutions. 2014, 18(3):355-364.

Montenbruck O, Hugentobler U, Dach R, et al. Apparent clock variations of the Block IIF-1 (SVN62) GPS satellite[J]. GPS Solutions. 2012, 16(3):303-313.

Mooney P A, Mulligan F J, Fealy R. Comparison of ERA-40, ERA-Interim and NCEP/NCAR reanalysis data with observed surface air temperatures over Ireland[J]. International Journal of Climatology, 2011, 31(4): 545-557.

Moore M, Watson C, King M, et al. Empirical modelling of site-specific errors in continuous GPS data. Journal of Geodesy, 2014, 88(9): 887-900.

Moschas F, Stiros S. Dynamic multipath in structural bridge monitoring: an experimental approach[J]. GPS Solutions. 2014, 18(2):209-218.

Munekane H. Sub-Daily Noise in Horizontal GPS Kinematic Time Series Due to Thermal Tilt of GPS Monuments[J]. Journal of Geodesy, 2013, 87(4): 393-401.

Nadarajah N, Teunissen PJG, Sleewaegen J, et al. The mixed-receiver BeiDou inter-satellite-type bias and its impact on RTK positioning[J]. GPS Solutions. 2014, 19(2014):1-12.

Nahmani S, Bock O, Bouin M, et al. Hydrological deformation induced by the West African Monsoon: Comparison of GPS, GRACE and loading models[J]. Journal of Geophysical Research Solid Earth, 2012, 117(B5): B05409.

Niell AE. Improved atmospheric mapping functions for VLBI and GPS[J]. Earth, Planets and Space. 2000, 52(10):699-702.

Nikolaidis, R. Observation of geodetic and seismic deformation with the global positioning system, Ph.D. Thesis, University of California, San Diego, 2002.

Nordman M, Mäkinen J, Virtanen H, et al. Crustal loading in vertical GPS time series in Fennoscandia[J]. Journal of Geodynamics, 2009, 48(3):144-150.

Odijk D, Teunissen PJG. Characterization of between-receiver GPS-Galileo inter-system biases and their effect on mixed ambiguity resolution[J]. GPS Solutions. 2013, 17(4):521-533.

Odolinski R, Teunissen PJG, Odijk D. Combined BDS, Galileo, QZSS and GPS single-frequency RTK[J]. GPS Solutions. 2015, 19(1):151-163.

Ogaja, C., A Neural Network Relation of GPS Results with Continental Hydrology. Artificial Satellites, 2006,Vol.41,No.1:23-32.

Ong R, Petovello M, Lachapelle G. Assessment of GPS/GLONASS RTK under various operational conditions[C].

In: Proceedings of the ION GNSS 2009, 22-25 Sept, Savannah, GA, 2009:3297-3308.

Pan Z, Chai H, Liu Z, et al. Integrating BDS and GPS to accelerate convergence and initialization time of precise point positioning[C]. In: China Satellite Navigation Conference (CSNC) 2015 proceedings. Springer, Berlin, 2015, 342:67-80.

Paradis AR. Precision geodesy using system identification and Global Positioning System signals[D]. Cambridge: Massachusetts Institute of Technology, 1985.

Penna N and Stewart M. Aliased Tidal Signatures in Continuous GPS Height Time Series[J]. Geophysical Research Letters, 2003, 30(23): SDE1-SDE4.

Petit G, Luzum B. IERS conventions 2010. International earth rotation and reference systems service[R]. IERS Technical Note, 2010.

Petrie E J, King M A, Moore P, et al. Higher-Order Ionospheric Effects on the GPS Reference Frame and Velocities[J]. Journal of Geophysical Research: Solid Earth, 2010, 115(B3): B03417.

Petrie, E.J., Hernandez-Pajares, M., Spalla, P., Moore, P., King, and M.A., A review of higher order ionospheric refraction effects on dual frequency GPS, Surv Geophys, 32:197-253, doi:10.1007/s10712-010-9105-z, 2011.

Petrov, L., and J.-P. Boy(2004), Study of the atmospheric pressure loading signal in very long baseline interferometry observations, J. Geophys. Res., 109, B03405, doi: 10.1029/2003JB002500.

Ponte, R. M., and R. D. Ray(2002), Atmospheric pressure correction in geodesy and oceanography: A strategy for handling air tides, Geophys. Res. Lett., 29(24), 2153, doi:10.1029/2002GL016340.

Pratt M, Burke B, Misra P. Single-epoch integer ambiguity resolution with GPS-GLONASS L1–L2 Data[C]. In: Proceedings of the ION GNSS 1998, 15-18 Sept, Nashville, TN, 1998:389-398.

Prawirodirdjo L, Ben-Zion Y, and Bock Y. Observation and Modeling of Thermoelastic Strain in Southern California Integrated GPS Network Daily Position Time Series[J]. Journal of Geophysical Research: Solid Earth, 2006, 111(B2): B02408.

Qiu J, Goode P R, Pallé E, et al. Earthshine and the Earth's Albedo: 1. Earthshine Observations and Measurements of the Lunar Phase Function for Accurate Measurements of the Earth's Bond Albedo[J]. Journal of Geophysical Research: Atmospheres, 2003, 108(D22).

Rangelova E, Sideris M G, and Kim J W. On the Capabilities of the Multi-Channel Singular Spectrum Method for Extracting the Main Periodic and Non-Periodic Variability from Weekly GRACE Data[J]. Journal of Geodynamics, 2012, 54(2): 64-78.

Ray J, Altamimi Z, Collilieux X, et al. Anomalous Harmonics in the Spectra of GPS Position Estimates[J]. GPS Solutions, 2008, 12(1): 55-64.

Ray J, Griffiths J, Collilieux X, et al. Subseasonal GNSS Positioning Errors[J]. Geophysical Research Letters, 2013, 40(22): 5854-5860.

Rebischung P., Garayt B., Altamimi Z., Collilieux X., The IGS Contribution to ITRF2014(2015), a presentation at the 26th IUGG General Assembly, Prague, 28 June 2015.

Remondi BW. Using the Global Positioning System (GPS) phase observable for relative geodesy: modeling, processing, and results[D]. Austin: University of Texas, 1984.

Reussner N, Wanninger L. GLONASS inter-frequency biases and their effects on RTK and PPP carrier phase ambiguity resolution[C]. In: Proceedings of the ION GNSS 2011, 20-23 Sept, Portland, OR, 2011:712-716.

Rietbroek R, Brunnabend S E, Dahle C, et al. Changes in total ocean mass derived from GRACE, GPS, and ocean modeling with weekly resolution[J]. Journal of Geophysical Research Atmospheres, 2009, 114(C11):327-343.

Rietbroek R, Fritsche M, Dahle C, et al. Can GPS-Derived Surface Loading Bridge a GRACE Mission Gap?[J]. Surveys in Geophysics, 2013, 35(6):1267-1283.

Rodell M, Isabella V, Famiglietti J S. Satellite-based estimates of groundwater depletion in India.[J]. Nature, 2009, 460(7258):999-1002.

Rodriguez-Solano C J, Hugentobler U, Steigenberger P, et al. Impact of Earth Radiation Pressure on GPS Position Estimates[J]. Journal of Geodesy, 2012, 86(5): 309-317.

Romagnoli C, Zerbini S, Lago L, et al. Influence of soil consolidation and thermal expansion effects on height and gravity variations[J]. Journal of Geodynamics, 2003, 35(4):521-539.

Rowlands D D, Luthcke S B, Klosko S M, et al. Resolving mass flux at high spatial and temporal resolution using GRACE intersatellite measurements[J]. Geophysical Research Letters, 2005, 32(4):319-325.

Rui, H., 2011. Readme document for Global Land Data Assimilation System Version 1(GLDAS-1) Products at http://disc.sci.gsfc.nasa.gov/services/grads-gds/gldas.

Saha S, Moorthi S, Pan H L, et al. The NCEP climate forecast system reanalysis[J]. Bulletin of the American Meteorological Society, 2010, 91(8): 1015-1058.

Santamaría-Gómez A, Mémin A. Geodetic secular velocity errors due to interannual surface loading deformation[J]. Geophysical Journal International, 2015, 202(2): 763-767.

Sarti P, Abbondanza C, Legrand J, et al. Intrasite motions and monument instabilities at Medicina ITRF co-location site[J]. Geophysical Journal International, 2013, 192(3): 1042-1051.

Scargle, J. D.(1982), Studies in astronomical time series analysis. II. Statistical aspects of spectral analysis of unevenly spaced data, Astrophys. J., 263, 835–853.

Schaffrin B, Grafarend E. Generating classes of equivalent linear models by nuisance parameter elimination[J]. Manuscripta Geodaetica. 1986, 11(3):262-271.

Scherneck H G, Johansson J M, Koivula H, et al. Vertical crustal motion observed in the BIFROST project[J]. Journal of Geodynamics, 2003, 35(4-5): 425-441.

Schmid, R., Steigenberger, P., Gendt, G., Ge, M., Rothacher, M. Generation of a consistent absolute phase-center correction model for GPS receiver and satellite antennas. J. Geod. 81(12), 781-798, 2007.

Schoellhamer D H. Singular spectrum analysis for time series with missing data[J]. Geophysical Research Letters, 2001, 28(16): 3187-3190.

Schön S. Affine distortion of small GPS networks with large height differences[J]. GPS solutions, 2007, 11(2): 107-117.

Schönemann E, Becker M, Springer T. A new approach for GNSS analysis in a multi-GNSS and multi-signal environment[J]. Journal of Geodetic Science. 2011, 1(3):204-214.

Schuh, H., G. Easterman, J.-F. Cretaux, M. Berge-Nguyen, and T. van Dam(2004), Investigation of hydrological and atmospheric loading by space geodetic techniques, in International Workshop on Satellite Altimetery for Geodesy, Geophysics and Oceanography, IAG Symp., vol. 126, edited by C. Hwang, C.-K. Shum, and J. C. Li, pp. 123–132, Springer-Verlag, Berlin.

Shen Y, Peng F, and Li B. Improved Singular Spectrum Analysis for Time Series with Missing Data[J]. Nonlinear

Processes in Geophysics, 2015, 22(4): 371-376.

Shi C, Gu S, Lou Y, et al. An improved approach to model ionospheric delays for single-frequency precise point positioning[J]. Advances in Space Research. 2012, 49(12):1698-1708.

Shi C, Zhao Q, Hu z, et al. Precise relative positioning using real tracking data from COMPASS GEO and IGSO satellites[J]. 2013, 17(1):103-119.

Simmons A J, Jones P D, da Costa Bechtold V, et al. Comparison of trends and low-frequency variability in CRU, ERA-40, and NCEP/NCAR analyses of surface air temperature[J]. Journal of Geophysical Research: Atmospheres, 2004, 109(D24).

Simsky A. Three's the charm-triple frequency combinations in future GNSS[J]. Inside GNSS. 2006, 1(5):38-41.

Springer TA, Beutler G, Rothacher M. Improving the orbit estimates of GPS satellites[J]. Journal of Geodesy. 1999, 73(3):147-157.

Steigenberger P, Hugentobler U, Loyer S, et al. Galileo orbit and clock quality of the IGS multi-GNSS experiment[J]. Advances in Space Research. 2015, 55(1):269-281.

Stewart M P, Penna N T, Lichti D D. Investigating the propagation mechanism of unmodelled systematic errors on coordinate time series estimated using least squares[J]. Journal of Geodesy, 2005, 79(8): 479-489.

Strange W E, Weston N D. The Establishment of a GPS Continuously Operating Reference Station System as a Framework for the National Spatial Reference System[C]//Proc., ION Nat. Tech. Meeting. Fairfax, Va.: Institute of Navigation (ION), 1995: 19-24.

Takasu T, Yasuda A. Development of the low-cost RTK-GPS receiver with an open source program package RTKLIB[C]. In: Proceedings of international symposium on GPS/GNSS, 4-6 Nov, Jeju, Korea, 2009.

Tamisiea, M. E., et al.(2002), Present day variations in the low-degree harmonics of the geopotential: Sensitivity analysis on spherically symmetric Earth models, J. Geophys. Res., 107(B12), 2378, doi:10.1029/ 2001JB000696

Tesmer V, Steigenberger P, van Dam T, et al. Vertical Deformations from Homogeneously Processed GRACE and Global GPS Long-term Series[J]. Journal of Geodesy, 2011, 85(5): 291-310.

Teunissen PJG. The least-squares ambiguity decorrelation adjustment: a method for fast GPS integer ambiguity estimation[J]. Journal of Geodesy. 1995, 70(1):65-82.

Teunissen PJG, Odolinski R, Odijk D. Instantaneous BeiDou+GPS RTK positioning with high cut-off elevation angles[J]. Journal of Geodesy. 2013, 88(4):1-16.

Thomas I D, King M A, Clarke P J. A comparison of GPS, VLBI and model estimates of ocean tide loading displacements[J]. Journal of Geodesy, 2007, 81(5):359-368.

Tian Y and Shen Z K. Extracting the Regional Common-Mode Component of GPS Station Position Time Series from Dense Continuous Network[J]. Journal of Geophysical Research: Solid Earth, 2016, 121(2), 1080-1096.

Titov, O. A., 2004, "Construction of a celestial coordinate reference frame from VLBI data," Astron. Rep., 48(11), pp. 941–948, doi:10.1134/1.1822976.

Torres, J.A., Altamimi, Z., Boucher, C., et al., Status of the European Reference Frame(EUREF).Observing our Changing Earth. International Association of Geodesy Symposia 133:47-56, 2008.

Tregoning P and Dam T V. Atmospheric Pressure Loading Corrections Applied to GPS Data at the Observation Level[J]. Geophysical Research Letters, 2005, 32: L22310.

Tregoning, P., and C. Watson. Atmospheric effects and spurious signals in GPS analyses, J. Geophys. Res.,

2009,114, B09403, doi:10.1029/2009JB006344.

Trubienko O, Fleitout L, Garaud J D, et al. Interpretation of Interseismic Deformations and the Seismic Cycle Associated with Large Subduction Earthquakes[J]. Tectonophysics, 2013, 589(2): 126-141.

Tsai V C. A Model for Seasonal Changes in GPS Positions and Seismic Wave Speeds Due to Thermoelastic and Hydrologic Variations[J]. Journal of Geophysical Research: Solid Earth, 2011, 116(B4): B04404.

Tu R, Ge M, Zhang H, et al. The realization and convergence analysis of combined PPP based on raw observation[J]. Advances in Space Research. 2013, 52(1):211-221.

Urschl C, Beutler G, Gurtner W, et al. Contribution of SLR Tracking Data to GNSS Orbit Determination[J]. Advances in Space Research, 2007, 39(10): 1515-1523.

Van Dam T M, Wahr J M. Displacements of the Earth's surface due to atmospheric loading: Effects on gravity and baseline measurements[J]. Journal of Geophysical Research: Solid Earth, 1987, 92(B2): 1281-1286.

Vázquez B, G. E., and D. A. Grejner-Brzezinska. GPS-PWV estimation and validation with radiosonde data and numerical weather prediction model in Antarctica[J] GPS Solutions, 2012, 17(1), 29-39.

Verhagen S, Teunissen PJG, Odijk D. The future of single-frequency integer ambiguity resolution[C]. In: VII Hotine-Marussi Symposium on Mathematical Geodesy, Volume 137 of the series International Association of Geodesy Symposia, 18 Oct, 2011:33-38.

Vittuari L, Gottardi G, Tini M A. Monumentations of control points for the measurement of soil vertical movements and their interactions with ground water contents[J]. Geomatics, Natural Hazards and Risk, 2015, 6(5-7): 439-453.

Wahr, J., S. Swenson, I. Velicogna, Accuracy of GRACE mass estimates. Geophys. Res. Lett., 2006, 33, L06401, doi:10.1029/2005GL025305.

Wang J. An approach to GLONASS ambiguity resolution[J]. Journal of Geodesy. 2000, 74(5):421-430.

Wang K, Chen H, Jiang W, et al. Improved Vertical Displacements Induced by a Refined Thermal Expansion Model and Its Quantitative Analysis in GPS Height Time Series[J]. Journal of Geophysics & Engineering, 2018, 15(2): 554-567.

Wang S, Zhang M, Sun M, et al. Comparison of surface air temperature derived from NCEP/DOE R2, ERA-Interim, and observations in the arid northwestern China: a consideration of altitude errors[J]. Theoretical and applied climatology, 2015, 119(1-2): 99-111.

Wang W, Zhao B, Wang Q, et al. Noise analysis of continuous GPS coordinate time series for CMONOC. Advances in Space Research, 2012, 49(5): 943-956.

Wanninger L, Beer S. BeiDou satellite-induced code pseudorange variations: diagnosis and therapy[J]. GPS Solutions. 2015, 19(4):639-648.

Wieser A, Brunner FK. An extended weight model for GPS phase observations[J]. Earth, Planets and Space. 2000, 52(10):777-782.

Wilkinson M, Appleby G, Sherwood R, et al. Monitoring site stability at the space geodesy facility, Herstmonceux, UK[M]//Reference Frames for Applications in Geosciences. Springer, Berlin, Heidelberg, 2013: 95-102.

Willi D, Skaloud J. Prediction of phase ambiguity resolution based on signal intensity and geometry[J]. GPS Solutions. 2015, 19(3):467-474.

Williams S D P, Bock Y, Fang P, et al. Error Analysis of Continuous GPS position time series [J], Journal of

Geophysical Research, 2004, vol.109, B03412, doi: 10.1029/2003JB002741.

Williams S D P. CATS: GPS coordinate time series analysis software [J]. GPS Solution, 2008, 12:147-153.

Wöppelmann G, Letetrel C, Santamaria A, et al. Rates of sea-level change over the past century in a geocentric reference frame[J]. Geophysical Research Letters, 2009, 36(12): 91-100.

Wu H, Li K, Shi W, et al. A wavelet-based hybrid approach to remove the flicker noise and the white noise from GPS coordinate time series[J]. GPS solutions, 2015, 19(4): 511-523.

Wu X, Abbondanza C, Altamimi Z, et al. KALREF—A Kalman filter and time series approach to the International Terrestrial Reference Frame realization[J]. Journal of Geophysical Research: Solid Earth, 2015, 120(5): 3775-3802.

Wyatt F K. Displacement of surface monuments: Vertical motion[J]. Journal of Geophysical Research: Solid Earth, 1989, 94(B2): 1655-1664.

Xu T, Yu S, Li J. Earth rotation parameters estimation using BDS and GPS data based on MGEX network[C]. In: Proceedings of lecture notes in electrical engineering, China Satellite Navigation Conference (CSNC), 2014, 305:289-299.

Xu X, Dong D, Fang M, et al. Contributions of Thermoelastic Deformation to Seasonal Variations in GPS Station Position[J]. GPS Solutions, 2017, 21(3): 1-10.

Yamada H, Takasu T, Kubo N, et al. Evaluation and calibration of receiver inter-channel biases for RTK-GPS/GLONASS[C]. In: Proceedings of the ION GNSS 2010, 21-24 Sept, OR, Portland, 2010:1580-1587.

Yan H, Chen W, Zhu Y, et al. Contributions of Thermal Expansion of Monuments and Nearby Bedrock to Observed GPS Height Changes[J]. Geophysical Research Letters, 2009, 36(13): 88-97.

Yang Y, Li J, Xu J, et al. Contribution of the Compass satellite navigation system to global PNT users[J]. Chinese Science Bulletin. 2011, 56(26):2813-2819.

Yuan P, Li Z, Jiang W, et al. Influences of Environmental Loading Corrections on the Nonlinear Variations and Velocity Uncertainties for the Reprocessed Global Positioning System Height Time Series of the Crustal Movement Observation Network of China[J]. Remote Sensing, 2018, 10(6): 1-19.

Yunck TP. Orbit determination[C]. In: Parkinson B W, Spilker J J (eds) Global Positioning System: theory and applications, AIAA, Washington DC, 1996.

Zerbini, S., F. Matonti, F. Raicich, B. Richter, and T. van Dam(2004), Observing and assessing non tidal ocean, continuous GPS and gravity data in the Adriatic area, Geophys. Res. Lett., 31, L23609, doi:10.1029/2004GL021185.

Zhang J, Bock Y, Johnson H, et al. Southern California Permanent GPS Geodetic Array: Error Analysis of Daily Position Estimates and Site Velocities[J]. Journal of Geophysical Research Solid Earth, 1997, 102(B8): 18035-18055.

Zhang X, He X. Performance analysis of triple-frequency ambiguity resolution with BeiDou observations[J]. GPS Solutions. 2016, 20(2):269-281.

Zhang X, Li P. Benefits of the third frequency signal on cycle slip correction[J]. GPS Solutions. 2015. doi:10.1007/s10291-015-0456-2.

Zhao Q, Guo J, Li M, et al. Initial results of precise orbit and clock determination for COMPASS navigation satellite system[J]. Journal of Geodesy. 2013, 87(5):475-486.

Ziebart M, Edwards S, Adhya S. High precision GPS IIR orbit prediction using analytical non-conservative force models[C]. In: Proceedings of the ION GNSS 2004, 21-24 Sept, Long Beach, CA, 2004:1764-1770.

Zinoviev AE, Veitsel AV, Dolgin DA. Renovated GLONASS: improved performances of GNSS receivers[C]. In: Proceedings of the ION GNSS 2009, 22-25 Sept, Savannah, GA, 2009:3271-3277.

Zou R, Freymueller J T, Ding K, et al. Evaluating seasonal loading models and their impact on global and regional reference frame alignment[J]. Journal of Geophysical Research: Solid Earth, 2014, 119(2): 1337-1358.

Zumberge JF, Heflin MB, Jefferson DC, et al. Precise point positioning for the efficient and robust analysis of GPS data from large networks[J]. Journal of Geophysical Research Atmospheres. 1997, 102(B3):5005-5017.

陈华 . 基于原始观测值的 GNSS 统一快速精密数据处理方法 [D]. 武汉 : 武汉大学 , 2015.

陈俊勇 . 大地坐标框架理论和实践的进展 [J]. 大地测量与地球动力学 , 2007, 27(1): 1-6.

陈小明 . 高精度 GPS 动态定位的理论与实践 [D]. 武汉 : 武汉测绘科技大学 , 1997.

陈永奇 , James Lutes. 单历元 GPS 变形监测数据处理方法的研究 [J]. 武汉测绘科技大学学报 . 1998, 23(4):324-328, 363.

程鹏飞 , 文汉江 , 成英燕 , 王华 . 2000 国家大地坐标系椭球参数与 GRS80 和 WGS84 的比较 [J], 测绘学报 , 2009, 38(3): 189-194.

党亚明 , 陈俊勇 . GGOS 和大地测量技术进展 [J]. 测绘科学 , 2006, 31(1): 131-133.

邓连生 , 姜卫平 , 李昭 , 等 . 电离层高阶项改正对参考框架实现及测站坐标的影响分析 [J]. 武汉大学学报 : 信息科学版 , 2015, 40(2):193-198.

独知行 , 刘经南 . 利用 GPS 位移和主应力方向观测资料进行川滇地区边界力的联合反演研究 [J]. 武汉大学学报 (信息科学版), 2003, 28(2): 162-166.

葛茂荣 . GPS 卫星精密定轨理论及软件研究 [D]. 武汉 : 武汉测绘科技大学 , 1995.

辜声峰 . 多频 GNSS 非差非组合精密数据处理理论及其应用 [D]. 武汉 : 武汉大学 , 2013.

管啸 . 观测标志稳定性和高压线电磁环境对地壳运动观测影响的研究 [D]. 中国地震局地震研究所 , 2013.

郭斐 . GPS 精密单点定位质量控制与分析的相关理论和方法研究 [D]. 武汉 : 武汉大学 , 2013.

郭靖 . 姿态、光压和函数模型对导航卫星精密定轨影响的研究 [D]. 武汉 : 武汉大学 , 2014.

韩绍伟 . GPS 载波相位观测值处理方法的等价性 [J]. 武汉测绘科技大学学报 . 1991, 16(1):68-77.

黄立人 . GPS 基准站坐标分量时间序列的噪声特性分析 [J]. 大地测量与地球动力学 , 2006, 26(2):31-38.

姜卫平 , 李昭 , 邓连生 , 等 . 高阶电离层延迟对 GPS 坐标时间序列的影响分析 [J]. 科学通报 , 2014(10):913-923.

姜卫平 , 李昭 , 刘鸿飞 , 等 . 中国区域 IGS 基准站坐标时间序列非线性变化的成因分析 [J]. 地球物理学报 , 2013, 56(7):2228-2237.

姜卫平 , 刘鸿飞 , 刘万科 , 等 . 西龙池上水库 GPS 变形监测系统研究及实现 [J]. 武汉大学学报·信息科学版 . 2012, 37(8):949-952.

姜卫平 , 刘经南 . GPS 技术在隔河岩大坝监测中的应用研究 [J]. 武汉测绘科技大学学报 . 1998, 23(S1):20-22.

姜卫平 , 马一方 , 邓连生 , 等 . 毫米级地球参考框架的建立方法与展望 [J]. 测绘地理信息 , 2016, 41(4): 1-6.

姜卫平 , 王锴华 , 邓连生 , 等 . 热膨胀效应对 GNSS 基准站垂向位移非线性变化的影响 [J]. 测绘学报 , 2015, 44(5):473-480.

姜卫平 , 王锴华 , 李昭 , 等 . GNSS 坐标时间序列分析理论与方法及展望 [J]. 武汉大学学报 (信息科学版),

2018, 43(12): 2112–2123.

姜卫平，夏传义，李昭，等．环境负载对区域 GPS 基准站时间序列的影响分析 [J]．测绘学报，2014(12):1217–1223.

姜卫平，李昭，刘万科．顾及非线性变化的地球参考框架建立与维持的思考 [J].武汉大学学报（信息科学版），2010, 35(6): 665–669.

姜卫平．GNSS 基准站网数据处理方法与应用 [M].武汉：武汉大学出版社，2017.

姜卫平．卫星导航定位基准站网的发展现状，机遇与挑战 [J].测绘学报，2017, 46(10): 1379–1388.

蒋志浩，张鹏，秘金钟，刘丽芬．顾及有色噪声影响的 CGCS2000 下我国 CORS 站速度估计 [J].测绘学报，2010, 39(4)：355–363.

李敏，施闯，赵齐乐，等．多模全球导航卫星系统融合精密定轨 [J].测绘学报．2011, 40(增 1):26–30.

李敏．多模 GNSS 融合精密定轨理论及其应用研究 [D].武汉：武汉大学，2011.

李小飞，乔明，陈琦．地球反照对低轨卫星太阳电池阵的影响分析 [J].航天器工程，2014, 23(3): 62–66.

李英冰．固体地球的环境变化响应 [D].武汉：武汉大学，2003.

李昭．GPS 坐标时间序列的非线性变化研究 [D].武汉大学，2012.

李征航，黄劲松．GPS 测量与数据处理 [M].武汉：武汉大学出版社，2010.

刘大杰，陶本藻．实用测量数据处理方法 [M].北京：测绘出版社，2000：101–111.

刘经南，刘晖，邹蓉等．建立全国 CORS 更新国家地心动态参考框架的几点思考 [J].武汉大学学报（信息科学版），2009, 34(11): 1261–1265.

刘西凤，袁运斌，霍星亮，李子申，李薇．电离层二阶项延迟对 GPS 定位影响的分析模型与方法．科学通报，2010, 55(12): 1162–1167.

刘焱雄，HBIZ，陈永奇．GPS 气象学中垂直干分量延时的精确确定 [J],测绘学报，2000, 29(2): 172–180.

马俊．GPS 坐标时间序列严密三维噪声模型建立方法 [D].武汉：武汉大学，2018.

乔学军，王琪，吴云，杜瑞林．中国大陆 GPS 基准站的时间序列特征 [J].武汉大学学报（信息科学版），2003, 28(4):413–416.

盛传贞．中国大陆非构造负荷地壳形变的区域性特征与改正模型 [D].中国地震局地质研究所，2013.

施闯，刘经南，姚宜斌．高精度 GPS 网数据处理中的系统误差分析 [J].武汉大学学报信息科学版，2002, 27(2): 148–152.

宋淑丽，朱文耀，熊福文，高峻等．毫米级地球参考框架的构建．地球物理学报，2009, 52(11):2704–2711.

孙付平，田亮，门葆红，等．GPS 测站周年运动与温度变化的相关性研究 [J].测绘学报，2012, 41(5):723–728.

孙效功．等价观测与 GPS 差分法定位 [J].测绘学报．1992, 21(1):50–56.

谭伟杰，许雪晴，董大南，等．温度变化对中国大陆三维周年位移的影响 [J].测绘学报，2017, 46(9):1080–1087.

田云锋，沈正康．GPS 坐标时间序列中非构造噪声的剔除方法研究进展 [J].地震学报，2009, 31(1): 68–81.

王解先，刘红新．Galileo、GPS 和 Galileo/GPS 组合系统实用性的比较 [J].大地测量与地球动力学，2005,25(1): 113–117.

王敏，沈正康，董大南．非构造形变对 GPS 连续站位置时间序列的影响和修正 [J].地球物理学报，2005, 48(5): 1045–1052.

魏娜．利用 GPS 数据建立地球参考框架及反演地表质量重新分布 [D].武汉大学，2011.

魏子卿，葛茂荣. GPS 相对定位的数学模型 [M]. 北京：测绘出版社，1997.

吴继忠，施闯，方荣新. TurboEdit 单站 GPS 数据周跳探测方法的改进 [J]. 武汉大学学报·信息科学版. 2011, 36(1):29–33.

吴继忠. 利用 PPP 分析 GPS 天线积雪引起的信号传播延迟 [J]. 武汉大学学报（信息科学版），2012, 37(5): 617–620.

伍吉仓，孙亚峰，刘朝功. 连续 GPS 站坐标序列共性误差的提取与形变分析 [J]. 大地测量与地球动力学，2008,28(4): 97–101.

肖玉钢，姜卫平，陈华，等. 北斗卫星导航系统的毫米级精度变形监测算法与实现 [J]. 测绘学报. 2016, 45(1):16–21.

徐杰，孟黎，任超，徐军等. 对流层延迟改正中投影函数的研究 [J]. 大地测量与地球动力学，2008, 28(5): 120–124.

闫昊明，陈武，朱耀仲，等. 温度变化对我国 GPS 台站垂直位移的影响 [J]. 地球物理学报，2010, 53(4):825–832.

杨元喜. 北斗卫星导航系统的进展、贡献与挑战 [J]. 测绘学报，2010, 39(1): 1–6.

姚宜斌. GPS 精密定位定轨后处理 [M]. 北京：测绘出版社，2008.

姚宜斌. GPS 精密定位定轨后处理算法与实现 [D]. 武汉：武汉大学，2004.

袁林果，丁晓利，陈武等. 香港 GPS 基准站坐标序列特征分析. 地球物理学报，2008, 51(5): 1372–1384.

袁运斌，欧吉坤. 建立 GPS 格网电离层模型的站际分区法 [J]. 科学通报，2002, 47(8):636–639.

张恒璟，程鹏飞. 基于 GPS 高程时间序列粗差的抗差探测与插补研究 [J]. 大地测量与地球动力学，2011, 31(4): 71–75.

张双成，涂锐，张勤，黄观文. 电离层二阶项模型的构建及其变化规律分析研究 [J]. 测绘学报，2011,40:105–110.

张西光. 地球参考框架的理论与方法 [D]. 郑州：解放军信息工程大学，2009.

张小红，李征航，蔡昌盛. 用双频 GPS 观测值建立小区域电离层模型研究 [J]. 武汉大学学报（信息科学版），2001, 26(2): 140–143.

赵齐乐. GPS 导航星座及低轨卫星的精密定轨理论及软件研究 [D]. 武汉：武汉大学，2004.

周旭华，高布锡. 地心的变化及其原因 [J]. 地球物理学报，2000, 43(2): 160–165.

朱广彬. 利用 GRACE 位模型研究陆地水储量的时变特征 [D]. 中国测绘科学研究院，2007.

朱建军，谢建. 附不等式约束平差的一种简单迭代算法 [J]. 测绘学报，2011, 40(2): 209–212.

朱文耀，符养，李彦. GPS 高程导出的全球高程振荡运动及季节性变化 [J]. 中国科学（D 辑），2003, 33(5):470–481.

邹蓉. 地球参考框架建立和维持的关键技术研究 [D]. 武汉：武汉大学，2010.